工程估价原理与清单计价实务

The Priciples of Engineering Valuation & a Practical Guide to Valuation with BOQ

李前进　魏显峰　陈建国　编著

人民交通出版社

内 容 提 要

本书根据新版《建设工程工程量清单计价规范》(GB 50500—2008)讲述了投资估算、设计概算、施工图预算、招标控制价、投标价、工程价款结算和竣工决算的编制原理与方法,并对工程量清单编制和综合单价分析进行了深入研究。全书采用案例的方式对预算定额的套用、换算、补充,综合单价的组价计算方法等基本原理作了通俗易懂的讲解。

本书可作为高等学校工程管理、土木工程及相关专业研究工程估价原理和方法的参考书,也可作为广大工程造价管理从业人员的工具书和工程量清单计价实务操作指南。

图书在版编目(CIP)数据

工程估价原理与清单计价实务/李前进等编著. —北京:人民交通出版社,2009.6

ISBN 978-7-114-07780-7

Ⅰ.工… Ⅱ.李… Ⅲ.建筑工程-工程造价-基本知识 Ⅳ.TU723.3

中国版本图书馆 CIP 数据核字(2009)第 105507 号

书　　名: 工程估价原理与清单计价实务
著 作 者: 李前进　魏显峰　陈建国
责任编辑: 师　云
出版发行: 人民交通出版社
地　　址: (100011)北京市朝阳区安定门外外馆斜街 3 号
网　　址: http://www.ccpress.com.cn
销售电话: (010)59757969,59757973
总 经 销: 北京中交盛世书刊有限公司
经　　销: 各地新华书店
印　　刷: 北京市密东印刷有限公司
开　　本: 787×1092　1/16
印　　张: 17
字　　数: 429 千
版　　次: 2009 年 7 月　第 1 版
印　　次: 2009 年 7 月　第 1 次印刷
书　　号: ISBN 978-7-114-07780-7
定　　价: 32.00 元
(如有印刷、装订质量问题的图书由本社负责调换)

前　　言

本书依据《建设工程工程量清单计价规范》(GB 50500—2008)、“关于印发《建筑安装工程费用组成》的通知”(建标[2003]206号文)、《建筑工程建筑面积计算规范》(GB/T 50353—2005)、《标准施工招标文件》(2007版)、《建设工程价款结算暂行办法》(财建[2004]369号)等最新法规、规范、文件,结合作者多年从事工程造价管理的研究成果,以工程建设全过程工程估价原理为主线,以工程量清单计价实务为重点进行编著。本书具有以下特点。

1. 体系完整。按照工程建设程序展开,系统阐述投资估算、设计概算、施工图预算、招标控制价、投标价、工程价款结算和竣工决算的编制方法。

2. 内容新颖。以《建设工程工程量清单计价规范》(GB 50500—2008)等最新法律、法规、标准、规范、文件为依据,体现我国工程估价改革的最新要求和精神。

3. 重点突出。紧紧抓住《建设工程工程量清单计价规范》(GB 50500—2008)下工程量清单编制和综合单价分析这两个关键问题,深入剖析。

4. 通俗易懂。以小案例多角度分析的形式来讲解基本原理,如预算定额的套用、换算、补充,综合单价的组合计算方法等,通过具体问题寻找工程计价基本规律。

5. 指导实践。针对《建设工程工程量清单计价规范》(GB 50500—2008)中各项条款如何贯彻落实进行分析,指导工程量清单计价实践。

本书编著具体分工:石家庄铁道学院李前进负责全书整体设计和总纂,并编写第六、七、八、九章,石家庄铁道学院魏显峰编写第一、二、三章,河北建筑设计研究院有限责任公司杨荣洁编写第四章并绘制全书插图,石家庄铁道学院陈建国编写第五章,石家庄铁道学院雷书华编写第十章。本书编著过程中,作者参考了许多国内外同领域的科教研成果与文献资料,这些成果已列于参考文献中,在此表示衷心的感谢,如有遗漏敬请谅解。由于我国的工程估价理论与工程量清单计价实务正处于不断发展、完善的阶段,加之作者理论水平和工作实际经验有限,书中内容虽经校对修改,难免仍有不当或错误之处,敬请广大读者批评指正。

(作者联系方式:石家庄市北二环东路17号 石家庄铁道学院经济管理分院,邮编050043;邮箱:lqj_wuqiao@sina.com;13313036729)

作　者

2009年4月

目　　录

第一章　工程估价概论

第一节　工程估价基本概念

一、工程造价的含义

工程造价的内涵具有很大的不确定性，从不同的角度定义，其含义不同：

第一种含义，从投资者——业主的角度来定义，工程造价是指建设一项工程预期开支或实际开支的全部固定资产投资费用的总和[1]。工程造价是指工程投资费用，是一个资金数额的概念，当建设项目固定资产投资表示为资金的消耗数量标准时，工程造价的第一种含义（工程投资费用）与其同量。

第二种含义，从发、承包双方进行市场交易角度来定义，工程造价就是指工程价格（或称建筑产品价格），即为建成一项工程，预计或实际在土地市场、设备市场、技术劳务市场以及承发包市场等交易活动中所形成的建筑安装工程价格和建设工程总价格[1]，如工程发包方与承包方签订的合同价。这一含义的工程造价是在市场通过招投标产生的，由需求主体——投资者和供给主体——承包人共同认可的价格。

工程造价的两种含义是从不同角度把握同一事物的本质，是对客观存在的概括。两者共生于一个统一体，又相互区别，主要区别在于需求主体和供给主体在市场中追求的经济利益不同，因而管理的性质和目标不同。从管理性质来看，前者属于投资管理范畴，后者属于价格管理范畴。从管理目标看，作为投资费用，投资者追求较低的工程造价；作为工程价格，承包人追求较高的工程价格。

区别工程造价的两种含义为投资者和承包人及其他供应人在工程建设领域的市场行为提供了理论依据。当政府提出要降低工程造价时，是站在投资者角度充当着市场需求的角色；当承包人提出要提高工程造价、实现更多盈利时，是要实现一个市场供给主体的管理目标。区别工程造价的两种含义的现实意义在于，为实现不同的管理目标，不断充实工程造价的管理内容，完善管理方法，更好地为实现各自的目标服务。

二、工程估价的含义

工程估价，又称工程计价，是工程项目建设各个阶段最可能实现的工程造价的估计、推测和判断。工程估价的形式、方法及表现形式有多种。比如：业主方的工程估价，具体表现形式为投资估算、设计概算、施工图预算、招标控制价等；承包人的工程估价，具体表现形式为工程投标报价、工程合同价等。

本书主要阐述建筑工程投资决策阶段、设计阶段、市场交易阶段、施工阶段、竣工验收阶段的估价原理和方法。

三、工程估价的特征

1. 单件性

每一项建设工程都有其特定的功能和用途，为适应不同功能和用途，每个工程的结构、造型、建筑面积或建筑体积以及工艺设备和建筑材料都有差异。即便是具有相同用途的建设工程，由于建筑等级、建筑标准、技术水平、地区经济条件、市场需求、自然地质条件不同，其造价也不同。因此每一个工程项目的建设都需要按业主的特定需要单独设计、单独施工，不能批量生产和按整个工程项目确定价格，只能以特殊的计价程序和计价方法，对其单独计价。

2. 多次性

建设工程体积庞大、结构复杂、个体性强，其生产周期长、规模大、造价高。在不同的建设阶段，需依据相应估价资料，分阶段进行估价，以确保工程造价计价与控制的科学性。多次性估价过程如图 1.1.1 所示。

通过图 1.1.1 可以看出从投资估算、设计概算、施工图预算到招标承包合同价，再到各项工程结算价和最后在结算价基础上编制的竣工决算，是一个由粗到细、由浅到深，最终确定工程实际造价的过程。计价过程各环节之间相互衔接，前者控制后者，后者补充前者。

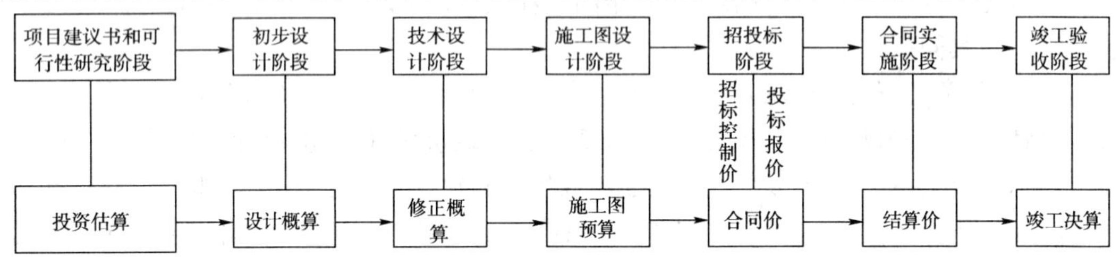

图 1.1.1　建设工程多次性估价流程图

3. 分部组合性

由于建筑产品具有单件性、固定性、体积庞大等特点，为了准确地对建筑产品合理计价，往往按工程的分部组合计价。根据工程难易程度，对建设项目可进行如下划分。

(1) 建设项目。建设项目是指在一个总体设计或初步设计的范围内，由一个或若干个单项工程所组成，经济上实行统一核算，行政上有独立机构或组织形式，实行统一管理的工程项目，如某新建学校项目。

(2) 单项工程。单项工程是指具有独立的设计文件，竣工后可以独立发挥生产能力或工程效益的工程，也可以将它理解为具有独立存在意义的完整的工程项目，如某新建学校项目可分解为教学楼、图书馆、食堂、宿舍等单项工程。一个或若干个单项工程可以组成建设项目。

(3) 单位工程。单位工程是指具有独立的设计图纸，可以独立组织施工，但竣工后一般不能独立发挥生产能力或效益的工程。如教学楼工程可分解为一般土建工程、给排水工程、暖卫工程、电器照明工程、室外环境、道路工程以及单独承包的建筑装饰工程等。一个或若干个单位工程可组成单项工程。

(4) 分部工程。分部工程是按照单位工程的结构部位或主要的工种划分的，由不同工种的工人，利用不同的工具、材料和机械完成的局部工程。如教学楼一般土建工程分解为土石方工程、桩基础工程、砌筑工程、混凝土及钢筋混凝土工程、木结构工程、楼地面工程等分部工程。一个或若干个分部工程可以组成单位工程。

(5) 分项工程。分项工程是按照不同的施工方法、构造及规格，把分部工程更细致地分解为若干部分。如砌筑工程中的砖基础、墙身等。

与以上工程划分方式相呼应，建筑工程估价时，一般应由单个到综合，由局部到整体，逐个估价，层层组合。对工程项目进行分解后，按构成进行分部计算，并逐层汇总。其估价的基本顺序是：分部分项工程单价——→单位工程造价——→单项工程造价——→建设项目总造价。例如为确定建设项目总概算，要先计算各单位工程概算，再计算各单项工程的综合概算，最终汇总成建设项目总概算。

4. 估价方法多样性

为了适应多次性估价采用各种不同的估价依据，以及对造价的不同精度的要求，估价方法具有多样性特征。不同的方法利弊不同，适应条件也不同，所以估价时要加以选择。如项目建议书阶段采用生产能力指数法、系数估算法来编制投资估算；施工图预算采用定额计价的单价法编制；招标控制价和投标报价按照工程量清单计价方法编制等。

5. 估价依据复杂性

由于影响造价的因素多，估价依据复杂、种类繁多。其主要可以分为7类：

(1)计算设备和工程量的依据，包括项目建议书、可行性研究报告、设计文件等；

(2)计算人工、材料、机械等实物消耗量依据，包括投资估算指标、概算定额、预算定额等；

(3)计算工程单价的价格依据，包括人工单价、材料价格、材料运杂费、机械台班费等；

(4)计算设备单价依据，包括设备原价、设备运杂费、进口设备关税等；

(5)计算措施费、间接费和工程建设其他费用依据，主要是措施项目定额和相关的费用定额、指标；

(6)政府规定的税、费；

(7)物价指数和工程造价指数。

估价依据的复杂性不仅使计算过程复杂，而且要求估价人员熟悉各类估价依据，并加以正确的应用。

第二节　工程估价的发展

一、国际工程估价的发展

在国际上，工程估价的发展大致可以分为5个阶段。

1. 工程估价的萌芽

工程估价的起源可以追溯到中世纪。当时的大多数建筑都比较简单，业主往往聘请一个工匠负责建筑物的设计和施工。工程完工后，按双方事先商定的总价支付，或者事先确定一个单价，然后乘以实际完成的工程量来计算工程总价并进行支付。到14世纪、15世纪，随着人们对房屋、公共建筑的要求日益提高，原有的工匠不能满足新的建筑形式的技术要求，建筑师成为一个独立的职业，而工匠们则负责其建造工作。工匠与建筑师接触时发现，由于建筑师往往受过良好的教育，因此在与建筑师协商造价时，自己常常处于劣势地位。为改变这一局面，工匠开始雇佣其他受过专业教育、有技术的人替他们计算工程量并与建筑师协商单价。

2. 工程估价的雏形出现

16世纪至18世纪，随着资本主义社会化大生产的出现和发展，在现代工业发展最早的英国出现了现代意义上的工程估价。技术发展促使大批工业厂房的兴建，许多农民在失去土地后向城市集中，需要大量住房，从而使建筑业逐渐得到发展，设计和施工逐步分离并各自形成独立专业。此时，帮助工匠对已完工程量进行测量和估价，并以工匠小组的名义与工程委托人和建筑师洽商，估算和确定工程价款的人员逐步专门化、专业化。建筑师为了使自己有更多的精力去完成自己的设计，也需雇用一个计算人员代表自己的利益与工匠的计算人员对抗。这样，就产生了专门从事工程造价的计算人员——工料测量师(QS，Quantity Surveyor)。

这时的工料测量师是在工程完工后才去测量工程量和结算工程造价的，因而工程造价管理处于被动状态，不能对设计与施工施加任何影响，只是对已完工程进行实物消耗量的测定，但它却为工程造价管理及其子专业工程估价形成专门的学科奠定了基础。

3. 工程估价的正式诞生——第一次飞跃

19世纪初，英国为了有效控制工程费用的支出、加快工程进度，开始实施竞争性招标。竞争性招标需要每个承包人在工程开始前计算工程量，然后根据工程情况作出工程估价。参与投标的承包人往往雇佣一个估价师为自己做这项工作，而业主(或代表业主利益的工程师)也需要雇佣一个估价师为自己计算拟建工程的工程量，为承包人提供招标工程量清单。招标承包制的实行扩展了工料测量师的工作范围，而且工程估价活动从竣工后提前到施工前进行，虽然这只是从建设程序上向前迈进了一步，但这却是历史性的一大步。

20世纪初，工程估价领域出版了第一本标准工程量计算规则，使得工程量计算有了统一标准和基础。1868年3月，英国成立了“测量师协会”(Surveyor's Institution)，其中最大的一个分会是工料测量师分会。1946年启用皇家特许测量师协会名称(RICS，Royal Institute of Charted Surveyor)。这一工程造价管理专业协会的创立，标志着现代工程造价管理专业的正式诞生。这一时期工程估价完成了历史上的第一次飞跃。

4. 工程估价的发展阶段——第二次飞跃

从20世纪40年代开始，工程造价管理从一般的工程造价确定和简单的工程造价控制的初始阶段开始向重视投资效益的评估、重视工程项目的经济与财务分析等方向发展。

20世纪50年代，英国的教育部和英国皇家特许测量师协会(RICS)的成本研究小组(RICS，Cost Research Panel)修改并发展了成本规划法(Law of Cost Planning)。成本规划法的提出，大大改变了估价工作的意义，使估价工作从原来被动的工作状况转变成主动，从原来设计结束后作估价转变成与设计工作同时进行；甚至在设计之前即可作出估算，并可根据工程委托人的要求使工程造价控制在限额以内。这样，从20世纪50年代开始，“投资计划和控制制度”就在英国等经济发达的国家应运而生。

20世纪60年代，RICS的成本信息服务部又颁发了划分建筑工程分部工程的标准。这样使得每个工程的成本可以按照相同的方法分摊到各分部中，从而方便了不同工程的成本和成本信息资料的储存。

在客观条件上，正逢第二次世界大战后的全球重建时期，大量的工程项目上马为工程造价管理的理论研究和实践提供了许多机会，从而使工程估价的发展获得了第二次飞跃。

5. 工程估价的综合与集成发展阶段——第三次飞跃

20世纪70年代末，建筑业人士已达成了一个共识，即对项目的估价仅考虑初始成本(一次性投资)是不够的，还应考虑到工程交付使用后的维修和运行成本，即应以“总成本”作为方案投资的控制目标。这种“总成本论”进一步拓宽了工程估价的含义，使工程估价贯穿于项目的全生命周期。可以说，工程估价含义的升华标志着工程估价发展的第三次飞跃。这一时期，英国提出了“全生命周期造价管理(LCCM,Life Cycle Costing Management)”;美国稍后提出了“全面造价管理(TCM,Total Cost Management)”,包括全过程、全要素、全风险、全团队的造价管理;中国在20世纪80年代末至90年代初提出了“全过程造价管理(WPCM,Whole Process Cost Management)”。这些新的工程造价管理理论的提出和发展,标志着工程造价理论和实践的研究进入了一个全新的阶段——综合与集成的阶段。

二、我国工程估价管理的历史沿革

1. 新中国成立之前

北宋时期,我国土木建筑家李诫编修的《营造法式》是工料计算方面的巨著,该书可以看作是古代的工料定额。清朝工部《工程做法则例》中,也有许多内容是说明工料计算方法的,它也是一部优秀的算工算料著作。

2. 新中国成立之后

(1)1950 ~1957 年,工程建设定额管理建立阶段。1950 ~ 1952 年国民经济三年恢复时期,在解放较早的东北地区,我国进行了一些工厂的恢复、扩建和少量新建工程。由于缺少建设经验和管理方法,加上工程基本由私人营造商承包,资金浪费大。第一个五年计划开始,国家基本建设规模日益扩大。为有效使用有限的建设资金,提高投资效果,在总结经验的基础上,吸收了前苏联的建设经验和管理方法,建立了概预算制度,要求建立各类定额并对其进行管理,以提供编制和考核概预算的基础依据。

在该阶段,我国虽然建立了定额管理,但由于面对大规模经济建设,缺乏工程估价经验,缺少专业人才,所以在学习国外经验时,存在结合中国实际情况不够的问题,使定额的编制和执行受到影响。

(2)1958 ~1966 年,工程定额管理逐渐被削弱阶段。1958 年开始,受“左”的指导思想的影响,消弱、放松以致放弃了定额管理。1958 年 6 月,概预算和定额管理权限全部下放,形成了国家综合部门撒手不管的状态。不少地区将施工定额和预算定额合为一种定额,混淆这两种定额的不同性质、不同作用和不同的使用范围,否认商品经济、市场交换和价值规律在定额管理和概预算中的影响。1961 年,我国概预算管理和定额管理曾有一定的恢复和改进。但是1965 年,工程建设投资管理进一步弱化,设计单位不再编制施工图预算。基建体制上废除甲、乙方每月按照预算办理工程价款结算办法。1966 年 1 月,我国试行建设公司工程负责制,改变承发包制度,规定一般工程由建设部门按年投资额或预算造价划拨给建设公司,工程决算时多退少补。这些规定从根本上摧毁了概预算管理制度和定额管理制度。

(3)1966 ~1976 年,概预算和定额管理工作严重被破坏阶段。这一时期,国民经济濒临崩溃的边缘。概预算和定额管理机构被“砸烂”,大量基础资料被销毁。1967 年,在原建工部直属施工企业中实行经常费制度,即国家按施工企业人头给钱;材料费拨款按基建管理体制和材料供应方式确定;完工后不再办理结算。这从制度上否定了施工企业的性质,把企业变成享受供给制和实报实销的行政事业单位。推行这个制度的实质是施工企业花多少向建设单位要多少,建设单位花多少就向国家要多少。建设单位、施工企业都“吃大锅饭”,造成人力、物力、资金的严重浪费,投资效率下降,劳动生产率下降。

(4)1976 ~1992 年,造价管理工作整顿和发展阶段。1976 年10 月,十年动乱结束,为顺利重建造价管理制度提供了良好的条件。从 1977 年起,国家恢复、重建造价管理机构,1983 年8 月成立基本建设标准定额局,组织制定工程建设概预算定额、费用标准及工作制度。概预算定额统一归口，1988 年划归建设部，成立标准定额司，各省市、各部委建立了定额管理站，全国颁布了一系列推动概预算管理和定额管理发展的文件。这一阶段，国家主管部门、国务院各有关部门、各地区对建立健全工程造价管理制度，改进工程估价依据做了大量工作。

(5)1993 ~ 2003 年，深化改革阶段。1992 年，我国提出了“控制量、指导价、竞争费”的改革措施，使工程造价管理逐步由静态管理模式向动态管理模式转变。1995 年，建设部颁布《全国统一建筑工程基础定额》(土建工程)和《全国统一建筑工程预算工程量计算规则》，为量、价分离做好准备。2000 年，建设部在广东、吉林、天津等地开始进行工程量清单计价试点工作。

(6)2003 年 7 月至今，逐步与国际接轨阶段。2003 年 7 月 1 日开始实施《建设工程工程量清单计价规范》(GB 50500—2003)，这是我国工程造价计价方式适应社会主义市场经济发展的一次重大改革，也是我国工程造价计价工作向逐步实现“政府宏观调控、企业自主报价、市场形成价格”的目标迈出的坚实一步。2008 年 7 月 9 日，住房和城乡建设部发布《建设工程工程量清单计价规范》(GB 50500—2008)(以下简称《计价规范》)，于 2008 年 12 月 1 日实施。《计价规范》涵盖从招标投标开始至竣工结算为止的施工阶段全过程的工程计价技术与管理，使工程施工过程的每个计价环节有“规”可依、有“章”可循，并按施工顺序承前启后，相互贯通，构筑起规范工程造价计价行为的长效机制。

第三节　工程估价原则与方法

一、工程估价的原则

1. 完整估价原则

工程估价过程中，尤其是施工阶段开始前的阶段，对工程项目所需资金要有充分、完整的估计。在以往工程招投标实践中，业主往往希望通过招标时压低招标控制价的方式降低投资，承包人为了中标，只能以低价报价，这样确定出的工程造价往往偏低，一旦遇到工程变更或涨价风险，就可能因资金短缺造成停工而延误工期，而且过低的中标价可能导致承包人偷工减料使工程质量下降，最终反而使工程造价增加。按照完整性原则要求，招标人或投标人估价时都应该按工程量清单和设计文件提供的资料对已划分好的项目，充分考虑各种因素对价格的影响后进行估价。

2. 准确估价原则

准确估价原则要求项目建设不同阶段的估价应相对准确。工程估价的准确程度取决于估价时所掌握的工程实际资料的完整性、可靠性，这就决定了工程造价是随着工程项目的进展而逐步清晰、逐步确定的。因此，在工程竣工前的所有估价，不可能实现完全的精确化，只能要求其相对准确。

准确估价原则还要求对于估价既不能“高估冒算”，也不能“低估压价”[2]。估价人员应掌握充分的同类项目历史资料，对拟建项目的特点、工程量、价格、工期、质量要求进行认真研究，并运用科学的技术经济分析方法对工程项目作出准确估价。

3. 动态估价原则

工程建设过程中，工程造价受设计变更、施工条件、市场需求、自然地质等多因素的影响，需要进行动态调整。

二、工程估价方法

1. 产出函数估算法

当建设项目还没有具体的图纸和工程量清单时，可以利用产出函数进行匡算[2]。在建筑工程中，产出函数建立了产出的总量或规模与各种投入（如人力、材料、机械等）之间的关系，如房屋建筑面积的大小和消耗的人工数量之间的关系。因此，对于某一特定的产出，可以通过对各个投入参数赋予不同值，从而找到一个最低的生产成本。

投资的匡算常常基于某个表明设计能力或者形体尺寸的变量，比如建筑面积、高速公路的长度、工厂的生产能力等。在这种类比估算方法下，项目的成本并不总是和规模大小呈线性关系的，典型的规模经济或规模不经济都会出现。因此要慎重选择合适的产出函数，例如生产能力指数法与单位生产能力估算法就是采用不同的生产函数，寻找到规模和经济有关的经验数，以便尽可能利用最低的单位成本。

当利用基于经验的成本函数估算成本时，需要使用一些数理统计技术将建造或运营某设施与系统的一些重要特性或属性联系起来，以寻找最合适的参数值或者常数，用于在假定的成本函数中进行成本估算。

2. 分部组合估价法

工程估价的主要特点是将整个工程进行分解，划分为可以按定额等技术经济参数测算价格的基本子项（或称分部、分项工程）。基本子项应该是既能用较为简单的施工过程生产出来，又可以用适当的计量单位计算、测定的工程基本构造要素，也可称为假定的建筑安装产品。然后，进一步计算、测定各基本子项的费用，按照工程分解的逆顺序逐步组合、汇总，计算出整个建设项目的工程造价。

若仅从工程造价计算角度分析，工程估价的顺序是：分部分项工程单价──→单位工程造价──→单项工程造价──→建设项目总造价。影响工程造价的因素主要有两个，即基本子项的实物工程数量和基本子项的单位价格。

（1）工程实物数量

在进行工程估价时，工程实物量的计量单位是由单位价格的计算单位决定的。如果单位价格计量单位的对象取得较大，得到的工程估算就较粗，反之则工程估算较细、较准确。编制投资估算时，单位价格计量单位的对象取得较大，如可能是单位工程或单项工程，甚至是建设项目，即可能以整幢建筑物为计量单位，这时基本子项的数目可能就等于1，得到的工程造价也就较粗。编制设计概算时，计量单位的对象可以取到单位工程或扩大分部分项工程，这时得到的工程造价比投资估算精确。编制施工图预算时，则是以分项工程为计量单位的基本对象，此时工程分解结构的基本子项数目会远远超过投资估算或设计概算的基本子项数目，得到的工程估价也就更精确。

基本子项的工程实物量可以通过工程量计算规则和设计图纸计算而得，它可以直接反映工程项目的规模和内容。

（2）基本子项单位价格

基本子项的单位价格可以采用工料机单价、综合单价和完全单价。

①工料机单价。工料机单价是指基本子项单位价格仅考虑人工、材料、机械资源要素的消耗量和价格，是基本子项（分部分项工程）的不完全价格，即：

基本子项单位价格 = $\sum$（基本子项的资源要素消耗量 × 资源要素的价格）

式中资源要素消耗量可按采用的有关工程建设定额确定，定额反映的生产力水平越高，资源要素消耗量越低。资源要素的价格是影响工程造价的关键因素，在市场经济体制下，工程估价时应采用资源要素的市场价格。

采用工料机单价，单位工程造价计算数学模型为：

$$单位工程造价 = \sum_{i=1}^{n} 基本子项工程实物数量 \times 基本子项工料机单位 + 间接费 + 利润 + 税金$$

②综合单价。清单计价模式下，综合单价是指完成一个规定计量单位的分部分项工程量清单项目或措施项目所需的人工费、材料费、施工机械使用费和企业管理费与利润，以及一定范围内的风险费用。这一单价反映了承包人的收入，但仍属于不完全单价。采用综合单价，单位工程造价计算数学模型为：

$$单位工程造价 = \sum_{i=1}^{n} 基本子项工程实物数量 \times 基本子项综合单价 + 规费 + 税金$$

③完全单价。完全单价，也称全费用单价，包括完成一个规定计量单位基本子项的人工费、材料费、机械使用费、间接费、利润和税金。采用完全单价，单位工程造价计算数学模型为：

$$单位工程造价 = \sum_{i=1}^{n} 基本子项工程实物数量 \times 基本子项完全单价$$

第二章　工程造价构成与计算

第一节　我国现行建设项目总投资及工程造价构成

我国现行建设项目总投资及工程造价构成仍遵循全过程造价管理思想，见图 2.1.1。

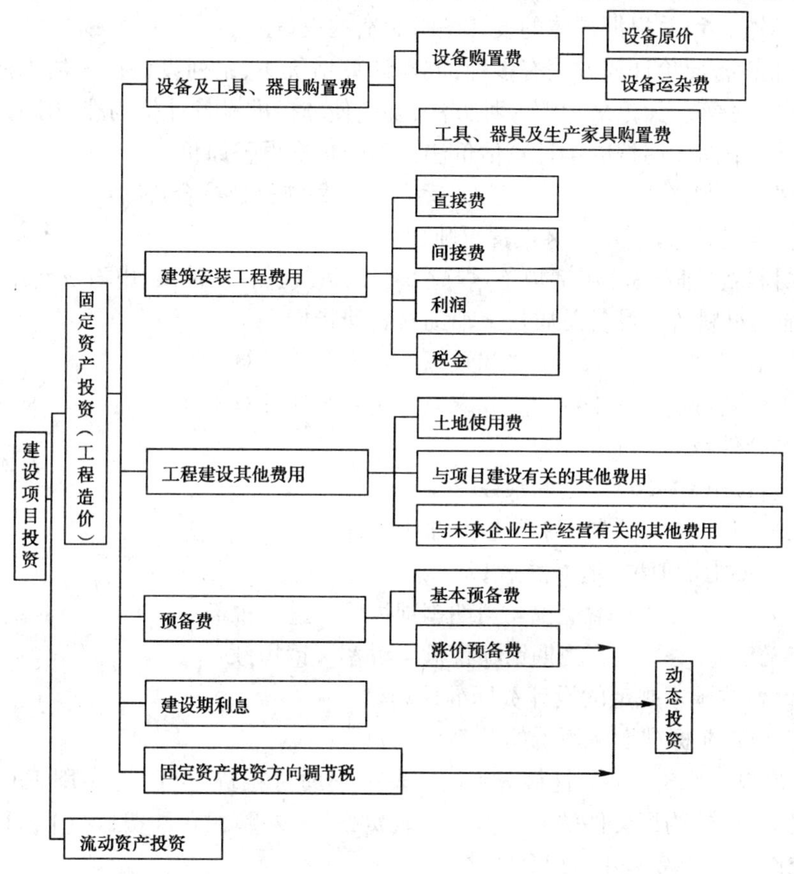

图 2.1.1　建设项目投资构成

第二节　设备及工器具购置费用构成与计算

一、设备购置费的构成及计算

设备购置费是指为建设项目购置或自制的达到固定资产标准的各种国产或进口设备、工具、器具的购置费用，由设备原价和设备运杂费组成。

设备购置费 = 设备原价 + 设备运杂费

上式中，设备原价指国产设备或进口设备的原价；设备运杂费是指除设备原价之外的关于设备采购、运输、途中包装及仓库保管等方面支出费用的总和。

（一）国产设备原价的构成及计算

国产设备原价一般指的是设备制造厂的交货价，即出厂价，或订货合同价。

1. 国产标准设备原价

国产标准设备是指按照主管部门颁布的标准图纸和技术要求，由我国设备生产厂批量生产的，符合国家质量检验标准的设备。国产标准设备原价有两种，即带有备件的原价和不带有备件的原价。在计算时，一般采用带有备件的原价。

2. 国产非标准设备原价

国产非标准设备是指国家尚无定型标准，各设备生产厂家不可能在工艺过程中采用批量生产，只能按一次订货，并根据具体的设计图纸制造的设备。

国产非标准设备原价计算方法有多种：成本计算估价法、系列设备插入估算法、分部组合估价法、定额估价法等。无论采用哪一种方法，都应使非标准设备计价的准确度接近实际出厂价，且计算简便。下面介绍按成本计算估价法计算非标准设备原价。

(1)材料费 = 材料净重 ×(1 + 加工损耗系数) × 每吨材料综合价

(2)加工费 = 设备总质量(t) × 设备每吨加工费

(3)辅助材料费(辅材费)包括焊条、焊丝、氧气、氩气、氮气、油漆、电石等费用。

计算式：辅助材料费 = 设备总质量 × 辅助材料费指标

(4)专用工具费：按(1) ~ (3)项之和乘以一定万分比计算。

(5)废品损失费：按(1) ~ (4)项之和乘以一定百分比计算。

(6)外购配套件费。

(7)包装费：按(1) ~ (6)项之和乘以一定百分比计算。

(8)利润：按(1) ~ (5)项加(7)项之和的 10% 计算。

(9)税金：主要指增值税，基本税率 17%。

增值税 = 当期销项税额 − 进项税额

当期销项税额 = 税率 × 销售额

(10)设计费：按国家规定的设计费标准计算。

综上所述，单台非标准设备原价的计算公式如下：

单台非标准设备原价 = {[(材料费 + 加工费 + 辅助材料费) × (1 + 专用工具费率) × (1 + 废品损失费率) + 外购配套件费] × (1 + 包装费率) − 外购配套件费} × (1 + 利润率) + 增值税 + 非标准设备设计费 + 外购配套件费

【例 2.2.1】 某工厂采购一台国产非标准设备，制造厂生产该设备所用材料费 20 万元，加工费 2 万元，辅助材料费 4 000 元，专用工具费率 1.5%，废品损失率 10%，外购配套件费 5 万元，包装费率 1%，利润率 7%，增值税率 17%，非标准设备设计费 2 万元，求该国产非标准设备原价。

解：专用工具费 = (20 + 2 + 0.4) × 1.5% = 0.336 万元

废品损失费 = (20 + 2 + 0.4 + 0.336) × 10% = 2.274 万元

包装费 = (22.4 + 0.336 + 2.274 + 5) × 1% = 0.300 万元

利润 = (22.4 + 0.336 + 2.274 + 0.3) × 7% = 1.772 万元

销项税金 = (22.4 + 0.336 + 2.274 + 5 + 0.3 + 1.772) × 17% = 5.454 万元

该国产非标准设备原价 =22.4 +0.336 +2.274 +0.3 +1.772 +5.454 +2 +5 =39.536 万元

(二)进口设备原价的构成及计算

1. 进口设备的原价

进口设备的原价是指进口设备的抵岸价，即抵达买方边境港口或边境车站，且交完关税等税费后形成的价格。进口设备抵岸价的构成与进口设备的交货类别有关。进口设备的交货类别可分为：内陆交货类，即卖方在出口国内陆的某个地点交货；目的地交货类，即卖方要在进口国的港口或内地交货；装运港交货类，即卖方在出口国装运港交货。

2. 进口设备抵岸价的构成及计算

若进口设备采用离岸价(FOB)，其抵岸价的构成为：

进口设备抵岸价 = 货价(此处为 FOB) + 国外运费 + 运输保险费 + 银行财务费 + 外贸手续费 + 关税 + 增值税 + 消费税 + 海关监管手续费 + 车辆购置附加费

(1)货价：进口设备货价按有关生产厂商询价、报价、订货合同价计算。离岸价(FOB)，即装运港船上交货价，是我国进口设备采用最多的一种货价。设备货价分为原币货价和人民币货价，原币货价一律折算为美元表示，人民币货价按原币货价乘以外汇市场美元兑换人民币中间价确定。

(2)国际运费：即从出口国装运港(站)到达进口国港(站)的运费。进口设备的国际运费计算方法：

$$\text{国际运费(海、陆、空)} = \text{FOB} \times \text{运费率}$$

或

$$\text{国际运费(海、陆、空)} = \text{运量} \times \text{单位运价}$$

其中，运费率或单位运价参照有关部门或进出口公司的规定执行。

(3)运输保险费：对外贸易货物运输保险是由保险人(保险公司)与被保险人(出口人或进口人)订立保险契约，在被保险人交付议定的保险费后，保险人根据保险契约的规定对货物运输过程中发生的承保责任范围内的损失给予经济上的补偿。计算公式为：

$$\text{运输保险费} = \text{FOB} \times \text{运输保险费率}/(1 - \text{运输保险费率})$$

其中保险费率可以按照保险公司规定的进口货物保险费率计算，如海运保险费率 3.5‰，空运保险费率 4.55‰，陆运保险费率 2.66‰，或按照保险公司规定的进口货物保险费率计算。

(4)银行财务费：一般指银行手续费，银行财务费率一般为 0.4% ~0.5%。计算公式为：

$$\text{银行财务费} = \text{FOB} \times \text{银行财务费率}$$

(5) 外贸手续费：是指按外经贸部规定的外贸手续费率计取的费用，外贸手续费一般取 1.5%。计算公式为：

$$\text{外贸手续费} = (\text{FOB} + \text{国际运费} + \text{运输保险费}) \times \text{外贸手续费率}$$

式中，FOB + 国际运费 + 运输保险费 = 到岸价(CIF)。

(6)关税：是由海关对进出国境或关境的货物和物品征收的一种税，属于流转性课税。计算公式为：

$$\text{关税} = \text{到岸价(CIF)} \times \text{进口关税税率}$$

式中，到岸价(CIF)包括离岸价(FOB)、国际运费、运输保险费，作为关税完税价格。进口关税税率按照我国海关总署发布的进口关税税率计算。

(7)消费税：仅对部分进口产品(如轿车等)征收(引进工艺设备不征收)。

$$\text{消费税} = (\text{CIF} + \text{关税}) \times \frac{\text{消费税率}}{1 - \text{消费税率}}$$

越野车、小汽车取5%，小轿车取8%，轮胎取10%。

(8)增值税：是我国政府对从事进口贸易的单位和个人，在进口商品报关进口后征收的税种。我国增值税条例规定，进口应税产品均按组成计税价格和增值税税率直接计算应纳税额。

$$增值税 = 组成计税价格 \times 增值税率$$

$$组成计税价格 = 关税完税价格 + 关税 + 消费税$$

增值税税率根据规定的税率计算。

(9)海关监管手续费：指海关对进口减税、免税、保税的货物，实施监督、管理和提供服务收取的手续费。全额征收进口关税的货物，不收取海关监管手续费。计算公式为：

$$海关监管手续费 = CIF \times 海关监管手续费率$$

海关监管手续费率一般取0.3%。

(10)车辆购置附加费：指进口车辆需缴进口车辆购置附加费。

$$进口车辆购置附加费 = (CIF + 关税 + 消费税 + 增值税) \times 进口车辆购置附加费率$$

(三)设备运杂费的构成及计算

1.设备运杂费的构成

(1)运费和装卸费：对于国产设备而言，是指自设备制造厂交货地点起至工地仓库(或施工组织设计指定的需安装设备的堆放地点)止所发生的运费和装卸费。对于进口设备而言，是指自我国到岸港口或边境车站起至工地仓库(或施工组织设计指定的需安装设备的堆放地点)止所发生的运费和装卸费。

(2)包装费：在设备原价中没有包含的，为运输而进行的包装支出的各种费用。

(3)设备供销部门的手续费：按有关部门规定的统一费率计算。

(4)采购与仓库保管费：指采购、验收、保管和收发设备所发生的各种费用，包括设备采购人员、保管人员和管理人员的工资、工资附加费、办公费、差旅交通费，设备供应部门办公和仓库所占固定资产使用费、工具用具使用费、劳动保护费、检验试验费等。这些费用可按主管部门规定的采购与保管费率计算。

2.设备运杂费的计算

$$设备运杂费 = 设备原价 \times 设备运杂费率$$

【例2.2.2】 我国某建设项目，拟由国外引进全套工艺设备，其引进设备FOB价为600万美元，人民币兑换美元的外汇牌价1美元=7.2元计算。中国远洋公司的现行海运费率6%，海运保险费率3.5‰，现行外贸手续费率、中国银行财务手续费率、增值税率和关税税率分别按1.5%、5%、17%、17%计取。国内供销手续费率0.4%，运输、装卸和包装费率0.1%，采购保管费率1%。试计算本项目引进工艺设备的购置费。

解：引进工艺设备原价计算过程与结果如表2.2.1所示。

引进工艺设备原价计算表(万美元)　　　　表2.2.1

序号	费用名称	计算过程	费用
1	货价	$600 \times 7.2 = 4\,320$	4 320
2	国际运费	$600 \times 7.2 \times 6\% = 259.2$	259.2
3	运输保险费	$(4\,320 + 259.2) \times 3.5‰/(1 - 3.5‰) = 16.08$	16.08
4	关税	$(4\,320 + 259.2 + 16.08) \times 17\% = 4\,595.28 \times 17\% = 781.20$	781.20
5	增值税	$(4\,595.28 + 781.2) \times 17\% = 914.00$	914.00

续上表

序号	费 用 名 称	计 算 过 程	费 用
6	银行财务费	4 320 ×5‰ =21.6	21.6
7	外贸手续费	4 595.28 ×1.5% =68.93	68.93
8	引进工艺设备原价	1 +2 +3 +4 +5 +6 +7	6 381.01

由上表知引进工艺设备原价 =6 381.01 万元

国内运杂费 =6 381.01 ×(0.4% +0.1% +1%) =95.72 万元

引进工艺设备购置费 = 引进工艺设备原价 + 国内运杂费 =6 381.01 +95.72 =6 476.73 万元

二、工具、器具及生产家具购置费的构成及计算

工具、器具及生产家具购置费，是指新建或扩建项目初步设计规定的、保证初期正常生产必须购置的没有达到固定资产标准的设备、仪器、工卡模具、器具、生产家具和备品、备件等的购置费用。其计算公式为：

工具、器具及生产家具购置费 = 设备购置费 × 定额费率

第三节 建筑安装工程费用构成与计算

一、建筑安装工程费用项目组成

为了适应工程计价改革工作的需要，按照国家有关法律、法规，并参照国际惯例，在总结原建设部、中国人民建设银行《关于调整建筑安装工程费用项目组成的若干规定》(建标[1993]894 号)执行情况的基础上，原建设部、财政部制定了《建筑安装工程费用项目组成》(以下简称《费用项目组成》)，并以建标[2003]206 号下发，自 2004 年 1 月 1 日起施行。原建设部、中国人民建设银行《关于调整建筑安装工程费用项目组成的若干规定》(建标[1993]894 号)同时废止。依据《费用项目组成》，建筑安装工程费用项目组成如表 2.3.1 所示。

建筑安装工程费用组成 表 2.3.1

<table>
<tr><td rowspan="2">建筑安装工程费</td><td rowspan="2">直接费</td><td>直接工程费</td><td>①人工费；
②材料费；
③施工机械使用费</td></tr>
<tr><td>措施费</td><td>①环境保护；
②文明施工；
③安全施工；
④临时设施；
⑤夜间施工；
⑥二次搬运；
⑦大型机械设备进(出)场及安拆；
⑧混凝土、钢筋混凝土模板及支架；
⑨脚手架；
⑩已完工程及设备保护；
⑪施工排水、降水</td></tr>
</table>

续上表

<table>
<tr><td rowspan="4">建筑安装工程费</td><td rowspan="2">间接费</td><td>规费</td><td>①工程排污费；
②工程定额测定费；
③社会保障费：养老保险费、失业保险费和医疗保险费；
④住房公积金；
⑤危险作业意外伤害保险</td></tr>
<tr><td>企业管理费</td><td>①管理人员工资；
②办公费；
③差旅交通费；
④固定资产使用费；
⑤工具用具使用费；
⑥劳动保险费；
⑦工会经费；
⑧职工教育经费；
⑨财产保险费；
⑩财务费；
⑪税金；
⑫其他</td></tr>
<tr><td>利润</td><td></td><td></td></tr>
<tr><td>税金</td><td></td><td></td></tr>
</table>

二、直接费

直接费由直接工程费和措施费组成。

(一)直接工程费

直接工程费是指施工过程中耗费的构成工程实体的各项费用，包括人工费、材料费、施工机械使用费。

1. 人工费

人工费，是指直接从事建筑安装工程施工的生产工人开支的各项费用。计算公式：

$$人工费 = \sum(工日消耗量 \times 日工资单价)$$

$$日工资单价\ G = \sum_{i=1}^{5} G_i$$

其中日工资单价组成：

(1)基本工资：是指发放给生产工人的基本工资。

$$基本工资\ G_1 = \frac{生产工人平均月工资}{年平均每月法定工作日}$$

(2)工资性补贴：是指按规定标准发放的物价补贴，煤、燃气补贴，交通补贴，住房补贴，流动施工津贴等。

$$工资性补贴\ G_2 = \frac{\sum 年发放标准}{全年日历日 - 法定假日} + \frac{\sum 月发放标准}{年平均每月法定工作日} + 每工作日发放标准$$

(3)生产工人辅助工资：是指生产工人年有效施工天数以外非作业天数的工资，包括职工学习、培训期间的工资，调动工作、探亲、休假期间的工资，因气候影响的停工工资，女工哺乳时间的工资，病假在六个月以内的工资及产、婚、丧假期的工资。

$$生产工人辅助工资\ G_3 = \frac{全年无效工作日 \times (G_1 + G_2)}{全年日历日 - 法定假日}$$

(4)职工福利费:是指按规定标准计提的职工福利费。

$$职工福利费\ G_4 = (G_1 + G_2 + G_3) \times 福利费计提比例$$

(5)生产工人劳动保护费:是指按规定标准发放的劳动保护用品的购置费及修理费、徒工服装补贴、防暑降温费、在有碍身体健康环境中施工的保健费用等。

$$生产工人劳动保护费\ G_5 = \frac{生产工人年平均支出劳动保护费}{全年日历日 - 法定假日}$$

2. 材料费

材料费,是指施工过程中耗费的构成工程实体的原材料、辅助材料、构(配)件、零件、半成品的费用。内容包括:

(1)材料原价或供应价格。

(2)材料运杂费:是指材料自来源地运至工地仓库或指定堆放地点所发生的全部费用。

(3)运输损耗费:是指材料在运输、装卸过程中不可避免的损耗。

(4)采购及保管费:是指为组织采购、供应和保管材料过程中所需要的各项费用。它包括:采购费、仓储费、工地保管费和仓储损耗。

(5)检验试验费:是指对建筑材料、构件和建筑安装物进行一般鉴定、检查所发生的费用,包括自设试验室进行试验所耗用的材料和化学药品等费用;不包括新结构、新材料的试验费和建设单位对具有出厂合格证明的材料进行检验,对构件做破坏性试验及其他特殊要求检验试验的费用。

单位工程量材料费的计算公式:

$$材料费 = \sum(材料消耗量 \times 材料基价) + 检验试验费$$

$$材料基价 = [(供应价格 + 运杂费) \times (1 + 运输损耗率)] \times (1 + 采购保管费率)$$

$$检验试验费 = \sum(单位材料量检验试验费 \times 材料消耗量)$$

3. 施工机械使用费

施工机械使用费,是指施工机械作业所发生的机械使用费以及机械安拆费和场外运费。施工机械使用费的计算公式:

$$施工机械使用费 = \sum(施工机械台班消耗量 \times 机械台班单价)$$

$$\begin{aligned}机械台班单位 = {} & 台班折旧费 + 台班大修费 + 台班经常修理费 + 台班安拆费及场外运费 \\ & + 台班人工费 + 台班燃料动力费 + 台班养路费及车船使用税\end{aligned}$$

施工机械台班单价,应由下列七项费用组成。

(1)折旧费:指施工机械在规定的使用年限内,陆续收回其原值及购置资金的时间价值。

(2)大修理费:指施工机械按规定的大修理间隔台班进行必要的大修理,以恢复其正常功能所需的费用。

(3)经常修理费:指施工机械除大修理以外的各级保养和临时故障排除所需的费用。它包括为保障机械正常运转所需替换设备与随机配备工具附具的摊销和维护费用,机械运转中日常保养所需润滑与擦拭的材料费用及机械停滞期间的维护和保养费用等。

(4)安拆费及场外运费:安拆费指施工机械在现场进行安装与拆卸所需的人工、材料、机械和试运转费用以及机械辅助设施的折旧、搭设、拆除等费用;场外运费指施工机械整体或分体自停放地点运至施工现场或由一施工地点运至另一施工地点的运输、装卸、辅助材料及架线等费用。

(5)人工费:指机上司机(司炉)和其他操作人员的工作日人工费及上述人员在施工机械规定的年工作台班以外的人工费。

(6)燃料动力费:指施工机械在运转作业中所消耗的固体燃料(煤、木柴)、液体燃料(汽油、柴油)及水、电等费用。

(7)养路费及车船使用税:指施工机械按照国家规定和有关部门规定应缴纳的养路费、车船使用税、保险费及年检费等。

(二)措施费

措施费是指为完成工程项目施工,发生于该工程施工前和施工过程中非工程实体项目的费用。其包括内容:

1. 环境保护费

环境保护费,是指施工现场为达到环保部门要求所需要的各项费用。参考的计算方法有费率法和指标法两种思路。

(1)费率法

$$环境保护费 = 直接工程费 \times 环境保护费费率$$

$$环境保护费费率(\%) = \frac{本项费用年度平均支出}{全年建安产值 \times 直接工程费占总造价比例}$$

【例2.3.1】 某企业全年建安工程产值8 000万元,直接工程费比例50%,环保费用年度支出20万元。拟投标某工程,直接工程费1 000万元,求环境保护费是多少。

$$环境保护费费率(\%) = \frac{20}{8\ 000 \times 50\%} = 0.5\%$$

$$环境保护费 = 1\ 000 \times 0.5\% = 5\ 万元$$

(2)指标法

$$环境保护费 = 建筑面积(m^2) \times 环境保护费指标(元/m^2)$$

【例2.3.2】 某企业在石家庄市建筑工程施工项目环境保护费用为4元/m^2,现拟投标某学校宿舍楼工程,建筑面积6 000m^2,求环境保护费用为多少。

解:环境保护费 = 6 000 × 4 = 2 4000元

2. 文明施工费

文明施工费,是指施工现场文明施工所需要的各项费用。

$$文明施工费 = 直接工程费 \times 文明施工费费率$$

$$文明施工费费率(\%) = \frac{本项费用年度平均支出}{全年建安产值 \times 直接工程费占总造价比例}$$

3. 安全施工费

安全施工费,是指施工现场安全施工所需要的各项费用。

$$安全施工费 = 直接工程费 \times 安全施工费费率$$

$$安全施工费费率(\%) = \frac{本项费用年度平均支出}{全年建安产值 \times 直接工程费占总造价比例}$$

4. 临时设施费

临时设施费,是指施工企业为进行建筑工程施工所必须搭设的生活和生产用的临时建筑物、构筑物和其他临时设施费用等。

临时设施包括：临时宿舍、文化福利及公用事业房屋与构筑物，仓库、办公室、加工厂以及规定范围内道路、水、电、管线等临时设施和小型临时设施。

临时设施费用包括：临时设施的搭设、维修、拆除费或摊销费。

临时设施费由以下三部分组成：

(1)周转使用临建费，如活动房屋的费用；

(2)一次性使用临建费，如简易建筑的费用；

(3)其他临时设施费，如临时管线的费用。

临时设施费 =（周转使用临建费 + 一次性使用临建费）×（1 + 其他临时设施所占比例）

其中：

①周转使用临建费：

$$\text{周转使用临建费} = \sum\left[\frac{\text{临建面积} \times \text{每平方米造价}}{\text{使用年限} \times 365 \times \text{利用率}} \times \text{工期(d)}\right] + \text{一次性拆除费}$$

②一次性使用临建费：

$$\text{一次性使用临建费} = \sum \text{临建面积} \times \text{每平方米造价} \times (1 - \text{残值率}) + \text{一次性拆除费}$$

③其他临时设施在临时设施费中所占比例，可由各地区造价管理部门依据典型施工企业的成本资料经分析后综合测定。

根据《建筑工程安全防护、文明施工措施费用及使用管理规定》（建办[2005]89号）规定，常见建筑工程安全防护、文明施工措施项目如表2.3.2所示。

建筑工程安全防护、文明施工措施项目 表2.3.2

类别	项目名称	具体要求
文明施工与环境保护	安全警示标志牌	在易发伤亡事故（或危险）处设置明显的、符合国家标准要求的安全警示标志牌
	现场围挡	①现场采用封闭围挡，高度不小于1.8 m； ②围挡材料可采用彩色、定型钢板，砖、混凝土砌块等墙体
	五板一图	在进门处悬挂工程概况、管理人员名单及监督电话、安全生产、文明施工、消防保卫五板；施工现场总平面图
	企业标志	现场出入的大门应设有本企业标识或企业标识
	场容场貌	①道路畅通； ②排水沟、排水设施通畅； ③工地地面硬化处理； ④绿化
	材料堆放	①材料、构件、料具等堆放时，悬挂有名称、品种、规格等标牌； ②水泥和其他易飞扬细颗粒建筑材料应密闭存放或采取覆盖等措施； ③易燃、易爆和有毒有害物品分类存放
	现场防火	消防器材配置合理，符合消防要求
	垃圾清运	施工现场应设置密闭式垃圾站，施工垃圾、生活垃圾应分类存放，施工垃圾必须采用相应容器或管道运输

续上表

类别	项目名称		具体要求
临时设施	现场办公生活设施		①施工现场办公、生活区与作业区分开设置，保持安全距离； ②工地办公室、现场宿舍、食堂、厕所、饮水、休息场所符合卫生和安全要求
	施工现场临时用电	配电线路	①按照 TN－S 系统要求配备五芯电缆、四芯电缆和三芯电缆； ②按要求架设临时用电线路的电杆、横担、瓷夹、瓷瓶等，或电缆埋地的地沟； ③对靠近施工现场的外电线路，设置木质、塑料等绝缘体的防护设施
		配电箱、开关箱	①按三级配电要求，配备总配电箱、分配电箱、开关箱三类标准电箱；开关箱应符合一机、一箱、一闸、一漏；三类电箱中的各类电器应是合格品； ②按两级保护的要求，选取符合容量要求和质量合格的总配电箱和开关箱中的漏电保护器
		接地保护装置	施工现场保护零线的重复接地，应不少于三处
安全施工	临边洞口交叉高处作业防护	楼板、屋面、阳台等临边防护	用密目式安全立网全封闭，作业层另加两边防护栏杆和 18 cm高的踢脚板
		通道口防护	设防护棚，其应为不小于 5 cm厚的木板或两道相距 50 cm的竹笆。两侧应沿栏杆架用密目式安全网封闭
		预留洞口防护	用木板全封闭；短边超过 1.5m 长的洞口，除封闭外四周还应设有防护栏杆
		电梯井口防护	设置定型化、工具化、标准化的防护门；在电梯井内每隔两层（不大于 10m）设置一道安全平网
		楼梯边防护	设 1.2m 高的定型化、工具化、标准化的防护栏杆，18cm 高的踢脚板
		垂直方向交叉作业防护	设置防护隔离棚或其他设施
		高空作业防护	有悬挂安全带的悬索或其他设施；有操作平台；有上下的梯子或其他形式的通道

5. 夜间施工费

夜间施工费，是指因夜间施工所发生的夜班补助费、夜间施工降效、夜间施工照明设备摊销及照明用电等费用。

$$\text{夜间施工增加费}=\left(1-\frac{\text{合同工期}}{\text{定额工期}}\right)\times\frac{\text{直接工程费中的人工费合计}}{\text{平均日工资单价}}\times\text{每工日夜间施工费开支}$$

6. 二次搬运费

二次搬运费，是指因施工场地狭小等特殊情况而发生的二次搬运费用。

$$\text{二次搬运费}=\text{直接工程费}\times\text{二资搬运费费率}$$

$$\text{二次搬运费费率}(\%)=\frac{\text{年平均二次搬运费开支额}}{\text{全年建安产值}\times\text{直接工程费占总造价的比例}}$$

7. 大型机械设备进出场及安拆费

大型机械设备进出场及安拆费，是指机械整体或分体自停放场地运至施工现场或由一个施工地点运至另一个施工地点，所发生的机械进出场运输及转移费用及机械在施工现场进行安装、拆卸所需的人工费、材料费、机械费、试运转费和安装所需的辅助设施的费用。

$$\text{大型机械进出场及安拆费}=\frac{\text{一次性出场及安拆费}\times\text{年平均安拆次数}}{\text{年工作台班}}$$

8. 混凝土、钢筋混凝土模板及支架费

混凝土、钢筋混凝土模板及支架费,是指混凝土施工过程中需要的各种钢模板、木模板、支架等的支、拆、运输费用及模板、支架的摊销(或租赁)费用。

(1)模板及支架费 = 模板摊销量 × 模板价格 + 支、拆、运输费

$$摊销量 = 一次使用量 \times (1 + 施工损耗率) \times \left[\frac{1 + (n - 1) \times 补损率}{n} - \frac{(1 - 补损率) \times 50\%}{n}\right]$$

$$周转使用量 = 一次使用量 \times (1 + 施工损耗率) \times [1 + (n - 1) \times 补损率]/n$$

$$周转回收量 = 一次使用量 \times (1 + 施工损耗率) \times (1 - 补损率) \times 折旧系数/n$$

其中,n 表示周转次数。

$$摊销量 = 周转使用量 - 周转回收量$$

(2)租赁费 = 模板使用量 × 使用日期 × 租赁价格 + 支、拆、运输费

【例 2.3.3】 某工程现浇钢筋混凝土梁,断面 400mm × 600mm,净长 6.24m,使用 3cm 厚木模板,施工损耗率 5%,补损率 15%,周转次数 $n = 6$ 次,模板 1 700 元/m^3,折旧系数 50%,试求浇筑 1 根这样的梁木模板摊销费用。

解:(1)1 根梁的模板一次使用量:

$$V = (0.4 + 0.6 \times 2) \times 6.24 \times 0.03 = 0.2995 m^3$$

(2)周转使用量 $= 0.2995 \times (1 + 5\%) \times [1 + (6 - 1) \times 15\%]/6 = 0.0917 m^3$

(3)周转回收量 $= 0.2995 \times (1 + 5\%) \times (1 - 15\%) \times 50\%/6 = 0.0223 m^3$

(4)摊销量 $= (2) - (3) = 0.0694 m^3$

(5)1 根梁模板摊销费 $= 0.0694 \times 1700 = 117.98$ 元

9. 脚手架费

脚手架费,是指施工需要的各种脚手架搭、拆、运输费用及脚手架的摊销(或租赁)费用。

(1)脚手架搭拆费 = 脚手架摊销量 × 脚手架价格 + 搭、拆、运输费

$$脚手架摊销量 = \frac{单位一次使用量 \times (1 - 残值率)}{耐用期 \div 一次使用期}$$

(2)租赁费 = 脚手架每日租金 × 搭设周期 + 搭、拆、运输费

10. 已完工程及设备保护费

已完工程及设备保护费,是指竣工验收前,对已完工程及设备进行保护所需费用。

$$已完工程及设备保护费 = 成品保护所需机械费 + 材料费 + 人工费$$

11. 施工排水、降水费

施工排水、降水费,是指为确保工程在正常条件下施工,采取各种排水、降水措施所发生的各种费用。

$$排水降水费 = \sum 排水降水机械台班费 \times 排水降水周期 + 排水降水使用材料费、人工费$$

三、间接费

间接费由规费、企业管理费组成。间接费的计算方法按取费基数的不同分为以下三种:

(1)以直接费为计算基础

$$间接费 = 直接费合计 \times 间接费费率$$

(2)以人工费和机械费合计为计算基础

$$间接费 = 人工费和机械费合计 \times 间接费费率$$

(3)以人工费为计算基础

$$间接费=人工费合计\times间接费费率$$

$$间接费费率(\%)=规费费率+企业管理费费率$$

(一)规费

规费是指政府和有关权力部门规定必须缴纳的费用(简称规费)。

1.规费的内容

规费内容包括:

(1)工程排污费:是指施工现场按规定缴纳的工程排污费。

(2)工程定额测定费:是指按规定支付工程造价(定额)管理部门的定额测定费。

(3)社会保障费:

①养老保险费:是指企业按规定标准为职工缴纳的基本养老保险费。

②失业保险费:是指企业按照国家规定标准为职工缴纳的失业保险费。

③医疗保险费:是指企业按照规定标准为职工缴纳的基本医疗保险费。

(4)住房公积金:是指企业按规定标准为职工缴纳的住房公积金。

(5)危险作业意外伤害保险:是指按照建筑法规定,企业为从事危险作业的建筑安装施工人员支付的意外伤害保险费。

2.规费费率计算

(1)根据本地区典型工程发承包价的分析资料综合取定规费计算中所需数据:

①发承包价中人工费含量和机械费含量。

②人工费占直接费的比例。

③每万元发承包价中所含规费缴纳标准的各项基数。

(2)规费费率的计算公式:

①以直接费为计算基础

$$规费费率(\%)=\frac{\sum 规费缴纳标准\times每万元发承包价计算基数}{每万元发承包价中的人工费含量}\times人工费占直接费的比例\times100\%$$

②以人工费和机械费合计为计算基础

$$规费费率(\%)=\frac{\sum 规费缴纳标准\times每万元发承包价计算基数}{每万元发承包价中的人工费含量和机械费含量}\times100\%$$

③以人工费为计算基础

$$规费费率(\%)=\frac{\sum 规费缴纳标准\times每万元发承包价计算基数}{每万元发承包价中的人工费含量}\times100\%$$

(二)企业管理费

企业管理费是指建筑安装企业组织施工生产和经营管理所需费用。

1.企业管理费的内容

企业管理费内容包括:

(1)管理人员工资:是指管理人员的基本工资、工资性补贴、职工福利费、劳动保护费等。

(2)办公费:是指企业管理办公用的文具、纸张、账表、印刷、邮电、书报、会议、水电、烧水和集体取暖(包括现场临时宿舍取暖)用煤等费用。

(3)差旅交通费:是指职工因公出差、调动工作的差旅费和住勤补助费,市内交通费和误餐补助费,职工探亲路费,劳动力招募费,职工离退休、退职一次性路费,工伤人员就医路费,工地转移费以及管理部门使用的交通工具的油料、燃料、养路费及牌照费。

(4)固定资产使用费:是指管理和试验部门及附属生产单位使用的属于固定资产的房屋、设备仪器等的折旧、大修、维修或租赁费。

(5)工具用具使用费:是指管理使用的不属于固定资产的生产工具、器具、家具、交通工具和检验、试验、测绘、消防用具等的购置、维修和摊销费。

(6)劳动保险费:是指由企业支付离退休职工的易地安家补助费、职工退职金、六个月以上的病假人员工资、职工死亡丧葬补助费、抚恤费、按规定支付给离休干部的各项经费。

(7)工会经费:是指企业按职工工资总额计提的工会经费。

(8)职工教育经费:是指企业为职工学习先进技术和提高文化水平,按职工工资总额计提的费用。

(9)财产保险费:是指施工管理用财产、车辆保险。

(10)财务费:是指企业为筹集资金而发生的各种费用。

(11)税金:是指企业按规定缴纳的房产税、车船使用税、土地使用税、印花税等。

(12)其他:包括技术转让费、技术开发费、业务招待费、绿化费、广告费、公证费、法律顾问费、审计费、咨询费等。

2. 企业管理费费率计算公式

(1)以直接费为计算基础

$$企业管理费费率(\%)=\frac{生产工人年平均管理费}{年有效施工天数\times人工单价}\times人工费占直接费比例\times100\%$$

(2)以人工费和机械费合计为计算基础

$$企业管理费费率(\%)=\frac{生产工人年平均管理费}{年有效施工天数\times(人工单价+每一工日机械使用费)}\times100\%$$

(3)以人工费为计算基础

$$企业管理费费率(\%)=\frac{生产工人年平均管理费}{年有效施工天数\times人工单价}\times100\%$$

四、利润

利润是指施工企业完成所承包工程获得的盈利。

五、税金

税金是指国家税法规定的应计入建筑安装工程造价内的营业税、城市维护建设税及教育费附加等。

营业税应纳税额以营业额为基数,税率为3%。营业额(含税收入)是指从事建筑、安装、修缮、装饰及其他工程作业收取的全部收入,还包括建筑、修缮、装饰工程所用原材料及其他物资和动力的价款。当安装的设备价值作为安装工程产值时,亦包括所安装设备的价款。但建筑业的总承包人将工程分包给他人的,其营业额中不包括付给分包人的价款。

城市维护建设税以营业税为基数,税率按照纳税地点不同,分别为7%(市区),5%(县城、镇),1%(其他);教育费附加以营业税为基数,税率3%。为了计算方便,根据营业税、城市维护建设税及教育费附加的计税关系,通常采用综合税率的办法,一并计取三项税。

营业税=(直接费+间接费+利润+营业税+城市维护建设税+教育费附加)×营业税税率

$$= [\text{不含税造价} + \text{营业税}(1 + \text{城市维护建设税税率} + \text{教育费附加税率})] \times \text{营业税税率}$$

$$\text{营业税} = \text{不含税造价} \times \frac{\text{营业税税率}}{1 - \text{营业税税率} \times (1 + \text{城市维护建设税税率} + \text{教育费附加税率})}$$

$$\text{税金} = \text{营业税} + \text{城市维护建设税} + \text{教育费附加}$$

$$\text{税金} = \text{不含税造价} \times \frac{\text{营业税税率} \times (1 + \text{城市维护建设税税率} + \text{教育费附加税率})}{1 - \text{营业税税率} \times (1 + \text{城市维护建设税税率} + \text{教育费附加税率})}$$

$$\text{税金} = \text{不含税造价} \times \text{综合税率}$$

第四节　工程建设其他费用构成

一、土地使用费

土地使用费是指建设项目通过划拨或土地使用权出让方式取得土地使用权，所需土地征用及迁移补偿费或土地使用权出让金。

1. 土地征用及迁移补偿费

土地征用及迁移补偿费是指建设项目通过划拨方式取得无限期的土地使用权，依照《中华人民共和国土地管理法》等规定所支付的费用。其内容包括：土地补偿费，青苗补偿费和被征用土地上的房屋、水井、树木等附着物补偿费，安置补助费、缴纳的耕地占用税或城镇土地使用税、土地登记费及征地管理费，征地动迁费，水利水电工程水库淹没处理补偿费。

2. 土地使用权出让金

土地使用权出让金是指建设项目通过土地使用权出让方式，取得有限期的土地使用权，依照《中华人民共和国城镇国有土地使用权出让和转让暂行条例》规定支付的土地使用权出让金。

我国城市土地市场，是在保证城市土地国有制不变的前提下，使土地使用者不是通过行政划拨而是通过有计划的市场竞争从国家那里取得土地使用权；土地使用权不是无限期而是有限期，在限期内，土地使用者可灵活运用其土地使用权；地价不是靠国家单方面确定，而是在土地使用者的竞争中形成，以促使土地资源得到更合理更充分的利用。

二、与项目建设有关的其他费用

1. 建设单位管理费

建设单位管理费是指建设项目从立项、筹建、建设、联合试运转、竣工验收交付使用及后评价等全过程管理所需费用。其内容包括：

(1)建设单位开办费，是指新建项目为保证筹建和建设工作正常进行所需办公设备、生活家具、用具、交通工具等购置费用。

(2)建设单位经费，包括工作人员的基本工资、工资性津贴、职工福利费、劳动保护费、劳动保险费、办公费、差旅交通费、工会经费、职工教育经费、固定资产使用费、工具用具使用费、技术图书资料费、生产人员招募费，工程招标费、合同契约公证费、工程质量监督检测费、工程咨询费、法律顾问费、审计费、业务招待费、排污费，竣工交付使用清理及竣工验收费、后评价等费用；但不包括应计入设备、材料预算价格的建设单位采购及保管设备材料所需的费用。

2. 勘察设计费

勘察设计费是指为建设项目提供项目建议书、可行性研究报告及设计文件等所需费用。

其内容包括：

(1)编制项目建议书、可行性研究报告及投资估算、工程咨询、评价以及为编制上述文件所进行勘察、设计、研究试验等所需费用。

(2)委托勘察、设计单位进行初步设计、施工图设计及概预算编制等所需费用。

(3)在规定范围内由建设单位自行完成的勘察、设计工作所需费用。

3. 研究试验费

研究试验费是指为本建设项目提供或验证设计参数、数据资料等进行必要的研究试验，以及设计规定在施工中必须进行的试验、验证所需费用，包括自行或委托其他部门研究试验所需人工费、材料费、试验设备及仪器使用费，支付的科技成果、先进技术的一次性技术转让费。

4. 临时设施费

临时设施费是指建设期间建设单位所需临时设施的搭设、维修、摊销费用或租赁费用。

临时设施包括临时宿舍、文化福利及公用事业房屋与构筑物、仓库、办公室、加工厂以及规定范围内道路、水、电、管线等临时设施和小型临时设施。

5. 工程监理费

工程监理费是指委托工程监理单位对工程实施监理工作所需费用。

6. 工程保险费

工程保险费是指建设项目在建设期间根据需要，实施工程保险部分所需费用。包括以各种建筑工程及其在施工过程中的物料、机器设备为保险标的建筑工程一切险，以安装工程中的各种机器、机械设备为保险标的的安装工程一切险，以及机器损坏保险等。

7. 引进技术和进口设备其他费

其费用内容包括：

(1)出国人员费用：为引进技术和进口设备派出人员进行设计联络、设备检验、培训等的差旅费、制装费、生活费用等。

(2)国外工程技术人员来华费用：为安装进口设备，引进国外技术等聘用外国工程技术人员进行技术指导工作所发生的费用。它包括技术服务费，国外工程技术人员来华差旅费、生活费和接待费用等。

(3)技术引进费：为引进国外先进技术而支付的费用。它包括国外设计及技术资料费、专利和专有技术费等。

(4)分期或延期付款利息：指利用出口信贷引进技术或进口设备采取分期或延期付款的办法所支付的利息。

(5)进口设备检验及商检费。我国商品检验管理局及其各分支机构的主要业务内容是：①进行法定检验，即根据国家规定，对进出口商品进行的强制性检验；②进行公证检验，即根据对外贸易关系（买方、卖方、承运人，托运人或保险人）的申请，受理与对外贸易有关的各项鉴定业务，并出具鉴定证明；③进行委托检验，即接受工农业生产单位的委托，对进口原材料和成品进行检验。

三、与未来企业生产经营有关的其他费用

1. 联合试运转费

联合试运转费是指新建企业或新增加生产工艺过程的扩建企业在竣工验收前，按照设计规定的工程质量标准，进行整个车间的负荷或无负荷联合试运转发生的费用支出大于试运转

收入的亏损部分。其费用内容包括试运转所需的原料、燃料、油料和动力的费用,机械使用费用,低值易耗品及其他物品的购置费用和施工单位参加联合试运转人员的工资等。试运转收入包括试运转产品销售和其他收入,但不包括应由设备安装工程费项下开支的单台设备调试费及试车费用。

2. 生产准备费

生产准备费是指新建企业或新增生产能力的企业,为保证竣工交付使用进行必要的生产准备所发生的费用。其费用内容包括:

(1)生产人员培训费,自行培训、委托其他单位培训的人员的基本工资、工资性补贴、职工福利费、差旅交通费、学习资料费、学习费、劳动保护费。

(2)生产单位提前进厂参加施工、设备安装、调试等以及熟悉工艺流程及设备性能等人员的基本工资、工资性补贴、职工福利费、差旅交通费、劳动保护费等。

应该指出,生产准备费在实际执行中是一笔在时间上、人数上、培训深度上很难划分的、活口很大的支出,尤其要严格掌握。

3. 办公和生活家具购置费

办公和生活家具购置费,是指为保证新建、改建、扩建项目初期正常生产、使用和管理所必须购置的办公和生活家具、用具的费用。改、扩建项目所需的办公和生活用具购置费,应低于新建项目。其范围包括办公室、会议室、资料档案室、阅览室、文娱室、食堂、浴室、理发室、单身宿舍和设计规定必须建设的托儿所、卫生所、招待所、中小学校等家具用具购置费。应本着勤俭节约的精神,严格控制其购置范围。

第五节　预备费、建设期利息、固定资产投资方向调节税、流动资金

一、预备费

预备费包括基本预备费和涨价预备费。

1. 基本预备费

基本预备费是指在初步设计及概算内难以预料的工程和费用。其费用内容包括:

(1)在批准的初步设计范围内,技术设计、施工图设计及施工过程中所增加的工程的费用;设计变更、局部地基处理等增加的费用。

(2)一般自然灾害造成损失和预防自然灾害所采取的措施费用。实行工程保险的工程项目费用应适当降低。

(3)竣工验收时为鉴定工程质量对隐蔽工程进行必要的挖掘和修复费用。

基本预备费以建筑安装工程费用,设备、工具、器具购置费用与工程建设其他费用之和为基数,按一定的基本预备费率计算。其计算公式为:

基本预备费 =(设备及工具、器具购置费 + 建筑安装工程费用 + 工程建设其他费用)× 基本预备费率

2. 涨价预备费

涨价预备费是指建设项目在建设期间内由于政策、价格等变化引起工程造价变化的预测

预留费用。费用内容包括人工费，设备、材料、施工机械价差费，建筑安装工程费及工程建设其他费用调整，利率、汇率调整等增加的费用。其计算公式为：

$$PC = \sum_{t=1}^{n} I_t[(1+f)^t - 1]$$

式中：PC——涨价预备费；

I_t——第 t 年的投资计划额，包括设备及工器具购置费、建筑安装工程费、工程建设其他费用及基本预备费；

n——建设期；

f——建设期价格上涨指数。

【例 2.5.1】 某建设项目，建设期为 3 年，每年投资计划额如下：第一年 600 万元，第二年 1 000 万元，第三年 400 万元，年平均价格上涨率 5%。试计算建设项目建设期间的涨价预备费。

解：

$$PF_1 = 600 \times [(1+5\%)^1 - 1] = 30 \text{ 万元}$$

$$PF_2 = 1\,000 \times [(1+5\%)^2 - 1] = 102.5 \text{ 万元}$$

$$PF_3 = 400 \times [(1+5\%)^3 - 1] = 63.05 \text{ 万元}$$

$$PF = 30 + 102.5 + 63.05 = 195.55 \text{ 万元}$$

二、建设期利息

建设期利息是指筹措债务资金时在建设期内发生并按照规定允许在投产后计入固定资产原值的利息，即资本化利息。建设期利息包括银行借款和其他债务资金的利息，以及其他融资费用。建设期利息应按借款要求和条件计算。国内银行借款按现行贷款计算，国外贷款利息按协议书或贷款意向书确定的利率按复利计算。在编制投资估算时，贷款分年均衡发放，为了简化计算，按借款均在每年的年中支用处理，即借款第一年按半年计息，其余各年份按全年计息。

各年应计利息 =（年初借款本息累计 + 本年借款额/2）× 年利率

【例 2.5.2】 某新建项目，建设期为 3 年，分年均衡进行贷款，第一年贷入 200 万元，第二年贷入 500 万元，第三年贷入 300 万元。贷款年利率 6%，建设期内利息只计息不支付。试计算建设期利息。

解：第 1 年应计利息 =（0 + 0.5 × 200）× 6% = 6 万元

第 2 年应计利息 =（200 + 6 + 0.5 × 500）× 6% = 27.36 万元

第 3 年应计利息 =（200 + 6 + 500 + 27.36 + 0.5 × 300）× 6% = 53.00 万元

建设期利息总和 = 6 + 27.36 + 53.00 = 86.36 万元

三、固定资产投资方向调节税

固定资产投资方向调节税，是指国家为贯彻产业政策、引导投资方向、调整投资结构而征收的投资方向调整税金。

投资调节税以固定资产投资项目实际完成投资额为计税依据，实行差别税率，分为 0%、5%、10%、15%、30% 五种。通常按固定资产投资项目的单位工程年度计划投资额预缴，年度终了后，按年度实际完成投资额结算，多退少补。

根据国务院决定，对《中华人民共和国固定资产投资方向调节税暂行条例》规定的纳税义务人，其固定资产投资应税项目自2001年1月1日起新发生投资额，暂停征收固定资产投资方向调节税，但该税种并未取消。

四、流动资金

1. 流动资金

流动资金是指生产经营性项目投产后，用于购买原料、燃料、备品备件，以保证生产经营和产品销售所需要的周转资金。它是伴随着固定资产投资而发生的永久性流动资产投资，其等于项目投产运营后所需全部流动资产扣除流动负债后的余额。其中，流动资产主要考虑应收账款、预付账款、存货、现金；流动负债主要考虑应付和预收账款。

2. 铺底流动资金

铺底流动资金是指生产经营性项目为保证投产后正常的生产营运所需，并在项目资本金中筹措的自有流动资金。铺底流动资金是项目总投资中流动资金的一部分，在项目决策阶段，这部分资金就要落实，一般可以按照流动资金的30%估算。

根据国家现行规定要求，新建、扩建、技改项目，必须将项目建成投产后所需的铺底流动资金列入投资计划；铺底流动资金不落实的，国家不予批准立项，银行不予贷款。

第三章 工程造价估价依据

第一节 工程建设定额

一、定额的概念

1. 定额

定额(Quota)指一种规定的额度,是人们根据不同的需要,对于处理特定事物规定的数量标准(界限)。在现代经济和社会生活中,定额的应用极其广泛。就生产领域来说,工时定额、原材料消耗定额、原材料和成品半成品储存定额、流动资金定额等,都是企业管理的重要基础。在工程建设领域也存在多种定额,它们是计算工程造价和组织施工生产的重要依据。

2. 工程建设定额

工程建设定额指在正常生产条件下,完成规定计量单位的合格产品,所需消耗的人工、材料、机械和资金的数量标准。这一定义可以从三个方面来理解:

(1)正常生产条件是指在某一社会生产力发展水平下的正常施工条件,即按照企业技术装备正常、工人素质正常、合理工期、施工工艺和劳动组织的情况下组织施工。

(2)规定计量单位与产品内涵有关。产品可以是:最终产品(如一新建学校)、构成项目的某些完整产品(如教学楼)、完整产品中的某些较大组成部分(如建筑工程)、较大组成部分中的较小组成部分(如土石方工程)、更为细小的组成部分(如机械挖土方)。

(3)合格产品是指产品应符合现行设计、施工规范、安全标准、质量评定标准,这也是对工作内容和质量标准和安全作出了要求。

二、定额的产生

定额的产生和发展与管理科学的形成和发展紧密相连。19 世纪末 20 世纪初,在科学技术最发达的美国,生产的社会化程度不断扩大,但是在传统的管理方法下,工人生产效率低,生产能力得不到充分发挥。在这样的背景下,改善管理成了生产发展的迫切要求。美国工程师弗雷德里克 · 温斯洛 · 泰勒(Frederick Winslow Taylor)认为公司的工人们采用各种不同方法做同一样工作,而且倾向于用“磨洋工”的方式工作,导致工人工作效率只达到了应有水平的 1/3[3]。于是,泰勒开始着手企业管理的研究,寻求用科学方法来纠正这种状况。

泰勒提倡科学管理,以提高劳动生产率为目标,努力把当时科学技术的最新成就应用于企业管理,并进行了各种有效实验。其中最为典型的科学管理实例是生铁装运实验:工人要把 92lb(磅,1lb = 0.453/6kg)重的生铁块装到铁路货车上,每天的平均生产率 12.5t。泰勒找了体格强壮的施米特作为受试者,当时,施米特和其他装卸工人一样,每天挣仅够维持生存的 1.15 美元。泰勒用金钱(每天挣到 1.85 美元)激励施米特,使他按自己规定的方法装生铁,泰勒通过转换各种工作因素,以观察它们对施米特的日生产率的影响。经过长时间的实验,组合各种程序、方法和工具,泰勒成功地达到了每天48t的生产率[3]。

泰勒的另一个实验是确定铁锹大小实验:泰勒注意到工厂中不管铲运何种材料,均采用同样大小的铁锹。泰勒认为这样并不合理,认为只有按照每锹铲运量的最佳重量铲运,才能使工人每天铲运的数量达到最大。经过大量实验,泰勒发现21lb是铁锹容量的最佳值。为了达到这个最佳质量,铁锹大小应随着材料的质量变化而变化,例如,铁矿石应该用小尺寸的铁锹铲运,焦炭应该用大尺寸的铁锹铲运。

泰勒突破了当时传统管理方法的羁绊,通过不断试验探索,制订出从事一项工作的标准操作方法,并在此基础上制订较高的工时定额来评价工人工作好坏。为了提高工人工作效率,实现定额,泰勒又提出了工具、机器、材料、环境等一套系统的标准化管理方法,并于1911年出版《科学管理原理》,标志着现代管理理论的诞生。

泰勒科学管理理论的核心包括两方面。第一,科学的工时定额。制订较高的工时定额直接体现了泰勒科学管理的主要目标,即提高工人的劳动生产率,降低产品成本,增加企业盈利,而其他方面内容则是为了达到这一目标而制订的措施。第二,工时定额与有差别的计件工资制度相结合。这使其本身也成为提高劳动效率的有力措施。泰勒科学管理理论的产生和推行,在提高劳动生产率方面取得了显著的效果,也给企业管理带来了根本性的改革和深远的影响。

继泰勒之后,一方面管理科学从操作方法、作业水平的研究向科学组织的研究上扩展;另一方面它也利用现代自然科学和技术科学的新成果作为科学管理的手段。这样随着管理科学的发展,定额也有了进一步的发展。一些新的技术方法在制订定额中得到运用,制订定额的范围也突破了工时定额的内容。1945年出现的事前工时定额制订标准,以新工艺投产之前就已选择好的工艺设计和最有效的操作办法作为制订基础,编制出工时定额,目的是降低和控制单位产品上的工时消耗。这样就把工时定额的制订提前到工艺和操作方法的设计过程之中,以加强预先控制。

可以说,定额伴随着管理科学的产生而产生,伴随着管理科学的发展而发展。定额是管理科学的基础,是企业的现代化管理的重要手段。

三、工程建设定额的作用

1. 工程建设定额是工程项目编制计划的重要基础

工程建设活动需要编制各种计划来组织与指导生产,而计划编制中又需要各种定额来作为计算人力、物力、财力等资源需要量的依据。

2. 工程建设定额是确定工程造价的依据

工程造价是根据由设计规定的工程规模、工程数量及相应需要的劳动力、材料、机械设备消耗及其他必须消耗的资金确定的。其中,劳动力、材料、机械设备的消耗量又是根据定额计算出来的,定额是确定工程造价的依据。

3. 工程建设定额是组织和管理施工的工具

建筑企业要计算和平衡资源需要量、组织材料供应、调配劳动力、签发任务单、组织劳动竞赛、调动人的积极性,考核工程消耗和劳动生产率、贯彻按劳分配工资制度、计算人工报酬等都要利用定额。

4. 工程建设定额可以促进节约社会劳动和提高生产效率

一方面企业以定额作为促使工人节约社会劳动和提高生产效率、加快工作进度的手段,以增加市场竞争能力,获取更多的利润;另一方面,作为工程造价计算依据的各类定额,又促使企业加强管理、把社会劳动的消耗控制在合理的限度内。

5. 工程建设定额有利于建筑市场公平竞争

定额所提供的准确信息为市场需求主体和供给主体之间的公平竞争,提供了有利条件,有利于建筑市场公平竞争。

6. 工程建设定额有利于完善市场信息系统

定额管理是对大量市场信息的加工,也是对大量信息进行市场传递,同时也是市场信息的反馈。信息是市场体系中的不可或缺的要素,它的可靠性、完备性和灵敏性是市场成熟和市场效率的标志。

四、工程建设定额的分类

由于工程建设产品构造复杂,产品规模宏大,生产周期长等技术特点造成了工程建设产品外延的不确定性。工程建设产品可以是工程建设的最终产品,也可以是构成工程项目的某些完整产品,也可以是完整产品中的某些较大组成部分,还可以是较大组成部分中的较小组成部分,或更为细小的组成部分。这就决定了工程建设定额的多种类、多层次。因此,可以按照不同的原则和方法将工程建设定额进行如下分类。

1. 按生产要素分类

(1)劳动消耗定额,简称劳动定额,指正常施工条件下,完成单位合格产品(工程实体或劳务)所必需的活劳动消耗的数量标准。

(2)机械消耗定额,又称机械台班定额,指正常施工条件下,完成单位合格产品所必需的施工机械消耗的数量标准。

(3)材料消耗定额,简称材料定额,指在节约和合理使用材料的条件下,完成单位合格产品所必需消耗材料的数量标准。

2. 按照定额编制程序和用途分类

可以把工程建设定额分为施工定额、预算定额、概算定额、概算指标、投资估算指标等。

(1)施工定额。施工定额是以同一性质的施工过程为标定对象,表示生产产品数量与人工、材料、机械消耗量关系的定额。为了适应组织生产和管理的需要,施工定额的项目划分很细,是工程建设定额中分项最细、定额子目最多的一种定额,也是工程建设定额中的基础性定额。

(2)预算定额。预算定额是以建筑物或构筑物各个分部分项工程或结构构件为对象编制的,内容反映人工、材料、机械消耗量,通常配有单位估价表或在定额项目表中列有工程预算单价,是一种计价性质的定额。

(3)概算定额。概算定额是以扩大的分部分项工程为对象编制的,确定该项目的人工、材料和机械台班的消耗数量。概算定额是在预算定额的基础上综合扩大而成的,每一分项概算定额都包括了数项预算定额,其项目划分粗细,与扩大初步设计的深度相适应。

(4)概算指标。概算指标是按一定计量单位规定的,比概算定额更综合扩大的分部工程或单位工程等人工、材料和机械台班的消耗量标准和造价指标。在建筑工程中,它往往是以整个房屋或构筑物为对象,以 m^2、m^3 或座等为计量单位。

(5)投资估算指标。投资估算指标是用于确定和控制建设投资估算各项费用的技术经济指标,包括建设项目综合指标、单项工程指标和单位工程指标。

3. 按主编单位和管理权限分类

工程建设定额可以分为全国统一定额、行业统一定额、地区统一定额、企业定额、补充定额五种。

全国统一定额是由国家建设行政主管部门,综合全国工程建设中技术和施工组织管理的情况编制,并在全国范围内执行的定额。

行业统一定额是考虑到各行业部门专业工程技术特点,以及施工生产和管理水平编制的。它一般是只在本行业和相同专业性质的范围内使用。

地区统一定额包括省、自治区、直辖市定额。地区统一定额主要是考虑地区性特点对全国统一定额水平作适当调整和补充编制的,如《全国统一建筑工程基础定额河北省消耗量定额》(HEBGYD-A—2008)。

企业定额是施工企业根据本企业的施工技术和管理水平而编制的人工、材料和施工机械台班等的消耗标准。

补充定额是指随着设计、施工技术的发展,在现行定额不能满足需要的情况下,为了补充缺项所编制的定额。补充定额只能在指定的范围内使用,可作为以后修订定额的基础资料。

4. 按照投资的费用性质分类

按照投资的费用性质,工程建设定额可以分为建筑工程定额、设备安装工程定额、建筑安装工程费用定额、工具、器具定额、工程建设其他费用定额等。

第二节　工作研究

工作研究,又称为动作与时间研究,最初为泰勒所倡导。第一次世界大战后,特别是第二次世界大战后,才得到普遍重视和采用,在提高劳动生产率方面效果显著,成为科学管理不可或缺的部分。工作研究的实质是,在现有设备条件下,对工作方法、生产程序和细微动作进行分析和优选,从而在产品生产中最大限度地利用物质资源,提高劳动生产率。

任何工作都是由人来完成的,人的工作由动作和时间消耗构成,因此对人的工作研究包括动作研究和时间研究。动作研究,也称工作方法研究,它包括对多种过程的描写、系统的分析和对工作方法的改进,目的在于制订出一种最可取的工作方法。时间研究是在标准测定的条件下,确定人们作业活动所需时间总量的一套程序,直接结果是制定时间定额。

一、施工过程的分类和研究

动作研究在施工生产中的具体运用就是施工过程的研究。在定额的制订和执行中都离不开施工过程的研究。

1. 施工过程

施工过程就是在建设工地范围内所进行的生产过程,其最终目的是要建造、改建、扩建、修复或拆除工业、民用建筑物和构筑物的全部或其中一部分。例如:挖基槽土方、砌筑墙体、浇筑混凝土等都是施工过程。

施工过程由不同工种、不同技术等级的建筑安装工人针对一定的劳动对象(建筑材料、半成品、配件、预制品等)运用一定的劳动工具(手动工具、小型机具和机械等)完成。每个施工过程的结果,都获得一定的产品。该产品可能是改变了劳动对象的外表形态、内部结构或性质(制作和加工的结果),也可能改变了劳动对象的空间位置(运输和安装的结果)。它可能产出实物产品,也可能产出劳务产品。所得的产品数量可用一定的计算单位来表示,如“块、m^2、m^3”等。

2. 施工过程的分类

对施工过程进行分类,目的是通过对施工过程的组成部分进行分解,并按其不同的劳动分工、工艺特点、复杂程序,区别和认识施工过程的性质和包含的全部内容。

(1)按照工艺特点,施工过程可分为循环的施工过程和非循环的施工过程。施工过程的工序或其组成部分,如果以同样次序不断重复,并且每经一次重复都可以生产出同一种产品,则称为循环的施工过程。反之,若施工过程的工序或其组成部分不是以同样的次序重复,或者生产出来的产品各不相同,则称为非循环的施工过程。

(2)根据使用的工具设备的机械化程度,施工过程可以分为手动施工过程和机械施工过程。凡用手动工具或其主导组成部分是用手动工具进行的施工过程,称为手动施工过程,如手工砌砖、手工挖土等。凡用机械工具或其主导组成部分使用机械工具进行的施工过程,称为机械化施工过程,如挖土机挖土、起重机安装构件等。一般情况下,机械化施工过程大多是循环施工过程,手动施工过程大多是非循环施工过程。

(3)根据施工过程组织上的复杂程度可以分为:工序、工作过程、综合工作过程。

①工序。工序是指在组织上不可分割,在技术操作上属于同类的施工过程。工序的特征是工作者(工人)不变,劳动对象、劳动工具和工作地点也不变。若有一项改变,就意味着已经由这一工序转移到下一工序了。例如:钢筋制作由平直、除锈、切断、弯曲等工序组成。从施工的技术操作和组织观点看,工序是工艺方面最简单的施工过程。在用计时观察法来编制施工定额时,工序是主要的研究对象。但是,如果从劳动过程的观点看,工序又可以分解为较小的组成部分——操作和动作。例如:弯曲钢筋的工序可以分为把钢筋放到工作台上、将旋钮旋紧、弯曲钢筋、放松旋钮、将弯好的钢筋放在一边等操作。操作本身又包括了最小的组成部分——动作。例如:把钢筋放到工作台上这一操作,由下列动作组成,即走向放钢筋处、拿起钢筋、拿了钢筋返回工作台、再将钢筋移到支座前面。

②工作过程。工作过程是指同一工人或工人小组完成的,在技术操作上相互有联系的工序组合。其主要特点是工人和工作地点不变,使用工具和材料是可以变换的。例如:同一小组一次完成钢筋制作中的搬运、平直、切断、弯曲,砌墙和勾缝,抹灰和粉刷。

③综合工作过程。综合工作过程是指在施工现场同时进行的,在生产组织上有直接联系的,并能获得一定劳动产品的几个工作过程的总和。例如:浇筑混凝土结构的施工过程,是由调制、运输、浇灌、捣实等工作过程组成的。

施工过程分解,如图3.2.1所示。

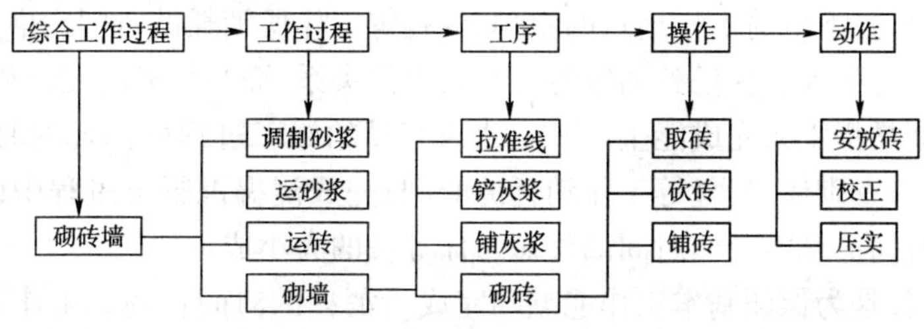

图3.2.1　施工过程分解示意图

从定额制定角度来看,对建筑工程的施工过程,一般划分到工序即可;对于机械化施工过程,可以划分到操作或动作。

对施工过程的细致分析，使我们能够更深入地确定施工过程各个工序组成的必要性及其顺序的合理性，从而能正确地制订各个工序所需要的工时消耗。

二、工作时间的分析和研究

工作时间指的是工作班延续时间。由工作班制度规定，我国1956年规定建筑业每班8小时。研究施工中的工作时间，主要目的在于确定施工的时间定额和产量定额，分析工时消耗及损失的原因，以便进一步采取技术组织措施，减少工时的消耗和损失，提高劳动生产率。

工作时间的研究分为工人工作时间研究和机械工作时间研究。

1. 工人工作时间

工人工作时间按其消耗的性质，分为必须消耗的时间（定额时间）和损失时间（非定额时间）。工人工作时间分类，如图3.2.2所示。

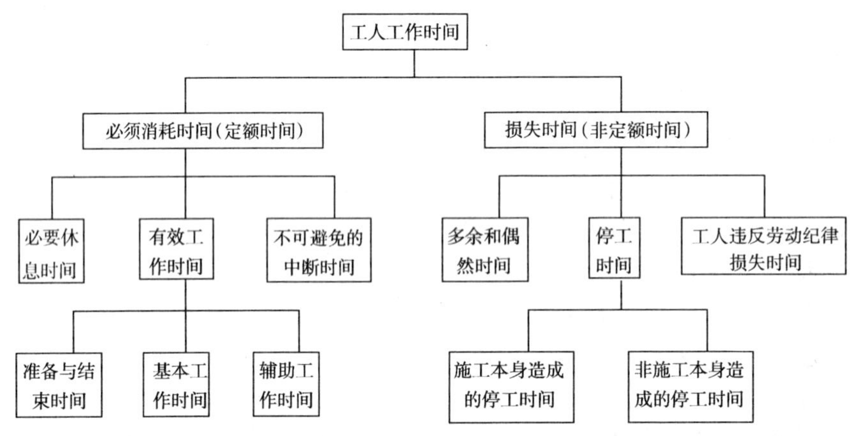

图3.2.2　工人工作时间分类

(1)必须消耗的时间（定额时间）

必须消耗的时间是指工人为完成建筑产品所必需消耗的工作时间。必须消耗的时间是构成时间定额的全部时间元素。必须消耗的时间由有效工作时间、必要休息时间、不可避免的中断时间组成。

有效工作时间是从生产效果来看与产品生产直接有关的时间消耗，包括准备与结束时间、基本工作时间和辅助工作时间。

准备与结束工作时间，是指工人开始生产以前进行准备工作以及生产任务完成后或下班前进行结束工作所消耗的时间，如开始生产前接受施工任务单、研究图纸、准备工具、领取材料等工作所消耗的时间；下班前工作地点的整理、清扫等工作所消耗的时间。准备与结束工作时间消耗，一般来说，与工人接受任务的数量大小无直接关系，而与任务的复杂程度有关。

基本工作时间是指工人完成能生产一定建筑产品的施工过程所消耗的时间。例如，完成砌墙过程中砌砖、检查砌体、勾缝等工作消耗的时间；完成浇捣混凝土过程中的浇灌、振捣、抹平等工作消耗的时间。基本工作时间的长短与任务量的大小成正比。

辅助工作时间，是为保证基本工作能顺利完成所消耗的时间。辅助工作是指为保证完成基本工作和整个生产任务所必不可少的工作。例如，砌砖过程中的放线、收线、摆砖样、修理墙面等；混凝土浇筑过程中的移动挑板、移动振捣器、浇水润湿模板等以及工具的磨快、校正和小修、机器的上油等。其工作特点就是有辅助的性质，其时间消耗的多少与任务量的大小成正比。

必要休息时间是指在施工过程中，工人为了恢复体力所必需的短暂的休息及生理需要（如喝水、上厕所）而消耗的时间。需要注意的是，午饭时的工作中断时间不属于施工过程中的休息时间，因为这段时间不列入工作时间之内。休息时间长短和劳动条件有关，劳动条件越差，需要的休息时间越长。

不可避免的中断时间，是由于施工工艺特点引起的工作中断所必需的时间。例如，安装工人等候起重机吊构件时的时间，在工地范围内由一个工作地点（因该工作地点任务已经完成）转移到另一工作地点的工时消耗等。通常不可避免的中断时间应和休息时间综合考虑，不可避免中断时间多了，考虑到工人可以利用不可避免中断时间休息，休息时间便要相应减少 。

(2)损失时间（非定额时间）

损失时间是指与完成建筑产品无关的时间消耗，损失时间不应成为构成定额的时间元素。在定额制定工作中之所以仍要对这一部分时间消耗进行认真的观察、分析和研究，目的在于从中找出造成损失的原因，拟定消除时间损失的办法，并在制定定额时把这一部分时间扣除。

损失时间包括多余和偶然工作时间、停工时间、工人违反劳动纪律损失时间。

多余和偶然工作时间是指在正常的条件下，施工过程中不应发生的工作时间或由于意外事件所引起的时间消耗。例如，手推车运输过程中的倾翻和扶正时间，质量不合要求的产品的整修和返工时间等。多余和偶然工作时间消耗与生产任务数量的大小无直接关系，但与工作条件及工人的技术水平有关。

停工时间是指由于非正常原因而造成的工作中断所损失的时间。停工按照原因分为施工本身造成的停工和非施工本身造成的停工。施工本身造成的停工，是指由于施工组织不善、施工方法不当而引起的停工。例如，未及时向工人小组布置任务、未及时向工地运送材料、未及时准备好足够的施工场地、技术交底不明确、工作小组配合不当及操作程序错误引起的停工。非施工本身造成的停工，是指由于气候条件的特殊变化以及全工地性水电供应的中断而引起的停工，如突然的暴风、大雨、停电而造成的停工等。

工人违反劳动纪律的损失时间，是指工人不遵守劳动纪律造成的工时损失。例如：工作时迟到、早退、擅离工作岗位、聊天等时间损失。

2. 机械工作时间

机械工作时间按其时间消耗的性质，划分为必需消耗的时间（定额时间）与损失时间（非定额时间），其具体分类如图 3.2.3 所示。

(1)必需消耗的时间

必需消耗的时间由机械的有效工作时间、不可避免的无负荷工作时间和不可避免的中断时间三部分组成。

机械的有效工作时间，是指机械直接为生产产品而进行工作的时间，可分为正常负荷下和有根据的降低负荷下两种工作时间消耗。

正常负荷下的工作时间，是指机械在与机械说明书规定的计算负荷相符的情况下进行工作的时间。

有根据的降低负荷下工作时间，是指在个别情况下，由于技术上的原因，机器在低于其计算负荷（机器说明书所载）下工作的时间，例如，用汽车载体积大而质量轻的货物就不可能利用汽车全部载重能力。

不可避免的无负荷工作时间，是指机械因施工过程特点和机械结构特点而出现的无工作

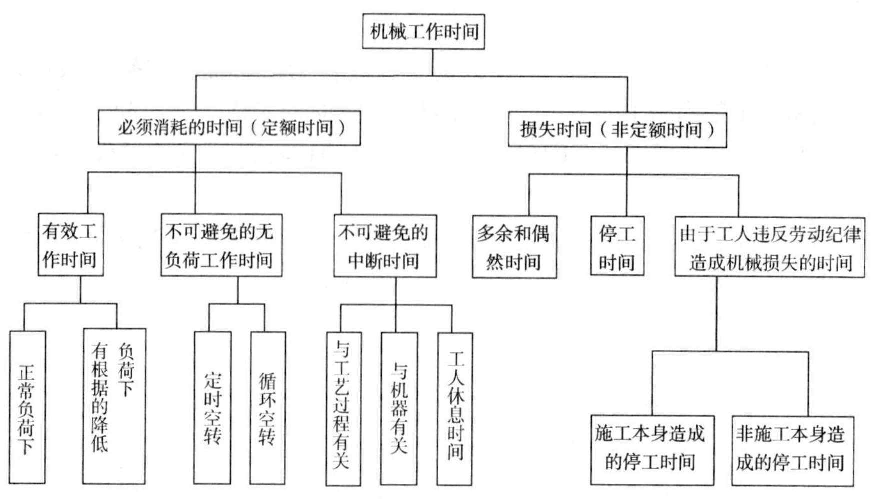

图 3.2.3　机械工作时间分类

的空转（或空驶）时间。它按不可避免的无负荷工作时间的出现性质，又可分为循环的不可避免的无负荷工作时间和定时的不可避免的无负荷工作时间两种。

循环的不可避免的无负荷工作时间，是指由于施工过程特点引起并循环出现的无负荷工作时间。例如运输汽车在卸货后的空车回驶时间；铲运机卸土后回至取土地点的空车回驶时间等。但是，对于一些复式行程的机械，其回程时间不应列为不可避免的无负荷工作，而仍应算作有效工作时间，例如，打桩机打桩时桩锤的吊起时间，锯木机锯截后机架的回程时间。在工作班时间内，循环的不可避免的无负荷工作具有重复性、循环性。

定时的不可避免的无负荷工作时间，或称周期的不可避免的无负荷工作时间。它主要是发生在一些开行式机械上，例如挖土机、压路机、运输汽车等在上班和下班时的空放和空回时间，以及在工地范围内由这一工作地点调至另一工作地点时的空驶时间。在工作班时间内，定时的不可避免的无负荷工作具有单一性、定时性。

不可避免的中断时间，是与工艺过程的特点、机械的使用和保养、工人休息有关的中断时间。

(2)损失时间(非定额时间)

机械的损失时间由机械的多余和偶然工作时间、停工时间及由于工人违反劳动纪律造成机械损失的时间三部分组成。

机械的多余工作时间是指机械在生产产品已达一定要求后，仍在继续进行工作的时间。例如，混凝土搅拌机搅拌混凝土已达一定要求时仍在继续搅拌的时间。

机械的可以避免的无（低）负荷工作时间（偶然工作时间），是指由于工人或技术人员的过失以及机器的故障等原因而使机器在无（低）负荷下工作的时间。例如，皮带运输机、木工锯刨机在人为的未能及时供料情况下出现的无负荷工作的时间；由于汽车没有装满，使能装载四吨的汽车只运送三吨材料的时间。

机械的停工时间是指由于机械维护不良、施工组织不良、外界条件的突然变化或工人违反劳动纪律而造成的机械工作中断的时间，这种中断是在正常的施工条件及正常地使用机械条件下不应发生的。因机械维护不良及施工组织不良而造成的机械工作的中断，称为因施工本身而造成的停工。例如，混凝土搅拌机因鼓筒齿带发生故障而停车；挖土机由于运输工作组织不良或工作面不够而停歇，以及由于未能及时供应材料、燃料、动力而造成机械的停歇等。因自然条件突然变化和全工地性水电供应的突然中断而造成的机械工作的停歇,称为非施工本身造成的停工。例如,突然形成的暴风、大雨以及全工地整个水源、电源的中断,致使机械不得不停工等。

违反劳动纪律的损失时间是指由于工人迟到、早退及其他违反劳动纪律的行为而引起机械停歇的时间。

制定机械工作的定额时,只考虑机械的有效工作时间、不可避免的无负荷工作时间、不可避免的中断时间,而不考虑机械的多余和偶然工作时间、停工时间和违反劳动纪律的损失时间。

第三节　施工定额

一、施工定额概念

施工定额是指在正常施工条件下,完成一定计量单位合格产品所必需的人工、材料和施工机械台班消耗量的标准。它是以施工过程或工序为对象编制的,一般应体现平均先进水平。施工定额是施工单位内部管理的定额,是生产性定额,由劳动(人工)定额、材料消耗定额和机械台班消耗定额构成。

施工定额主要直接用于工程的施工管理,作为编制工程施工组织设计、施工预算、施工作业计划、签发施工任务单、限额领料卡及结算计件工资或计量奖励工资等用。

二、劳动(人工)定额

劳动(人工)定额是指在正常的施工条件下,完成单位合格产品所必需的人工消耗量标准。

1. 劳动定额的编制

编制劳动定额主要包括拟订正常的施工条件以及拟订定额时间两项工作。

(1)拟订正常的施工作业条件

拟订正常的施工条件,就是要规定执行定额时应该具备的条件,正常的施工条件若不能满足,则就可能达不到定额中的劳动消耗量标准,因此,正确拟订正常的施工条件有利于定额的实施。拟订正常的施工条件包括:拟订施工作业的内容;拟订施工作业的方法;拟订施工作业地点的组织;拟订施工作业人员的组织等。

(2)拟订施工作业的定额时间

施工作业的定额时间,是在拟订基本工作时间、辅助工作时间、准备与结束时间、不可避免的中断时间以及休息时间的基础上编制的。

上述各项时间是以时间研究为基础,通过时间测定方法,得出相应的观测数据,经加工整理计算后得到的。其中基本工作时间在必须消耗的工作时间中占的比例最大,要求确定基本工作时间必须细致、精确。基本工作时间消耗一般应根据计时观察资料来确定,其做法是,首先确定工作过程每一组成部分的工时消耗,然后再综合出工作过程的工时消耗。其余时间也可以按此方法确定。但是,在实际工作中,如果两项工作时间在整个工作班工作时间消耗中所占的比重较低(5% ~6%),或者在计时观察法中不能取得足够资料,就可以采取工时规范或经验数据,如各工程的辅助时间占基本工作时间的百分比以及规范时间在工作日中各占的百分比来确定定额时间。

$$工序作业时间 = 基本工作时间 + 辅助工作时间$$

$$规范时间 = 准备与结束时间 + 不可避免的中断时间 + 休息时间$$

利用工时规范计算时间定额公式：

$$工序作业时间 = 基本工作时间 \times [1 + 辅助时间(\%)]$$

$$定额时间 = \frac{工序作业时间}{1 - 规范时间(\%)}$$

【例 3.3.1】 假设测定制作门框刮料，规格 0.06m×0.12m×2.5m，每根立边的基本工作时间为 6min，磨刀时间为基本时间的 12.3%，准备与结束时间、休息时间各占工作日 8h 的 2.59%、8.33%。试求其定额时间。

解：工序作业时间 =6×(1+12.3%)=6.74min

定额时间 =6.74÷[1-(2.95% +8.33%)]=7.57min

如采用基本工作时间和其他各项时间在工作日中各占的百分比来确定定额时间，计算公式为

$$定额时间 = \frac{基本工作时间}{1 - 其他各项时间所占百分比}$$

2. 劳动定额的形式

劳动定额由于其表现形式不同，可分为时间定额和产量定额两种。

(1)时间定额

时间定额是指在一定的生产技术和生产组织条件下，某工种、某技术等级工人小组或个人，完成单位合格产品所必需消耗的工作时间。时间定额中的时间，包括准备与结束时间、基本生产时间、辅助生产时间、不可避免的中断时间及工人必需的休息时间。时间定额以工日为单位，每一工日按 8h 计算。其计算方法如下：

$$单位产品时间定额 = \frac{生产产品需消耗的工日数}{产品数量}$$

(2)产量定额

产量定额是指在一定的生产技术和生产组织条件下，某工种、某技术等级工人小组或个人在单位时间(工日)内，完成合格产品的数量。产量定额以产品的单位如“m、m^2、m^3、t、块、根、件、扇”等作为计量单位。其计算方法如下：

$$单位时间的产量定额 = \frac{产品数量}{生产产品需消耗的工日数}$$

从时间定额和产量定额的概念和计算公式可看出，两者互为倒数，即：时间定额×产量定额 =1，如一砖单面清水墙时间定额 0.961 工日/ m^3，一砖单面清水墙产量定额为 1.04m^3。

时间定额和产量定额都表示同一劳动定额项目，它们是同一劳动定额项目的两种不同的表现形式。时间定额以工日为单位，综合计算方便，时间概念明确。产量定额则以产品数量为单位表示，具体、形象，便于分配任务。

【例 3.3.2】 砌筑一砖半砖墙的技术测定资料如下：完成 1m^3 墙体需基本工作时间为 15.5h，辅助工作时间占工作班延续时间的 3%，准备与结束工作时间占 3%，不可避免中断时间占 2%，必要休息时间占 16%。求砌筑 1m^3 砖墙的劳动定额 。

解：砌筑 1m^3 砖墙的施工定额

$$时间定额=\frac{15.5}{(1-3\%-3\%-2\%-16\%)\times 8}\approx 2.55\ 工日/m^3$$

$$产量定额=1\div时间定额=1\div 2.55=0.392m^3/工日$$

三、材料消耗定额

材料消耗定额是指在正常生产条件下，完成单位合格产品所必需消耗的材料和半成品（如构件）、水、电等数量标准。

1. 主要材料消耗定额

（1）材料消耗定额组成

材料消耗定额分为两部分：一部分直接用于建筑工程的材料，称为材料净用量；另一部分是施工现场内运输及操作过程中的不可避免的材料损耗量。即：

材料消耗定额 = 材料净用量定额 + 材料损耗量定额

或材料总消耗量 = 净用量 + 损耗量。

材料损耗分为运输损耗、保管损耗和施工损耗。运输损耗指从厂家到工地仓库或指定堆放处的运输过程中的自然损耗，应列入运输损耗费。保管损耗指保管过程中的自然损耗，应列入材料采购保管费。施工损耗指施工过程中，现场搬运堆存损耗，如混凝土运输时，流失及粘附工具、车辆料斗的混凝土；不可避免的残余料，如方木制作窗框构件，构件尺寸与方木不成整倍数，余料无法利用；不可避免的废料，如木材加工过程中锯口、刨光、凿眼造成的材料损失。现场搬运堆放损耗及施工操作中不可避免的残余料和不可避免的废料损耗，应列入材料损耗定额。

材料施工损耗一般以损耗率表示。材料损耗率可以通过观察法或统计法计算确定。材料损耗率可按下式定义：

$$材料损耗率=\frac{损耗量}{材料净用量}$$

$$材料总消耗量=材料净用量+材料损耗量=材料净用量\times(1+损耗率)$$

（2）确定材料消耗量的基本方法

①现场技术测定法。其主要用于编制材料损耗定额，也可以提供编制材料净用量定额的参考数据。其优点是能通过现场观察、测定，取得产品产量和材料消耗的情况，为编制材料定额提供技术依据。

②实验室试验法。它是在材料实验室中利用专门仪器设备进行试验和测定数据而确定材料消耗定额的一种方法，主要用于编制材料净用量定额。该方法数据准确，但不能取得现场因素对材料消耗用量的影响。

③现场统计法。通过对现场施工过程中大量各分部分项工程用料的统计资料，进行分析计算，获得材料消耗的数据。该方法简便易行，但对材料消耗性质分析不够。

④理论计算法。根据设计、施工验收规范和材料规格等，从理论上计算材料的净用量。

a. 砌体材料消耗量。

$1m^3$ 标准砖砌体中砖和砂浆耗用量：

$$标准砖净用量=\frac{2\times砌体厚度的砖数}{砌体厚\times(砖长+灰缝)\times(砖厚+灰缝)}$$

$$砂浆用量=1-砖数\times标准砖体积$$

标准砖尺寸为 240 mm × 115mm × 53mm，缝厚度取 10mm，标准砖砌体计算厚度如表 3.3.1所示。

标准砖砌体计算厚度表 表 3.3.1

砌体厚(砖)	1/4	1/2	3/4	1	1.5	2	2.5	3
计算厚度(mm)	53	115	180	240	365	490	615	740

【例 3.3.3】 试计算 $1m^3$ 1 砖厚标准砖墙的砖和砂浆的总消耗量（砖、砂浆损耗率均为 1%）。

解：

$$砖净用量 = \frac{2 \times 1}{0.24 \times (0.24 + 0.01) \times (0.053 + 0.01)} \approx 529.1 \text{ 块}$$

砖总消耗量 $= 529.1 \times (1 + 1\%) = 534.4 \approx 535$ 块

砂浆净用量 $= 1 - 0.24 \times 0.115 \times 0.053 \times 529.1 = 0.226m^3$

砂浆总消耗量 $= 0.226 \times (1 + 1\%) = 0.228m^3$

$1m^3$ 砌块墙中砌块净用量，计算公式：

$$砌块净用量 = \frac{1}{砌块宽 \times (砌块长 + 灰缝)(砌块厚 + 灰缝)}$$

式中：砌块宽——砌块墙厚。

b. $100m^2$ 块料面层的材料净用量。

计算公式：

$$块料净用量 = \frac{100}{(块料长 + 灰缝)(块料宽 + 灰缝}$$

灰缝砂浆净用量 =（100 – 块料净用量 × 块料长 × 块料宽）× 块料厚

结合层砂浆用量 = 100 × 结合层厚

【例 3.3.4】 用 1∶0.1∶2.5 水泥石灰砂浆贴 100mm × 100mm × 5mm 瓷砖墙裙，结合层 8mm，灰缝宽 2mm。计算 $100m^2$ 瓷砖墙裙的瓷砖和砂浆消耗量。

解：瓷砖净用量 $= 100 \div (0.10 + 0.002)^2 = 9\,611.7$ 块

灰砂浆净用量 $= (100 - 9\,611.7 \times 0.1 \times 0.1) \times 0.005 = 0.019\,4m^3$

结合层砂浆净用量 $= 100 \times 0.008 = 0.8m^3$

瓷砖总用量 $= 9\,611.7 \times (1 + 1.5\%) = 9\,755.9 \approx 9\,756$ 块

砂浆总用量 $= (0.019\,4 + 0.8) \times (1 + 2\%) = 0.836m^3$

2. 周转性材料消耗定额

周转性材料指在施工过程中多次使用、周转的工具性材料，如模板、挡土板、钢管、跳板等。

周转性材料消耗量通常与下列因素有关：第一次制造时的材料消耗（一次使用量）；每周转使用一次材料的损耗（第二次使用时需要补充）；周转使用次数；周转材料的最终回收及其回收折价。

定额中周转材料消耗量可用一次使用量和摊销量两个指标表示。一次使用量是指周转材料在不重复使用时的一次使用量，供企业组织施工用；摊销量是指周转材料退出使用，应分摊到一定计量单位的结构构件的周转材料消耗量，供施工企业成本核算或计价用。

四、机械台班使用定额

机械台班使用定额，也称机械台班定额，是指正常施工条件、合理的施工组织和合理地使

用机械的前提下，生产单位质量合格的建筑产品必需消耗的机械台班的数量标准。

1. 机械台班使用定额的编制

(1)确定机械工作的正常施工条件。它包括工作地点的合理组织，施工机械作业方法的拟订；确定配合机械作业的施工小组的组织以及机械工作班制度等。

(2)确定机械纯工作1h正常生产率。

机械纯工作时间，就是指机械的必需消耗时间。机械1h纯工作正常生产率，就是在正常施工组织条件下，具有必需的知识和技能的技术工人操纵机械1h的生产率。

机械纯工作1h正常生产率计算公式：

①对于循环动作机械：

$$\text{机械纯工作1h正常生产率} = \text{机械纯工作1h正常循环次数} \times \text{一次循环生产的产品数量}$$

$$\text{机械纯工作1h循环次数} = \frac{60 \times 60(\text{s})}{\text{一次循环的正常延续时间(s)}}$$

②对于连续动作机械：

$$\text{机械纯工作1h正常生产率} = \frac{\text{工作时间内生产的产品数量}}{\text{工作时间(h)}}$$

(3)确定施工机械的正常利用系数。

施工机械的正常利用系数，指机械在施工工作班内对工作时间的利用率。

(4)计算施工机械定额台班。

施工机械台班产量定额 = 机械纯工作1h正常生产率 × 工作班纯工作时间

施工机械台班产量定额 = 机械纯工作1h正常生产率 × 工作班延续时间 × 机械正常利用系数

$$\text{施工机械时间定额} = \frac{1}{\text{施工机械台班产量定额}}$$

(5)拟订工人小组的时间定额。

工人小组定额时间，是指配合施工机械作业的工人小组的工作时间总和。

工人小组时间定额 = 施工机械时间定额 × 工人小组的人数

2. 机械台班使用定额的形式

机械台班使用定额的形式按其表现形式不同，可分为机械时间定额和机械产量定额，两者互为倒数关系。

(1)机械时间定额

机械时间定额是指在合理的劳动组织和合理使用机械的正常条件下，完成单位合格产品所必需的工作时间。机械时间定额以“台班”表示，即一台机械工作一个作业班时间(8h)。

$$\text{单位产品机械时间定额(台班)} = \frac{1}{\text{台班产量}}$$

【例3.3.5】 每1m^3一砖半砖墙砂浆消耗量为0.256m^3，砂浆采用400L搅拌机现场搅拌，运料需200s，装料50s，搅拌90s，卸料30s，不可避免中断10s，机械利用系数0.8。求每1m^3一砖半砖墙机械台班消耗量。

解：因运料时间大于装料、搅拌、出料和不可避免中断时间之和，故机械循环一次所需时间为200s。

机械产量定额 = $8 \times 60 \times 60 \div 200 \times 0.4 \times 0.8 = 46.08m^3$/台班

每立方米一砖半砖墙机械台班消耗量：$0.256 \div 46.08 = 0.0056$ 台班

(2)机械产量定额

机械产量定额是指在合理的劳动组织与合理使用机械的正常条件下，机械在每个台班时间内应完成合格产品的数量。

$$机械台班产量定额 = \frac{1}{机械时间定额(台班)}$$

第四节　预算定额

一、预算定额概念

预算定额是指正常施工条件下，完成一定计量单位的分项工程或结构构件的人工、材料和机械台班消耗的数量标准。预算定额中的人工、材料和施工机械台班的消耗量水平应反映社会平均水平。

预算定额不仅是计算工程造价的依据，如编制施工图预算、招标控制价、投标报价等，也是编制施工组织设计、编制企业定额或概算定额的基础。

二、预算定额编制方法

(一)确定预算定额的计量单位

预算定额的计量单位，主要根据分部分项工程的形体和结构构件特征及其变化确定：结构的三个度量都经常发生变化时，选用"m^3"，如砖石工程、混凝土工程；结构的三个度量中有两个度量经常发生变化，选用"m^2"，如地面、屋面工程等；当物体截面形状基本固定时，采用"延米、km"，如管道、线路安装工程等；工程量主要取决于设备或材料的质量时，可选"t、kg"。

预算定额的计量单位通常在基本计量单位基础上进行扩大，如 $10m^3$、$100m^2$、10 个等。

(二)按典型设计图纸和资料计算工程量

通过分别计算典型设计图纸所包括的施工过程的工程量，以便在编制预算定额时，有可能利用施工定额或劳动定额的劳动、机械和材料消耗指标确定预算定额所含工序的消耗量。

(三)人工、材料和机械台班消耗量的确定

预算定额中的人工、材料、机械台班消耗量指标，应根据编制预算定额的原则、依据，采用理论与实际相结合，图纸计算与施工现场测算相结合，编制定额人员与现场工作人员相结合等方法进行计算。

1. 人工消耗量的确定方法

人工消耗量的确定方法有两种：一种是以施工定额的劳动定额为基础确定；一种是以现场测定资料为基础计算确定。下面主要介绍第一种方法。

(1)人工消耗量构成

①基本用工。它指完成单位合格分项工程所需主要用工。

②其他用工。它指辅助基本用工消耗的工日，包括三类：辅助用工、超运距用工和人工幅度差。辅助用工指材料须在现场加工的用工，如筛砂、淋石灰膏等的用工；超运距用工指材料、半成品在场内的平均运距超过劳动定额规定水平运距所需用工；人工幅度差用工指劳动定额中未包括而在一般正常施工情况下又不可避免的零星用工。人工幅度差用工包括：各工种之间的工序搭接及交叉作业互相配合所发生的停歇用工；施工机械在场内单位工程之间转移及

临时水电线路移动所造成的停工；质量检查和隐蔽工程验收工作的影响；班组操作地点转移影响操作时间；工序交接时对前一工序不可避免的修整用工，如剔凿、修复、清理等用工；施工中不可避免的其他少量零星用工。

(2)人工消耗量计算

基本用工数量 = ∑(工序工程量 × 时间定额)

辅助用工数量 = ∑(现场加工材料数量 × 时间定额)

超运距用工数量 = ∑(超运距材料数量 × 时间定额)

超运距 = 预算定额规定的运距 - 劳动定额规定的运距

人工幅度差用工数量 = ∑(基本用工 + 辅助用工 + 超运距用工) × 人工幅度差系数

2. 材料消耗量的确定

(1)凡有标准规格的材料，按施工规范要求计算定额计量单位耗用量，如砖、防水卷材、块料面层等。

(2)凡设计图纸标注尺寸及下料要求的按设计图纸中尺寸计算材料净用量。

(3)换算法。各种胶结、涂料等材料的配合比用料，可以根据要求条件换算，得出材料用量。

(4)测定法。包括实验室试验法和现场统计法。

材料消耗量 = 材料净用量 + 材料损耗量

3. 机械台班消耗量的确定

(1)预算定额施工机械台班消耗量，可按全国统一劳动定额中的各种机械施工项目所规定的台班产量进行计算。

①预算定额中以机械施工为主的项目，如机械施工、大型屋面板吊装、预制构件运输、打预制钢筋混凝土桩等，应在劳动定额基础上另加机械幅度差。

$$预算定额机械耗用台班 = 施工定额机械耗用台班 \times (1 + 机械幅度差率)$$

机械幅度差是指在劳动定额(机械台班量)中未曾包括的，而机械在合理的施工组织条件下必需的停歇时间，在编制预算定额时，应予以考虑。机械幅度差系数一般根据测定和统计资料取定，如：土方机械 1.25，打桩机械 1.33，吊装机械 1.3。

机械幅度差内容包括：施工机械转移工作面及配套机械互相影响损失的时间；正常的施工情况下，机械施工中不可避免的工序间歇；检查工程质量影响机械操作的时间；临时水、电线路在施工中移动位置所发生的机械停歇时间；工程结尾时，工作量不饱满所损失时间。

②预算定额项目中，以手工操作为主的工人班组所配备的施工机械，如砂浆搅拌机、混凝土搅拌机、卷扬机、用于垂直运输的塔式起重机等，是配合工人工作的，应以工人小组产量计算机械台班，不另增加机械幅度差。

$$分项定额机械台班消耗量 = \frac{分项定额计量单位值}{小组产量}$$

【例 3.4.1】 预算定额多孔一砖外墙定额分项垂直运输塔吊台班使用量计算。

解：查全国建筑安装工程统一劳动定额产量定额为 1.08m^3/工日，砌砖小组成员 22 人，则：

$$小组产量 = 1.08 \times 22 = 23.76m^3$$

$$塔吊台班使用量 = 10 \div 23.76 = 0.42 台班/10m^3$$

(2)以现场测定资料为基础确定机械台班消耗量。如遇施工定额(劳动定额)缺项者，则须依据单位时间完成的产量测定。

三、预算定额组成

1. 基础定额基本内容

原建设部于1995年正式颁布了《全国统一建筑工程基础定额(土建)》(GJD—101—95),作为全国统一的基础预算定额(以下简称《基础定额》)。《基础定额》基本内容包括文字说明(总说明、分章说明及工程量计量规则)、定额项目表、附录三部分。

《基础定额》按施工顺序分部工程划章,按分项工程划节,按结构不同、材质品种、机械类型、使用要求不同划项。《基础定额》共设置15章,分别是:第1章土、石方工程;第2章桩基础工程;第3章脚手架工程;第4章砌筑工程;第5章钢筋混凝土工程;第6章构件运输安装工程;第7章门窗及木结构工程;第8章楼地面工程;第9章屋面及防水工程;第10章防腐、保温、隔热工程;第11章装饰工程;第12章金属结构制作工程;第13章建筑工程垂直运输定额;第14章建筑物超高增加人工、机械定额;第15章附录。

2. 基础定额项目表

项目表是定额手册的主要部分,定额编号按章-项确定,如4－1表示第4章中的第2项,即砌筑工程中的砖基础。项目表如表3.4.1所示。

砌砖定额项目表　　表3.4.1

工作内容:砖基础:调运砂浆、铺砂浆、清理基槽坑、砌砖等。砖墙:调、运、铺砂浆,运砖;砌砖包括窗台虎头砖、腰线、门窗套;安放木砖、铁件等。

计量单位:$10m^3$

定额编号			4－1	4－2	4－3	4－4
项目		单位	砖基础	单面清水砖墙		
				1/2砖	3/4砖	1砖
人工	综合人工	工日	12.18	21.97	21.63	18.87
材料	水泥砂浆M5	m^3	2.36	—	—	—
	水泥砂浆M10	m^3	—	1.95	2.13	—
	水泥砂浆M2.5	m^3	—	—	—	2.25
	普通黏土砖	千块	5.236	5.641	5.510	5.314
	水	m^3	1.05	1.13	1.10	1.06
机械	灰浆搅拌机200L	台班	0.39	0.33	0.35	0.38

3. 预算单价(基价)

预算单价(基价)是指根据预算定额规定的实物消耗量指标计算确定的直接工程费单价。各地区、各部门的工程造价管理机构,根据使用的预算定额和工料机预算单价,通过编制单位估价表来计算确定预算单价(基价)。

分部分项工程预算单价(基价)＝人工费＋材料费＋机械使用费

其中:人工费＝∑(人工工日用量×人工日工资单价)

材料费＝∑(各种材料耗用量×材料预算价格)

机械使用费＝∑(机械台班用量×机械台班单价)

4. 单位估价表和单位估价汇总表

单位估价表又称工程预算单价表,是以货币形式确定定额计量单位某分部分项工程或结构构件直接工程费用的文件，如表3.4.2所示。它是根据预算定额所确定的人工、材料和机械台班消耗数量乘以人工工资单价、材料单价和机械台班单价，得出分项工程的人工费、材料费和施工机械使用费，然后汇总而成。因此单位估价表的内容由两部分组成：一是预算定额规定的工、料、机数量；二是地区预算价格，即地区人工工资单价、材料单价和机械台班单价。

单位估价表

表3.4.2

计量单位：$10m^3$

序号	项　　目	单位	单价（元）	数量	合计
1	综合人工	工日	40.00	12.18	487.20
2	水泥混合砂浆 M5	m^3	88.32	2.36	208.44
3	普通黏土砖	千块	220.00	5.236	1 151.92
4	水	m^3	3.03	1.05	3.18
5	灰浆搅拌机 200L	台班	75.03	0.23	17.26
	预算单价（基价）	元			1 868.00

为了使用方便，在单位估价表的基础上，应编制单位估价汇总表，如表3.4.3所示。单位估价汇总表的项目划分与预算定额和单位估价表是相互对应的，单位估价汇总表略去了人工、材料和机械台班的消耗数量，保留了单位估价表中的人工费、材料费、机械费和预算价值。

为了使用方便，有些地区将单位估价表和消耗量定额合并，也就是在预算定额中既反映人工、材料、机械消耗量，又反映工程预算单价（基价）。

单位估价汇总表

表3.4.3

单位：元

定额编号	工程名称	计量单位	单位价值	其　　中			附注
				人工费	材料费	机械费	
4-1	砖基础	$10m^3$	1 868.00	487.20	1 363.54	17.26	

四、预算定额的应用

（一）定额的套用

使用预算定额前，应根据施工图纸、设计要求、做法说明、技术特征、施工方法等，核对分部分项工程的工程内容、做法、计量单位等与预算定额中规定的相应内容是否一致。当条件完全一致时，可以直接套用定额。也就是说，可以直接从相应编号的定额项目表中套用定额基价（预算定额为量价合一定额时）或人工、材料和施工机械台班的消耗数量，计算该分项工程的直接工程费。

【例3.4.2】 某工程设计有C20-40现浇混凝土矩形柱，断面尺寸400mm×400mm，柱高3.3m，共计20根，定额项目表如表3.4.4所示。计算所有矩形柱的预算直接工程费（见表3.4.5）。

解：矩形柱工程量 $=0.4\times0.4\times3.3\times20=10.56m^3$

套用预算定额基价：查表3.4.4中A4-14，矩形柱基价2 339.33元/$10m^3$。

$$直接工程费=2\ 339.33\times10.56\div10=2\ 470.33\ 元$$

定 额 项 目 表 表3.4.4

工作内容:混凝土搅拌、场内水平运输、浇捣、养护。 单位:10m³

项目编码				A4-3	A4-5	A4-14	A4-16
项目名称				带形基础	独立基础	矩形柱	构造柱
基价(元)				1 924.74	1 965.28	2339.33	2 489.88
其中	人工费(元)			374.40	412.80	848.40	999.60
	材料费(元)			1 397.49	1 399.63	1 401.58	1 400.93
	机械费(元)			152.85	152.85	89.35	89.35
名称		单位	单价(元)	数量			
人工	综合用工二类	工日	40.00	9.360	10.320	21.210	24.990
材料	现浇混凝土(中砂碎石)C20~C40	m^3		(10.100)	(10.100)	(9.800)	(9.800)
	水泥砂浆1:2(中砂)	m^3				(0.310)	(0.310)
	水泥32.5级	t	220.00	3.283	3.283	3.356	3.356
	中砂	t	25.16	6.757	6.757	7.008	7.008
	碎石	t	33.78	13.797	13.797	13.387	13.387
	塑料薄膜	m^2	0.60	10.080	13.040	4.000	3.360
	水	m^3	3.03	10.930	11.050	10.670	10.580
机械	滚筒式混凝土搅拌机500L以内	台班	120.35	0.380	0.380	0.600	0.600
	灰浆搅拌机200以内	台班	75.03			0.040	0.040
	混凝土振捣器(插入式)	台班	11.40	0.770	0.770	1.240	1.240
	机动翻斗车1t	台班	129.39	0.760	0.760		

矩形柱直接工程费计算表 表3.4.5

名 称		单位	定额消耗量	工程数量($10m^3$)	总消耗量	单价(元)	合价(元)
人工	综合用工二类	工日	21.210	1.056	22.398	40.00	895.92
人工费(元)							895.92
材料	水泥32.5级	t	3.356	1.056	3.544	220.00	779.68
	中砂	t	7.008	1.056	7.400	25.16	186.18
	碎石	t	13.387	1.056	14.137	33.78	477.55
	塑料薄膜	m^2	4.000	1.056	4.224	0.60	2.53
	水	m^3	10.670	1.056	11.268	3.03	34.14
材料费(元)							1 480.08
机械	滚筒式混凝土搅拌机500L以内	台班	0.600	1.056	0.634	120.35	76.30
	灰浆搅拌机200L以内	台班	0.040	1.056	0.042	75.03	3.15
	混凝土振捣器(插入式)	台班	1.240	1.056	1.309	11.40	14.92
机械费(元)							94.37
预算直接工程费(元)							2 470.37

(二)预算定额的换算

当工程内容或设计要求与预算定额条件不完全一致时,不能直接套用定额,需要根据定额编制总说明、分部工程说明和附录等规定，在定额允许范围内进行换算。定额换算的实质是按照定额规定换算的范围、内容和方法，对某些分项工程定额进行换算，也是预算定额的进一步延伸。定额换算是对原有定额的一种调整，既可以采用调整原有定额基价的形式，也可以采用调整定额消耗量的形式。常见的定额换算类型有混凝土的换算、砂浆的换算、加套定额换算、系数调整换算、比例调整换算等。

1. 构件混凝土换算

当预算定额中取定的混凝土强度等级或粗集料粒径与设计要求不一致时，通常定额允许进行换算。混凝土换算的基本特征是：换算混凝土用量不变，其余材料用量不变，人工用量、机械用量不变，仅换算混凝土强度等级或石子粒径。用公式表示如下：

换算后基价 = 原定额基价 + 定额混凝土用量 ×（换入混凝土单价 − 换出混凝土单价）

【例 3.4.3】 某砖混别墅工程有现浇钢筋混凝土构造柱 12m^3，设计使用 C25 − 40 现浇混凝土。①试求该工程构造柱的预算直接工程费为多少？②列表对比构造柱项目换算前后的各种材料定额消耗量是多少？③若 32.5 级水泥市场价为 230 元/t、42.5 级水泥市场价为 260 元/t。计算该工程构造柱工料机费用是多少？

解：（1）查表 3.4.4 中 A4 − 16 项，构造柱定额基价是按照现浇混凝土（中砂碎石）C20 − 40 取定计算的，这与实际设计使用的 C25 − 40 现浇混凝土不一致，需要进行换算。查表 3.4.6 混凝土配合比表 C20 − 40 预算价值为 135.02 元/m^3、C25 − 40 预算价值为 132.13 元/m^3。

换算后基价 = 2489.88 + 9.800 ×（132.13 − 135.02）= 2461.56 元/10m^3

该工程构造柱的预算直接工程费 = 12 ÷ 10 × 2461.56 = 2953.87 元。

混凝土配合比表 表 3.4.6

项目			粗集料最大粒径 40mm					
			C10	C15	C20	C25	C30	C35
基价（元/m^3）			110.87	122.22	135.02	132.13	140.98	149.30
名称	单位	单价（元）	数量					
水泥 32.5 级	t	220.00	0.202	0.260	0.325			
水泥 42.5 级	t	230.00				0.294	0.336	0.378
中砂	t	25.16	0.818	0.754	0.669	0.680	0.605	0.592
碎石	t	33.78	1.341	1.347	1.366	1.387	1.419	1.389
水	m^3	3.03	0.180	0.180	0.180	0.180	0.180	0.180

（2）每 10m^3 构造柱材料消耗量（见表 3.4.7）：

构造柱材料消耗量计算表 表 3.4.7

材料名称	单位	定额单价（元）	原定额消耗量	换算调整量	换算后消耗量	换算后材料合价（元）
水泥 32.5 级	t	220.00	3.356	9.8 ×（0 − 0.325）= −3.185	0.171	37.62
水泥 42.5 级	t	230.00		9.8 ×（0.294 − 0）= 2.881	2.881	662.68
中砂	t	25.16	7.008	9.8 ×（0.680 − 0.669）= 0.108	7.116	179.03
碎石	t	33.78	13.387	9.8 ×（1.387 − 1.366）= 0.206	13.593	459.16
塑料薄膜	m^2	0.60	3.360	0	3.360	2.02
水	m^3	3.03	10.580	0	10.580	32.06
材料费合计（元）						1 372.57

因为人工费、机械费不变,所以换算后基价 =999.60 +1372.57 +89.35 =2461.52 元/10m³。

(3)42.5 级水泥市场价为 260 元/t,与表 3.4.6 中取定的 42.5 水泥预算单价 230 元/t 有变化,应先调整 C25 -40 预算价值。

$$调整后预算价值 = 132.13 + 0.294 \times (260 - 230) = 140.95 元/m^3$$

按照定额 A4 -16,每 $10m^3$ 构造柱消耗 C20 -40 混凝土(32.5 级水泥 220 元/t)$9.8m^3$,1∶2水泥砂浆(32.5 级水泥 220 元/t)$0.31m^3$。按照设计及现在实际情况,每 $10m^3$ 构造柱使用 C25 -40 混凝土(42.5 级水泥 260 元/t)$9.8m^3$,1∶2水泥砂浆(32.5 级水泥 230 元/t)$0.31m^3$,1∶2水泥砂浆配合比如表 3.4.8 所示。

抹灰砂浆配合比表 表 3.4.8

项目名称			1∶2		1∶2.5		1∶3	
			中砂	细砂	中砂	细砂	中砂	细砂
预算价值(元/m³)			158.76	153.83	147.94	142.50	130.12	124.68
名称	单位	单价(元)	数量					
水泥 32.5 级	t	220.00	0.551	0.551	0.485	0.485	0.404	0.404
中砂	t	25.16	1.456		1.603		1.603	
细砂	t	23.48		1.350		1.486		1.486
水	m³	3.03	0.300	0.300	0.300	0.300	0.300	0.300

$$\begin{aligned}换算后基价 &= 2\,489.88 + 9.800 \times (140.95 - 135.02) + 0.551 \times 0.31 \times (230 - 220)\\ &= 2\,549.70 元/10m^3\end{aligned}$$

2. 砂浆换算

(1)砌筑砂浆换算

砌筑砂浆换算的特点与混凝土换算特点相同,换算原理与方法与混凝土强度等级换算相同。

【例 3.4.4】 某砖混建筑物设计为条形基础,基础材料采用 M7.5 水泥砂浆砌 MU10 标准砖,砖基础下设 300 厚 3∶7灰土垫层,按照图纸计算砖基础工程数量为 $80m^3$,试计算该工程砖基础预算直接工程费。

解:查表 3.4.9 中 A3 -1 项,砖基础定额基价是按照 M5.0 水泥砂浆取定计算的,这与实际设计使用的 M7.5 水泥砂浆不一致,需要进行换算。查表 3.4.10 砌筑砂浆配合比表 M5 水泥砂浆(中砂)预算价值为 88.32 元/m³、M7.5 水泥砂浆(中砂)预算价值为 94.92 元/m³。

$$换算后基价 = 1726.47 + 2.360 \times (94.92 - 88.32) = 1\,742.05 元/10m^3$$

$$该工程砖基础预算直接工程费 = 80 \div 10 \times 1\,742.05 = 13\,936.40 元$$

(2)抹灰砂浆换算

抹灰砂浆的换算相对比较复杂,如果抹灰厚度不变,仅涉及砂浆强度等级的不同,换算方法与砌筑砂浆换算方法相同,换算调整仅是材料消耗,不影响人工、机械消耗量。抹灰厚度的变化引起砂浆用量的增减,必然会影响人工、材料、机械的消耗量。各省、市定额规定的换算方式不尽相同,下面举例说明一种抹灰砂浆换算调整的方法。

全国统一建筑装饰装修工程消耗量定额河北省消耗量定额(HEBGYD - B—2008)定额说明中规定:“项目中的抹灰砂浆种类、配合比、厚度是根据现行规范、标准设计图集及我省常规采用的施工做法综合取定的,抹灰砂浆厚度取定见抹灰砂浆厚度取定表。如设计的砂浆种类、配合比及厚度与项目取定不同时,可按抹灰砂浆厚度调整表进行调整。”

【例3.4.5】 某工程外墙为标准砖墙，墙面做法为9厚1∶3水泥砂浆底层，7厚1∶3水泥砂浆中层，5厚1∶2水泥砂浆面层，刷外墙涂料，经计算墙面面积420m²。试求外墙抹灰预算直接工程费是多少？

定额项目表 表3.4.9

工作内容：①调制砂浆（包括筛砂子及淋石灰膏）、砌砖；基础包括清理基槽。②砌窗台虎头砖、腰线、门窗套。③安放木砖、铁件。 单位：10m³

项目编码				A3－1	A3－3	A3－4
项目名称				砖基础	砖砌内外墙	
					1砖	1砖以上
基价				1 726.47	1 909.94	1 912.60
其中	人工费			438.40	599.20	581.60
	材料费			1 258.81	1 282.23	1 300.99
	机械费			29.26	28.51	30.01
名称		单位	单价（元）	数量		
人工	综合用工二类	工日	40.00	10.960	14.980	14.540
材料	水泥砂浆 M5（中砂）	m³		（2.360）		
	水泥石灰砂浆 M5（中砂）	m³			（2.250）	（2.382）
	标准砖	千块	200.00	5.236	5.314	5.345
	水泥32.5级	t	220.00	0.505	0.482	0.510
	中砂	t	25.16	3.783	3.607	3.818
	生石灰	t	85.00		0.185	0.195
	水	m³	3.03	1.760	2.280	2.360
机械	灰浆搅拌机200L以内	台班	75.03	0.390	0.380	0.400

砌筑砂浆配合比表 表3.4.10

项目名称			M5		M7.5		M10	
			中砂	细砂	中砂	细砂	中砂	细砂
预算价（元/m³）			88.32	82.90	94.92	89.50	101.52	96.10
名称	单位	单价（元）	数量					
水泥32.5级	t	220.00	0.214	0.214	0.244	0.244	0.274	0.274
中砂	t	25.16	1.603		1.603		1.603	
细砂	t	23.48		1.487		1.487		1.487
水	m³	3.03	0.300	0.300	0.300	0.300	0.300	0.300

解：查表3.4.11中B2－9项，结合表3.4.12查出标准砖墙面水泥砂浆抹灰定额取定为底层8厚1∶3水泥砂浆，中层7厚1∶3水泥砂浆，面层5厚1∶2水泥砂浆。现设计底层厚度比定额取定值厚1mm，需要换算，查表3.4.13确定调整量，计算调整后基价。

换算后基价＝1 045.55＋0.38×40＋0.015×75.03＋0.12×130.12＋0.01×3.03

＝1 077.52元/100m²

预算直接工程费＝420÷100×1 077.52＝4 525.58元

3. 系数调整换算

利用定额规定的系数来调整定额的人工、材料、机械的消耗量。如某省定额针对垫层项目使用规定："垫层项目如用于基础垫层时，人工、机械乘以1.20系数(不含满堂基础)"，相应部分垫层项目定额项目表如表3.4.14所示。

定额项目表 表3.4.11

工作内容：清理、修补、湿润基层表面、调运砂浆、分层抹灰找平、罩面压光(包括门窗洞口侧壁及堵墙眼)、清扫落地灰、清理等全部操作过程。 单位：100m²

项目编号				B2-8	B2-9	B2-10
项目名称				墙面		
				毛石	标准砖	混凝土
基价(元)				1 394.15	1 045.55	1 031.32
其中	人工费(元)			831.60	684.80	681.60
	材料费(元)			526.54	338.24	327.96
	机械费(元)			36.01	22.51	21.76
名称		单位	单价(元)			
人工	综合用工二类	工日	40.00	20.790	17.120	17.040
材料	水泥砂浆1:2(中砂)	m^3			(0.578)	(0.578)
	水泥砂浆1:2.5(中砂)	m^3		(1.156)		
	水泥砂浆1:3(中砂)			(2.646)	(1.812)	(1.734)
	水泥32.5级	t	220.00	1.630	1.051	1.019
	中砂	t	25.16	6.095	3.746	3.621
	水	m^3	3.03	4.816	4.216	4.183
机械	灰浆搅拌机200L	台班	75.03	0.480	0.300	0.290

水泥砂浆抹灰厚度取定表 表3.4.12

单位：mm

项目		底层		中层		面层		总厚度
		砂浆种类	厚度(mm)	砂浆种类	厚度(mm)	砂浆种类	厚度(mm)	
墙面	毛石	水泥砂浆1:3	20			水泥砂浆1:2.5	10	30
	标准砖、混凝土	水泥砂浆1:3	8	水泥砂浆1:3	7	水泥砂浆1:2	5	20
	钢板网架聚苯夹芯板	水泥砂浆1:3	12	水泥砂浆1:3	8	水泥砂浆1:3	5	25

抹灰砂浆厚度调整表 表3.4.13

单位：100m²

项目	每增减1mm厚度消耗量调整			
	人工(工日)	机械(台班)	砂浆(m^3)	水(m^3)
石灰砂浆	0.35	0.014	0.11	0.01
水泥砂浆	0.38	0.015	0.12	0.01
混合砂浆	0.52	0.015	0.12	0.01
石膏砂浆	0.43	0.014	0.11	0.01
水泥TG胶砂浆	0.38	0.015	0.12	0.01
石英砂浆	0.51	0.015	0.12	0.01

定 额 项 目 表 表 3.4.14

工程内容：垫层，拌和、铺设垫层、夯实、灰土垫层包括焖灰、筛灰、筛土；找平层，清理基层、调运砂浆、刷素水泥浆、混凝土搅拌、捣平、压实。

计 量 单 位				$10m^3$	$10m^3$	$100m^2$	$100m^2$
项目编号				B1－2	B1－24	B1－31	B1－32
项目名称				垫层		硬基层上细石混凝土找平层	
				3:7灰土	混凝土	30mm	每增减 5mm
基价(元)				451.39	1692.85	820.09	134.69
其中	人工费(元)			222.00	386.40	318.80	55.20
	材料费(元)			219.05	1249.55	475.19	75.34
	机械费(元)			10.34	56.90	26.10	4.15
名称		单位	单价(元)	数量			
人工	综合用工三类	工日	30.00	7.400	12.880		
	综合用工二类	工日	40.00			7.970	1.380
材料	灰土 3:7	m^3		(10.100)			
	现浇混凝土(中砂碎石)C15－40	m^3			(10.100)		
	细石混凝土 C20－10	m^3				(3.030)	(0.510)
	素水泥浆	m^3				(0.100)	
	黏土	m^3		(11.817)			
	生石灰	t	85.00	2.505			
	水泥 32.5	t	220.00		2.626	1.326	0.198
	中砂	t	25.16		7.615	2.163	0.364
	碎石	t	33.78		13.605	3.703	0.623
	水	m^3	3.03	2.020	6.820	1.306	0.520
机械	电动夯实机 20～62N·m	台班	23.50	0.440			
	滚筒式混凝土搅拌机 500L 以内	台班	120.35		0.390	0.190	0.030
	混凝土振捣器(平板式)	台班	13.46		0.740	0.240	0.040

【例 3.4.6】 例题[3.4.4]中某砖混建筑物按照图纸计算 3:7灰土垫层工程数量为 $36m^3$，试计算该工程灰土垫层预算直接工程费是多少。

解：查表 3.4.14 定额项目表，B1－2 项是地面垫层，现在要将该垫层项目用于基础垫层，需要进行人工、机械乘系数换算。

$$换算后基价 = 222 \times 1.2 + 219.05 + 10.34 \times 1.2 = 497.86 元/10m^3$$

$$该项目垫层预算直接工程费 = 36 \div 10 \times 497.86 = 1792.30 元$$

4. 加套定额换算

同时选套两个定额的换算方法，是指与分项工程的厚度、层数、遍数、层高、运距有关的换算。换算公式为：

$$换算后基价 = 原定额基价 \pm 调整定额基价 \times 调整次数$$

【例 3.4.7】 某工业厂房地坪设计中采用 C20－10 细石混凝土找平，厚度 40mm，面积 $720m^2$，试计算该工程细石混凝土找平层的预算直接工程费为多少。

解:查表3.4.14中B1－31项，该项对应找平层厚度为30mm，B1－32项是每增减5mm的工料机消耗量及定额基价。现在设计厚度40mm，需要在30mm的基础上增加两个5mm。具体换算如下：

$$换算后基价 = 820.09 + 134.69 \times 2 = 1\ 089.47\ 元/100m^2$$

该工程细石混凝土找平层的预算直接工程费为:$720 \div 100 \times 1\ 089.47 = 7\ 844.18$ 元

5.比例调整换算

当实际使用的材料厚度或断面与定额的取定不同时，将受材料厚度或断面直接影响的材料用量按照相应比例进行数量的调整。基价换算公式：

$$换算后定额基价 = 原定额基价 + (换算后体积 - 换算前体积) \times 换算材料的单价$$

【例3.4.8】 某工程设计采用的普通木窗为带亮三开扇，共计36樘，每樘框外围尺寸为宽1.48m，高1.98m(当中有中立槛及中横槛)，边框为双裁口，毛料断面为$64cm^2$。试计算该工程普通木窗框料制作、安装预算直接工程费为多少。

解:查表3.4.15定额项目表的B4－152，项目规定断面为$45.6cm^2$，定额烘干木材为$0.553m^3/100m$。

定额项目表 表3.4.15

工程内容:木窗框制作、安装，刷防腐油，填塞麻刀灰浆。 单位:100m

项目编号				B4－150	B4－151	B4－152	B4－153
项目名称				普通木窗框			
				单裁口		双裁口	
				制作	安装	制作	安装
基价(元)				1 067.98	324.00	1 303.52	328.58
其中	人工费(元)			143.20	188.80	157.60	192.40
	材料费(元)			887.28	134.51	1 109.79	135.49
	机械费(元)			37.50	0.69	36.13	0.69
名称		单位	单价(元)	数量			
人工	综合用工二类	工日	40.00	3.580	4.720	3.940	4.810
材料	烘干木材(框料)	m^3	1 925.32	0.438		0.553	
	木材	m^3	2 174.37	0.015	0.053	0.015	0.053
	铁钉	kg	6.50	0.080	0.710	0.080	0.710
	聚醋酸乙烯乳液	kg	7.40	0.500		0.500	
	防腐油	kg	3.15	2.270		2.620	
	其他材料费	元	1.00		14.650		15.630
机械	木工圆锯机 ϕ500mm	台班	22.87	0.100	0.030	0.100	0.030
	木工压刨床(四面300mm)	台班	101.74	0.160		0.150	
	木工打眼机(MK212)	台班	11.83	0.360		0.360	
	木工开榫机(榫头长160mm)	台班	59.65	0.180		0.180	
	木工裁口机(多面400mm)	台班	35.85	0.110		0.100	

断面换算比例 $= 64 \div 45.6 = 1.403\ 5$

烘干木材换算为:$0.553m^3/100m \times 1.403\ 5 = 0.776\ m^3/100m$

B4 - 152 换算后定额基价 = 1 303.52 + (0.776 - 0.553) × 1 925.32 = 1 732.87 元/100m

每樘框料总长 = (1.48 + 1.98) × 3 = 10.38m

该工程普通木窗框料总长 = 10.38 × 36 = 373.68m

该工程普通木窗框料制作、安装预算直接工程费为:

373.68 ÷ 100 × (1 732.87 + 328.58) = 7 703.23 元

(三)预算定额的补充

当设计要求与定额条件完全不同或由于设计采用新材料、新工艺方法,在定额中无此项目,属于定额的缺项时,可自编定额。编制方法有两种:一是运用定额的编制方法编制;二是利用相近定额改编。

第五节 概算定额与概算指标

一、概算定额

(一)概算定额的概念

概算定额是在预算定额基础上确定完成合格的单位扩大分项工程,或单位扩大结构构件所需消耗的人工、材料和机械台班的数量标准。概算定额又称作扩大结构定额[4]。

概算定额是预算定额的合并与扩大。它将预算定额中有联系的若干个分项工程项目综合为一个概算定额项目,如砖基础概算定额项目,就是以砖基础为主,综合了平整场地、挖地槽、铺设垫层、砌砖基础、铺设防潮层、回填土及运土等预算定额中分项工程项目。

概算定额是编制设计概算和修正概算的主要依据;是对设计项目进行技术经济分析比较的基础资料之一;是编制计算劳动、机械台班、材料需要量计划的依据;是编制概算指标的基础。

(二)概算定额手册的内容

按专业特点和地区特点编制的概算定额手册,内容基本上是由文字说明、定额项目表和附录三个部分组成。

1. 概算定额的内容与形式

(1)文字说明部分。文字说明部分有总说明和分部工程说明。在总说明中,主要阐述概算定额的编制依据、使用范围、包括的内容及作用、应遵守的规则及建筑面积计算规则等。分部工程说明主要阐述本分部工程包括的综合工作内容及分部分项工程的工程量计算规则等。

(2)定额项目表。它主要包括以下内容:

①定额项目的划分。概算定额项目一般按以下两种方法划分:一是按工程结构划分。一般是按土石方、基础、墙、梁板柱、门窗、楼地面、屋面、装饰、构筑物等工程结构划分。二是按工程部位(分部)划分。一般是按基础、墙体、梁柱、楼地面、屋盖、其他工程部位等划分,如基础工程中包括了砖、石、混凝土基础等项目。

②定额项目表。定额项目表是概算定额手册的主要内容,由若干分节定额组成。各节定额由工程内容、定额表及附注说明组成。定额表中列有定额编号、计量单位、概算价格、人工、材料、机械台班消耗量指标,综合了预算定额的若干项目与数量。以下以建筑工程概算定额为例说明,如表 3.5.1 所示。

现浇钢筋混凝土柱概算定额表 表 3.5.1

工程内容:模板制作、安装、拆除,钢筋制作、安装,混凝土浇捣、抹灰、刷浆。 计量单位: $10m^3$

概算定额编号				4-3		4-4	
项 目		单位	单价(元)	矩形柱			
				周长 1.8m 以内		周长 1.8m 以外	
				数量	合价(元)	数量	合价(元)
基准价		元		13 428.76		12 947.26	
其中	人工费	元		2 116.40		1 728.76	
	材料费	元		10 272.03		10 361.83	
	机械费	元		1 040.33		856.67	
合计工		工日	22.00	96.20	2116.40	78.58	1728.76
材料	中(粗)砂(天然)	t	35.81	9.494	339.98	8.817	315.74
	碎石 5~20mm	t	36.18	12.207	441.65	12.207	441.65
	石灰膏	m^3	98.89	0.221	20.75	0.155	14.55
	普通木成材	m^3	1 000.00	0.302	302.00	0.187	187.00
	圆钢(钢筋)	t	3 000.00	2.188	6 564.00	2.407	7221.00
	组合钢模板	kg	4.00	64.416	257.66	39.848	159.39
	钢支撑(钢管)	kg	4.85	34.165	165.70	21.134	102.50
	零星卡具	kg	4.00	33.954	135.82	21.004	84.02
	铁钉	kg	5.96	3.091	18.42	1.912	11.40
	镀锌铁丝 22 号	kg	8.07	8.368	67.53	9.206	74.29
	电焊条	kg	7.84	15.644	122.65	17.212	134.94
	803 涂料	kg	1.45	22.901	33.21	16.038	23.26
	水	m^3	0.99	12.700	12.57	12.300	12.21
	水泥 42.5 级	kg	0.25	664.459	166.11	517.117	129.28
	水泥 52.5 级	kg	0.30	4 141.200	1 242.36	4 141.200	1 242.36
	脚手架	元			196.00		90.60
	其他材料费	元			185.62		117.64
机械	垂直运输费	元			628.00		510.00
	其他机械费	元			412.33		346.67

二、概算指标

(一)概算指标的概念

建筑安装工程概算指标,通常是以整个建筑物和构筑物为对象,以建筑面积、体积或成套设备装置的台或组为计量单位而规定的人工、材料、机械台班的消耗量标准和造价指标[4]。概算指标一般是在概算定额和预算定额的基础上,以更为扩大的计量单位来编制的,比概算定额更加综合扩大。

概算指标是在初步设计阶段,编制工程概算,计算和确定工程的初步设计概算造价,计算劳动、机械台班、材料需要量时所采用的一种定额。

(二)概算指标的分类和表现形式

1. 概算指标的分类

概算指标可分为两大类,如图 3.5.1 所示:一类是建筑工程概算指标;另一类是设备安装工程概算指标。

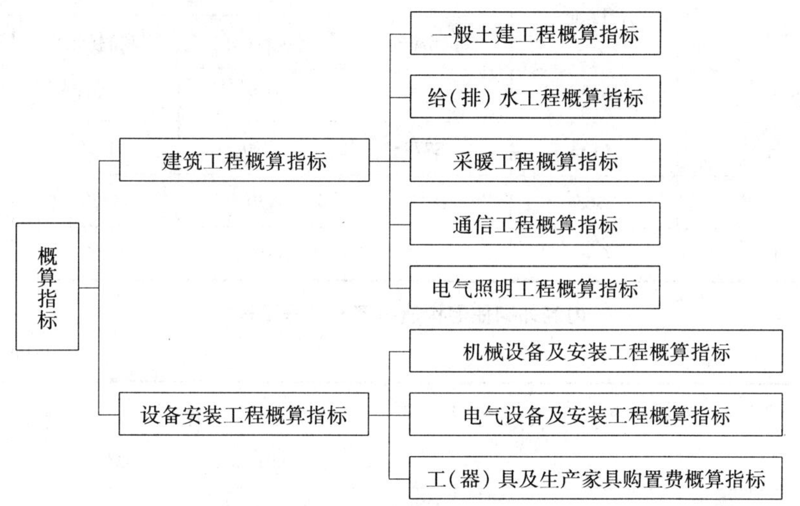

图 3.5.1 概算指标分类图

2. 概算指标的组成内容及表现形式

(1)概算指标的组成内容,一般分为文字说明和列表形式两部分,以及必要的附录。

①总说明和分册说明,其内容一般包括:概算指标的编制范围、编制依据、分册情况、指标包括的内容、指标未包括的内容、指标的使用方法、指标允许调整的范围及调整方法等。

②列表形式。建筑工程列表形式:房屋建筑、构筑物,一般是以建筑面积、建筑体积、"座"、"个"等为计算单位,附以必要的示意图。示意图画出建筑物的轮廓示意或单线平面图,列出综合指标:元/m^2 或元/m^3,自然条件(如地耐力、地震烈度等),建筑物的类型、结构形式及各部位中结构主要特点,主要工程量。安装工程的列表形式:设备以"t"或"台"为计算单位,也有以设备购置费或设备原价的百分比(%)表示;工艺管道一般以"t"为计算单位;通信电话站安装以"站"为计算单位。列出指标编号、项目名称、规格、综合指标(元/计算单位)之后,一般还要列出其中的人工费,必要时还要列出主要材料费、辅材费。

总体来讲,建筑工程列表形式分为以下几个部分:

a. 示意图。表明工程的结构、工业项目,还表示出吊车及起重能力等。

b. 工程特征。对采暖工程特征应列出采暖热媒及采暖形式;对电气照明工程特征可列出建筑层数、结构类型、配线方式、灯具名称等;对房屋建筑工程特征主要对工程的结构形式、层高、层数和建筑面积进行说明,如表 3.5.2 所示。

内浇外砌住宅结构特征 表 3.5.2

结构类型	层数	层高	檐高	建筑面积
内浇外砌	六层	2.8m	17.7m	4206m^2

c. 经济指标。说明该项目每 100m^2 的造价指标及其中土建、水暖和电照等单位工程的相应造价,如表 3.5.3 所示。

d. 构造内容及工程量指标。说明该工程项目的构造内容和相应计算单位的工程量指标及人工、材料消耗指标。如表3.5.4、表3.5.5所示。

内浇外砌住宅经济指标

表3.5.3

100m² 建筑面积

项目		合计(元)	其中			
			直接费(元)	间接费(元)	利润(元)	税金(元)
单方造价		30422	21860	5576	1893	1093
其中	土建	26133	18778	4790	1626	939
	水暖	2565	1843	470	160	92
	电照	614	1239	316	107	62

内浇外砌住宅构造内容及工程量指标

表3.5.4

100m² 建筑面积

序号	构造特征		工程量	
			单位	数量
一、土建				
1	基础	灌注桩	m^3	14.64
2	外墙	二砖墙、清水墙勾缝、内墙抹灰刷白	m^3	24.32
3	内墙	混凝土墙、一砖墙、抹灰刷白	m^3	22.70
4	柱	混凝土柱	m^3	0.70
5	地面	碎砖垫层、水泥砂浆面层	m^2	13
6	楼面	120mm 预制空心板、水泥砂浆面层	m^2	65
7	门窗	木门窗	m^2	62
8	屋面	预制空心板、水泥珍珠岩保温、三毡四油卷材防水	m^2	21.7
9	脚手架	综合脚手架	m^2	100
二、水暖				
1	采暖方式	集中采暖		
2	给水性质	生活给水明设		
3	排水性质	生活排水		
4	通风方式	自然通风		
三、电照				
1	配电方式	塑料管暗配电线		
2	灯具种类	日光灯		
3	用电量			

内浇外砌住宅人工及主要材料消耗指标　　表3.5.5

100m² 建筑面积

序号	名称及规格	单位	数量	序号	名称及数量	单位	数量
一、土建				二、水暖			
1	人工	工日	506	1	人工	工日	39
2	钢筋	t	3.25	2	钢管	t	0.18
3	型钢	t	0.13	3	暖气片	片	60
4	水泥	t	18.1	4	卫生器具	套	2.35
5	白灰	t	2.1	5	水表	个	1.84
6	沥青	t	0.29	三、电照			
7	红砖	千块	15.1	1	人工	工日	20
8	木材	m^3	4.1	2	电线	m	283
9	砂	m^3	41	3	钢管	t	0.04
10	砾石	m^3	30.5	4	灯具	套	8.43
11	玻璃	m^2	29.2	5	电表	个	1.84
12	卷材	m^2	80.8	6	配电箱	套	6.1
				四、机械使用费		%	7.5
				五、其他材料费		%	19.57

(2)概算指标的表现形式

概算指标在具体内容的表示方法上,分综合概算指标和单项概算指标两种形式。

①综合概算指标。综合概算指标是按照工业或民用建筑及其结构类型而制定的概算指标。综合概算指标的概括性较大,其准确性、针对性不如单项指标。

②单项概算指标。单项概算指标是指为某种建筑物或构筑物而编制的概算指标。单项概算指标的针对性较强,故指标中对工程结构形式要作介绍。只要工程项目的结构形式及工程内容与单项指标中的工程概况相吻合,编制出的设计概算就比较准确。

(三)概算指标的应用

概算指标的应用比概算定额具有更大的灵活性。由于它是一种综合性很强的指标,不可能与拟建工程的建筑特征、结构特征、自然条件、施工条件完全一致。因此在选用概算指标时要十分慎重,选用的指标与设计对象在各个方面应尽量一致或接近,不一致的地方要进行换算,以提高准确性。

概算指标的应用一般有两种情况:如果设计对象的结构特征与概算指标一致时,可以直接套用;如果设计对象的结构特征与概算指标的规定局部不同时,要对指标的局部内容进行调整后再套用。

用概算指标编制工程概算,工程量的计算工作很小,也节省了大量的定额套用和工料分析工作,因此比用概算定额编制工程概算的速度要快,但是准确性差一些。

第六节　投资估算指标和工程造价指数

一、投资估算指标

(一)投资估算指标的作用

工程建设投资估算指标是编制建设项目建议书、可行性研究报告等前期工作阶段投资估算的依据，也可以作为编制固定资产长远规划投资额的参考。投资估算指标为完成项目建设的投资估算提供依据和手段，它在固定资产的形成过程中起着投资预测、投资控制、投资效益分析的作用，是合理确定项目投资的基础。投资估算指标中的主要材料消耗量也是一种扩大的材料消耗量指标，可以作为计算建设项目主要材料消耗量的基础。估算指标的正确制定，对于提高投资估算的准确度、对建设项目的合理评估和正确决策具有重要意义。

（二）投资估算指标的内容

投资估算指标是确定和控制建设项目全过程各项投资支出的技术经济指标，其范围涉及建设前期、建设实施期和竣工验收交付使用期等各个阶段的费用支出，内容因行业不同而各异，一般可分为建设项目综合指标、单项工程指标和单位工程指标三个层次。

1. 建设项目综合指标

建设项目综合指标，是以建设项目为对象编制的建设项目建设投资费用的综合技术经济指标。它包括按规定应列入建设项目总投资的从立项筹建开始至竣工验收交付使用的全部投资额：单项工程投资、工程建设其他费用和预备费等。

建设项目综合指标一般以项目的综合生产能力单位投资表示，如元/t、元/kW；或以使用功能表示，如医院床位：元/床。

2. 单项工程指标

单项工程指标，是以建设项目中单项工程为对象编制的单项工程建设投资费用的技术经济指标。它包括按规定应列入能独立发挥生产能力或使用效益的单项工程内的全部投资额：建筑工程费、安装工程费、设备、工具、器具及生产家具购置费和其他费用。单项工程的一般划分原则如下：

（1）主要生产设施。它是指直接参加生产产品的工程项目，包括生产车间或生产装置。

（2）辅助生产设施。它是指为主要生产车间服务的工程项目，包括集中控制室、中央实验室、机修、电修、仪器仪表修理及木工（模）等车间，原材料、半成品、成品及危险品等仓库。

（3）公用工程。它包括给排水系统（给排水泵房、水塔、水池及全厂给排水管网）、供热系统（锅炉房及水处理设施、全厂热力管网）、供电及通信系统（变配电所、开关所及全厂输电、电信线路）以及热电站、热力站、煤气站、空压站、冷冻站、冷却塔和全厂管网等。

（4）环境保护工程。它包括废气、废渣、废水等处理和综合利用设施及全厂性绿化。

（5）总图运输工程。它包括厂区防洪、围墙大门、传达及收发室、汽车库、消防车库、厂区道路、桥涵、厂区码头及厂区大型土石方工程。

（6）厂区服务设施。它包括厂部办公室、厂区食堂、医务室、浴室、哺乳室、自行车棚等。

（7）生活福利设施。它包括职工医院、住宅、生活区食堂、职工医院、俱乐部、托儿所、幼儿园、子弟学校、商业服务点以及与之配套的设施。

（8）厂外工程。如，水源工程、厂外输电、输水、排水、通信、输油等管线，以及公路、铁路专用线等都属厂外工程。

单项工程指标一般以单项工程生产能力单位投资，如“元/t”或其他单位表示。如：变配电站：元/（kV · A）；锅炉房：元/蒸汽吨；供水站：元/m^3；办公室、仓库、宿舍、住宅等房屋则区别不同结构形式以“元/m^2”表示。

3. 单位工程指标

单位工程指标是以单项工程中主要单位工程为对象编制的单位工程建设投资费用的技术经济指标。单位工程指标包括按规定应列入能独立设计、施工的工程项目的费用，即建筑安装工程费用。

单位工程指标一般以如下方式表示：房屋可以“元/m^2”表示；道路可以“元/m^2”表示；水塔可以“元/座”表示。

二、工程造价指数

（一）工程造价指数概念及作用

1.工程造价指数的概念

工程造价指数是用来反映一定时期由于价格变化对工程造价影响程度的一种指标，它是调整工程造价价差的依据[5]。工程造价指数反映了报告期与基期相比的价格变动趋势。

2.工程造价指数的作用

（1）工程造价指数可作为政府对建筑市场宏观调控的依据。

（2）工程造价指数可用来分析价格变动趋势和估计工程造价变化对宏观经济的影响。

（3）工程造价指数可作为工程承发包双方工程估价和结算的重要依据，尤其可以为承包商提出合理的投标报价提供依据。

（二）工程造价指数分类

根据现阶段工程造价的构成，工程造价指数可分为各种单项价格指数，设备、工具、器具价格指数，建筑安装工程造价指数，建设项目或单项工程造价指数。根据造价资料的期限长短来分类，也可以把工程造价指数分为时点造价指数，如月指数、季指数和年指数等。

1.各种单项价格指数

各种单项价格指数，是反映各类工程的人工费、材料费、施工机械使用费报告期价格对基期价格的变化程度的指标，可利用它研究主要单项价格变化的情况及其发展变化的趋势。其计算过程可以简单表示为报告期价格与基期价格之比。依此类推，可以把各种费率指数也归于其中，例如措施费指数、间接费指数，甚至工程建设其他费用指数等。这些费率指数的编制可以直接用报告期费率与基期费率之比求得。很明显，这些单项价格指数都属于个体指数。

2.设备、工具、器具价格指数

总指数是用来反映不同度量单位的许多商品或产品所组成的复杂现象总体方面的总动态。综合指数是总指数的基本形式。设备、工器具的种类、品种和规格很多。设备、工器具费用的变动通常是由两个因素引起的，即设备、工器具单件采购价格的变化和采购数量的变化，并且工程所采购的设备、工器具是由不同规格、不同品种组成的，因此，设备、工器具价格指数属于总指数。由于采购价格与采购数量的数据无论是基期还是报告期都比较容易获得，因此设备、工器具价格指数可以用综合指数的形式来表示。

3.建筑安装工程造价指数

建筑安装工程造价指数是一种综合指数，其中包括了人工费指数、材料费指数、施工机械使用费指数以及措施费指数、间接费指数等各项个体指数的综合影响。由于建筑安装工程造价指数相对比较复杂，涉及的方面较广，利用综合指数来进行计算分析难度较大。因此可以通过对各项个体指数的加权平均，用平均数指数的形式来表示。

4.建设项目或单项工程造价指数

建设项目或单项工程造价指数是由设备、工器具价格指数、建筑安装工程造价指数、工程建设其他费用指数综合得到的。它属于一种总指数，并且与建筑安装工程造价指数类似，一般也用平均数指数的形式来表示。

（三）工程造价指数的编制

1. 各种单项价格指数的编制

(1)人工费、材料费、施工机械使用费等价格指数的编制。这种价格指数的编制，可以直接用报告期价格与基期价格相比后得到。其计算公式如下：

$$人工费(材料费、施工机械使用费)价格指数 = P_n/P_0$$

式中：P_0——基期人工日工资单价（材料价格、机械台班单价）；

P_n——报告期人工日工资单价（材料价格、机械台班单价）。

(2)措施费、间接费及工程建设其他费等费率指数的编制。其计算公式如下：

$$措施费(间接费、工程建设其他费)费率指数 = P_n/P_0$$

式中：P_0——基期措施费（间接费、工程建设其他费）费率；

P_n——报告期措施费（间接费、工程建设其他费）费率。

2. 设备、工器具价格指数的编制

设备、工器具价格指数是用综合指数形式表示的总指数，考虑到设备、工器具的采购品种很多，为简化起见，计算价格指数时可选择其中用量大、价格高、变动多的主要设备、工器具的购置数量和单价进行计算。其计算公式如下：

$$设备、工器具价格指数 = \frac{\sum(报告期设备、工器具单价 \times 报告期购置数量)}{\sum(基期设备、工器具单价 \times 报告期购置数量)}$$

3. 建筑安装工程价格指数的编制

建筑安装工程造价指数 = 人工费指数 × 基期人工费占建安工程造价比例 + ∑（单项材料价格指数 × 基期该单项材料占建安造价比例）+ ∑（单项机械台班指数 × 基期该单项机械费占建安工程造价比例）+ 措施费、间接费综合指数 × 基期措施费、间接费占建安工程造价比例

4. 建设项目或单项工程造价指数的编制

建设项目或单项工程造价指数是由建筑安装工程造价指数，设备、工器具价格指数和工程建设其他费用指数综合而成的。与建筑安装工程造价指数相类似，其计算也应采用加权调和平均数指数的推导公式，具体的计算过程如下：

综合造价指数 = 建安工程造价指数 × 基期建安工程费占总造价的比例 + ∑（单项设备价格指数 × 基期设备费占总造价的比例）+ 工程建设其他费指数 × 基期工程建设其他费占总造价的比例。

第七节　企业定额

一、企业定额概述

所谓企业定额，就是指建筑安装企业根据企业自身的技术水平和管理水平，所确定的完成单位合格产品所必需的人工、材料和施工机械台班的消耗量，以及其他生产经营要素消耗的数量标准[4]。

企业定额反映企业的施工生产与生产消费之间的数量关系，不仅能体现企业个别的劳动生产率和技术装备水平，同时也是衡量企业管理水平的标尺，是企业加强集约经营、精细管理的前提和主要手段。每个企业的技术和管理水平不同，企业定额的定额水平也就不同。一定

意义上讲,企业定额是企业的商业秘密,是企业参与市场竞争的核心竞争能力的具体表现。

二、企业定额的作用

1. 企业定额是施工企业进行建设工程投标报价的重要依据

工程量清单计价模式下,它要求各投标人必须通过能综合反映企业的施工技术、管理水平的企业定额来进行投标报价。这样才能真正体现出个别成本间的差距,真正实现市场竞争。在投标过程中,企业首先按本企业的企业定额计算出完成拟投标工程的成本,在此基础上考虑预期利润和可能的工程风险费用,制定出建设工程项目的投标报价。由此可见,企业定额是形成企业个别成本的基础,根据企业定额进行的投标报价具有更大的合理性,能有效提升企业投标报价的自主性。

2. 企业定额的建立和运用,可以提高企业的管理水平和生产力水平

企业要在激烈的市场竞争中占据有利的地位,就必须降低管理成本、加强管理。企业定额能直接对企业的技术、经营管理水平及工期、质量、价格等因素进行准确的测算和控制,进而控制工程成本。而且,企业定额作为企业内部生产管理的标准文件,能够结合企业自身技术力量和科学的管理方法,使企业的管理水平在企业定额制定和使用的实践中不断提高。

同时,企业定额是企业生产力的综合反映。通过编制企业定额可以摸清企业生产力状况,发挥优势,弥补不足,促进企业生产力水平的提高。

3. 企业定额有助于推广先进技术和鼓励创新

企业定额代表企业先进施工技术水平、施工机具和施工方法。企业建立企业定额会促使其主动学习先进企业的技术,同时,各个企业要想超过其他企业的定额水平,就必须进行管理创新或技术创新。因此,企业定额也就成为企业推动技术和管理创新的一种重要手段。

4. 企业定额的建立和使用可以规范建筑市场秩序,规范发包承包行为

企业定额的建立和使用,促使企业在市场竞争中按实际资源消耗水平报价,避免了施工企业为了中标,盲目降价,进而造成企业亏损、发展滞后现象的发生。

三、企业定额的编制方法

编制企业定额的方法,主要有定额修正法、经验统计法、现场观察测定法、理论计算法等。

(1)定额修正法的思路是以已有的全国(地区)定额、行业定额等为蓝本,结合企业实际情况和工程量清单《计价规范》等的要求,调整定额的结构、项目范围等,在自行测算的基础上形成企业定额。这种方法的优点是继承了全国(地区)定额、行业定额的精华,使企业定额有模板可依,有改进的基础。

(2)经验统计法是企业对在建和完工项目的资料数据中,运用抽样统计的方法,对有关项目的消耗数据进行统计测算,最终形成自己的定额消耗数据。这种方法充分利用了企业的实际数据,对于常见的项目有较高的准确性。但这种方法对于企业历史资料和数据的要求较高,依赖性较强,一旦数据有误,造成的误差就相当大。

(3)现场观察测定法是我国多年来专业测定定额的常用方法。这种方法的特点是能够把现场工时消耗情况和施工组织技术条件联系起来加以观察、测时、计量和分析,以获得某施工过程的工时消耗的有技术根据的基础资料。这种方法技术简便、应用面广、资料全面,适用于影响工程造价大的主要项目及新技术、新工艺、新施工方法的劳动力消耗和机械台班消耗水平的测定。但这种方法费时、费工,需要大量的人力、物力,需要较长的周期才能建立起企业

定额。

(4)理论计算法是根据施工图纸、施工规范及材料规格,用理论计算的方法求出定额中的理论消耗量,将理论消耗量加上合理的施工损耗,得出定额实际消耗水平的方法。施工损耗量需要经过现场实际统计测算才能得出,因此,理论计算法在编制定额时不能独立使用,与统计分析法(用来测算损耗率)相结合才能共同完成定额子目的编制。所以,理论计算法编制施工企业定额有一定的局限性。但这种方法可以节约大量的人力、物力和时间。

这些编制方法各有优缺点,它们不是绝对独立的,实际工作过程中可以结合起来使用,互为补充,互为验证。

第四章　工程计价程序与计价模式

第一节　建筑安装工程计价程序

根据原建设部2001年第107号部令《建筑工程施工发包与承包计价管理办法》的规定，发包与承包价的计算方法分为工料单价法和综合单价法。

一、工料单价法计价程序

工料单价法是以分部分项工程量乘以单价后的合计为直接工程费。直接工程费以人工、材料、机械的消耗量及其相应价格确定。直接工程费汇总后另加间接费、利润、税金生成工程发承包价。其计算程序分为如下介绍的三种。

1. 以直接费为计算基础(表4.1.1)

以直接费为计算基础的建筑安装工程造价计算程序　　表4.1.1

序号	费用项目	计算方法	备　注
1	直接工程费	按预算表	Σ(工程量×工料机单价)
2	措施费	按规定标准计算	
3	小计	(1)+(2)	
4	间接费	(3)×相应费率	
5	利润	((3)+(4))×相应利润率	
6	合计	(3)+(4)+(5)	
7	含税造价	(6)×(1+相应税率)	单位工程含税造价

2. 以人工费和机械费为计算基础(表4.1.2)

以人工费和机械费为计算基础的建筑安装工程造价计算程序　　表4.1.2

序号	费用项目	计算方法	备　注
1	直接工程费	按预算表	Σ(工程量×工料机单价)
2	其中人工费和机械费	按预算表	
3	措施费	按规定标准计算	
4	其中人工费和机械费	按规定标准计算	
5	小计	(1)+(3)	
6	人工费和机械费小计	(2)+(4)	
7	间接费	(6)×相应费率	
8	利润	(6)×相应利润率	
9	合计	(5)+(7)+(8)	
10	含税造价	(9)×(1+相应税率)	单位工程含税造价

3. 以人工费为计算基础(表 4.1.3)

以人工费为计算基础的建筑安装工程造价计算程序　　表 4.1.3

序号	费用项目	计算方法	备注
1	直接工程费	按预算表	∑(工程量×工料机单价)
2	直接工程费中人工费	按预算表	
3	措施费	按规定标准计算	
4	措施费中人工费	按规定标准计算	
5	小计	(1)+(3)	
6	人工费小计	(2)+(4)	
7	间接费	(6)×相应费率	
8	利润	(6)×相应利润率	
9	合计	(5)+(7)+(8)	
10	含税造价	(9)×(1+相应税率)	单位工程含税造价

二、综合单价法计价程序

综合单价法是分部分项工程单价为全费用单价,全费用单价经综合计算后生成,其内容包括直接工程费、间接费、利润和税金(措施费也可按此方法生成全费用价格)。

各分项工程量乘以综合单价的合价汇总后,生成工程发承包价。

由于各分部分项工程中的人工、材料、机械含量的比例不同,各分项工程可根据其材料费占人工费、材料费、机械费合计的比例(以字母"C"代表该项比值)在以下三种计算程序中选择一种计算其综合单价。

(1)当 $C>C_0$(C_0 为本地区原费用定额测算所选典型工程材料费占人工费、材料费和机械费合计的比例)时,可采用以人工费、材料费、机械费合计为基数计算该分项的间接费和利润,见表 4.1.4。

以直接费为计算基础　　表 4.1.4

序号	费用项目	计算方法	备注
1	分项直接工程费	人工费+材料费+机械费	
2	间接费	(1)×相应费率	
3	利润	((1)+(2))×相应利润率	
4	合计	(1)+(2)+(3)	
5	含税造价	(4)×(1+相应税率)	某分项全费用单价

(2)当 $C<C_0$ 值的下限时,可采用以人工费和机械费合计为基数计算该分项的间接费和利润,见表 4.1.5。

以人工费和机械费为计算基础　　表 4.1.5

序号	费用项目	计算方法	备注
1	分项直接工程费	人工费+材料费+机械费	
2	其中人工费和机械费	人工费+机械费	
3	间接费	(2)×相应费率	
4	利润	(2)×相应利润率	
5	合计	(1)+(3)+(4)	
6	含税造价	(5)×(1+相应税率)	某分项全费用单价

(3)如该分项的直接费仅为人工费,无材料费和机械费时,可采用以人工费为基数计算该分项的间接费和利润,见表4.1.6。

以人工费为计算基础 表4.1.6

序号	费用项目	计算方法	备注
1	分项直接工程费	人工费+材料费+机械费	
2	直接工程费中人工费	人工费	
3	间接费	(2)×相应费率	
4	利润	(2)×相应利润率	
5	合计	(1)+(3)+(4)	
6	含税造价	(5)×(1+相应税率)	某分项全费用单价

工料单价法计价程序是适合定额计价模式的计价程序。

综合单价法计价程序是配合清单计价模式的计价程序,提供了分项工程费用的计算方法和全费用单价的计算方法。综合单价法计价程序表是每个清单项目的计价程序。

三、河北省工程计价程序与费用标准

1. 工程计价程序

根据《河北省建筑、安装、市政、装饰装修工程费用标准》(HEBGCFB-1—2008)(冀建质【2008】396号)和河北省建设厅关于调整2008年《河北省建筑、安装、市政、装饰装修工程费用标准》中规费费用标准的通知(冀建质【2008】728号)。河北省建筑、安装、市政、装饰装修工程计价程序如表4.1.7所示。

建筑、安装、市政、装饰装修工程计价程序 表4.1.7

序号	费用项目	计算方法	序号	费用项目	计算方法
1	直接费	—	5	规费	(2)×费率
2	直接费中人工费+机械费	—	6	价款调整	按合同确认的方式、方法计算
3	企业管理费	(2)×费率	7	税金	[(1)+(3)+(4)+(5)+(6)]×费率
4	利润	(2)×费率	8	工程造价	(1)+(3)+(4)+(5)+(6)+(7)

2. 建筑工程费用标准(包工包料)

(1)一般建筑工程费用标准,见表4.1.8,适用于工业与民用的新建、改建、扩建的各类建筑物、构筑物等建筑工程。

一般建筑工程费用标准 表4.1.8

序号	费用项目	计费基数	费用标准(%)		
1	直接费	—	一类工程	二类工程	三类工程
2	企业管理费	直接费中人工费+机械费	30	21	17
3	利润		16	12	8
4	规费		16.6		
5	价款调整	按合同确认的方式、方法计算			
6	税金	[(1)+(2)+(3)+(4)+(5)]×3.45%、3.38%、3.25%			

（2）建筑工程土石方、建筑物超高、垂直运输、特大型机械厂外运输及一次安拆费用标准，见表4.1.9，适用于工业与民用建筑的土石方（含厂区道路土方）、建筑物超高、垂直运输、特大型机械场外运输及一次安拆等工程项目。

土石方、建筑物超高、垂直运输、特大型机械厂外运输及一次安拆费用标准 表4.1.9

序　号	费 用 项 目	计 费 基 数	费用标准（%）
1	直接费	—	—
2	企业管理费	直接费中人工费＋机械费	4
3	利润		3
4	规费		4.9
5	价款调整	按合同确认的方式、方法计算	
6	税金	［（1）＋（2）＋（3）＋（4）＋（5）］×3.45%、3.38%、3.25%	

（3）桩基础工程费用标准，见表4.1.10，适用于工业与民用建筑工程中现场灌注桩和预制桩的工程项目。

桩基础工程费用标准 表4.1.10

序号	费 用 项 目	计 费 基 数	费用标准（%）	
1	直接费	—	一类工程	二类工程
2	企业管理费	直接费中人工费＋机械费	9	7
3	利润		7	7
4	规费		11.6	
5	价款调整	按合同确认的方式、方法计算		
6	税金	［（1）＋（2）＋（3）＋（4）＋（5）］×3.45%、3.38%、3.25%		

第二节　我国现行工程计价模式

从我国工程造价改革的实践来看，目前工程计价是双轨并行，即定额计价模式和工程量清单计价模式并行，由工程的发包人进行选择。

一、传统定额计价模式

（一）传统定额计价模式的计价过程

传统定额计价模式计价是按预算定额规定的分部分项子目，逐项计算工程量，套用预算定额单价（或单位估价表）确定直接工程费，然后按规定的取费确定措施费、间接费、利润和税金，加上材料调差系数和适当的不可预见费，经汇总后即为工程预算或标底[4,6]。其计价程序如图4.2.1所示，工程造价计算过程如下：

（1）基本构造要素（假定建筑产品）的工料机单价＝人工费＋材料费＋施工机械使用费

其中，人工费＝∑（概预算定额人工消耗量×人工日工资单价）；

材料费＝∑（概预算定额材料消耗量×材料预算价格＋其他材料费）；

施工机械使用费＝∑（概预算定额台班消耗量×台班单价）。

（2）单位工程直接费＝∑（基本构造要素工程量×工料机单价）＋措施费

（3）单位工程概预算造价＝单位工程直接费＋间接费＋利润＋税金

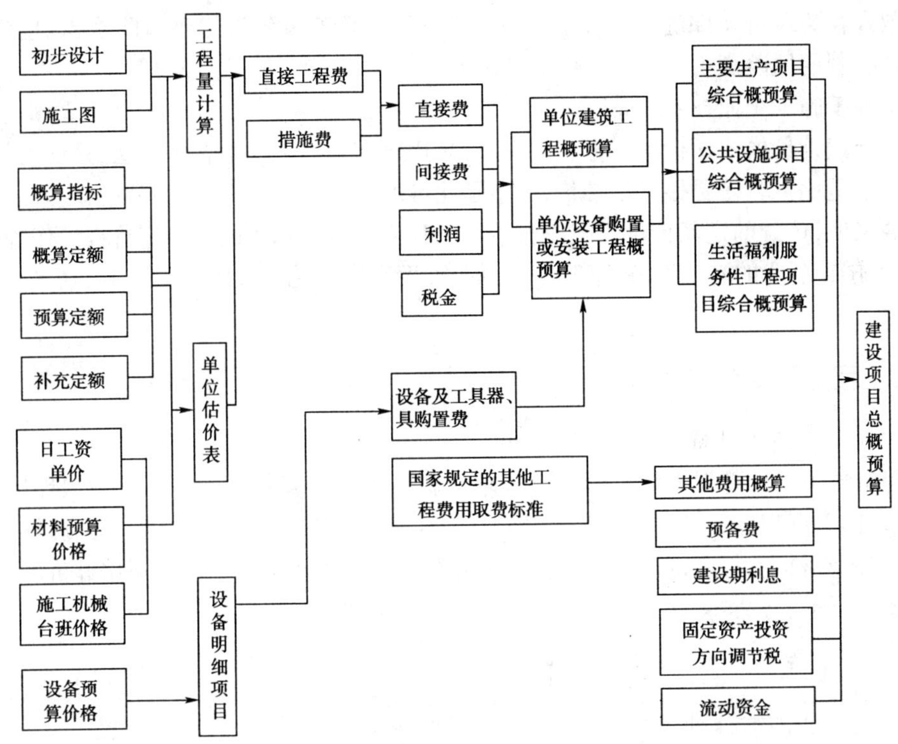

图 4.2.1　工程造价定额计价过程图

(4)单项工程概算造价 = ∑单位工程概预算造价 + 设备、工具、器具购置费

(5) 建设项目总概算 = ∑单项工程概算造价 + 其他工程费用概算 + 预备费 + 建设期利息 + 固定资产投资方向调节税 + 流动资金

(二)传统定额计价模式在价格形成中的缺陷

工程造价的计价具有多次性特点,在项目建设的各个阶段都要进行造价的预测与计算。在投资决策、初步设计、技术设计和施工图设计阶段,市场交易的另一方主体还没有真正出现,这时的工程造价还并不完全具备价格属性,工程造价的确定属于业主对投资费用管理的范畴,所以,在这些阶段中利用各种事先拟订好的各种定额资料进行造价管理是很正常的。

工程价格形成的主要阶段是招投标阶段,但由于我国的投资费用管理和工程价格管理模式并没有严格区分,所以长期以来在招投标阶段实行定额计价模式,这种模式存在以下的缺陷。

1. 未能提供投标人竞争的统一平台

招标人和各投标人按照同一定额、同一图纸、相同的施工方案、相同的技术规范重复计算工程量和套价,一方面存在大量重复劳动,另一方面工程量计算的误差可能影响投标总价,招标人未能提供统一的工程量作为竞争的基础。

2. 投标人的报价无法反映企业水平

作为投标人的报价,是按统一定额计算,不能按照自己的具体施工条件、施工设备和技术专长来确定施工方案,不能按照自己的采购优势来确定材料价格,不能按照企业的管理水平来确定工程的费用开支,企业的优势体现不到投标报价中。

3. 发、承包双方缺少市场经济风险的意识

作为投标人,工程一旦中标,工程结算时,人工、材料、机械价格按照造价管理部门颁发的

价差系数或相关调价文件进行调整。这种模式不利于培养承包人经营风险意识,也削弱了发包人投资控制的风险意识。

4. 不利于施工企业技术和管理的创新提高

传统定额计价模式招标实践中,评标通常采用设有基准价的综合评标法,这使得投标竞争很大程度上是比谁算得更接近基准价,而不是比谁的报价低。

总的来说,传统的定额计价模式没有给予工程交易双方真正的自主定价权。作为投标人,不能按照施工企业的自身情况合理报价;作为招标人,不能通过市场竞争选择理想的承包价格。

二、工程量清单计价模式

(一)工程量清单计价的基本过程

工程量清单计价是根据《计价规范》要求及施工图纸计算各个清单项目的工程量,形成工程量清单,再根据招标文件中的工程量清单和有关要求、施工现场实际及拟订的施工方案或施组,依据定额资料、工程造价信息和经验数据计算得到工程造价。工程量清单计价的基本过程如图 4.2.2 所示。

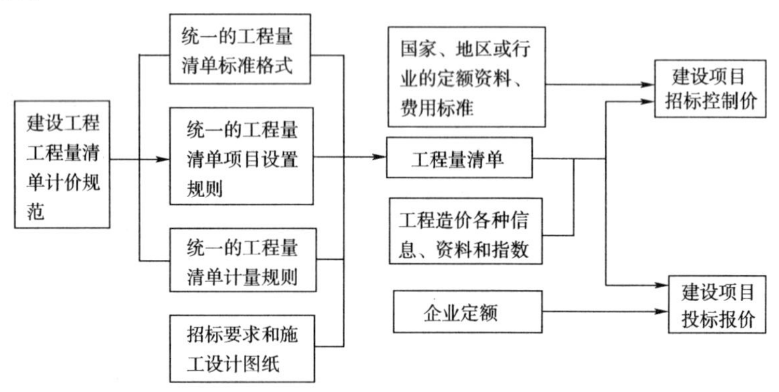

图 4.2.2 工程量清单计价的过程示意图

《计价规范》1.0.3 条强制性条文规定"全部使用国有资金投资或国有资金投资为主(以下二者简称"国有资金投资")的工程建设项目,必须采用工程量清单计价"。根据《工程建设项目招标范围和规模标准规定》(国家计委第 3 号令)的规定,国有资金投资的工程建设项目包括使用国有资金投资和国家融资投资的工程建设项目。国有资金投资的工程建设项目包括:①使用各级财政预算资金的项目;②使用纳入财政管理的各种政府性专项建设资金的项目;③使用国有企事业单位自有资金,并且国有资产投资者实际又有控制权的项目。国家融资资金投资的工程建设项目包括:①使用国家发行债券所筹资金的项目;②使用国家对外借款或者担保所筹资金的项目;③使用国家政策性贷款的项目;④国家授权投资主体融资的项目;⑤国家特许的融资项目。国有资金(含国家融资资金)为主的工程建设项目是指国有资金占投资 50% 以上或虽不足 50% 但国有投资者实质上拥有控股权的工程建设项目。

《计价规范》1.0.4 条规定"非国有资金投资的工程建设项目,可采用工程量清单计价"。这一条款包括三层含义:(1)对于非国有资金投资的工程建设项目,是否采用工程量清单方式计价由项目业主自主确定;(2)当确定采用工程量清单计价时,则应执行《计价规范》;(3)对于确定不采用工程量清单方式计价的非国有投资工程建设项目,可不执行工程量清单计价的专门性规定外,但仍应执行《计价规范》中关于工程价款调整、工程计量和价款支付、索赔与现场签证、竣工结算以及工程造价争议处理等条文。

从工程量清单计价的过程示意图中可以看出，其基本过程可以分为两个阶段：工程量清单的编制和利用工程量清单来编制投标报价（招标控制价）。

招标人的主要任务：正确编制工程量清单；按当时当地的有关定额、费用标准、资源市场价格等计价依据，合理确定工程招标控制价。

投标人的主要任务：根据招标人提供的工程量清单，结合现场实际和施工组织设计或施工方案，按照企业定额资源消耗水平、资源市场价及其他造价资料，自主确定投标报价。

（二）工程量清单计价的特点

与传统定额计价模式相比，招投标阶段采用工程量清单计价模式具有如下特点。

（1）招标人为投标人提供了共同的竞争平台。招标人提供的工程量清单，是投标人报价的共同平台，可以减少投标人计算工程量的重复劳动和失误，有利于提高工作效率。

（2）有利于企业自主报价。工程量清单计价模式下，投标人投标报价不必依靠统一的预算定额，而是按照企业的施工组织设计、企业定额、人材机市场价及企业自主确定的管理费水平、利润水平计算投标价。

（3）有利于业主在极限竞争状态下获得最合理的工程造价。清单计价模式下，采用经评审最低价中标评标方法，增加了综合实力强、社会信誉好企业的中标机会，更能体现招标的宗旨。

（4）有利于实现风险的合理分担。采用工程量清单计价方式后，招标人提供工程量清单，对清单的准确性负责；投标人根据工程量清单和企业自身情况填报价格。这种模式下，招标人也要承担工程量变化的风险，投标人对报价的准确性和完备性负责，这种格局符合风险合理分担的一般原则。

（5）实行最高限价制度。招标控制价是招标人根据国家或省级、行业建设主管部门颁发的有关计价依据和办法，按照施工图纸计算的，对招标工程限定的最高工程造价。实施工程量清单计价的工程招标时，为避免投标人串标、哄抬标价，招标人应编制招标控制价并在招标文件中公布，同时规定若投标人报价超过招标控制价，其投标将作废标处理。

（6）有利于激发企业创新工艺、提高管理水平的积极性。清单计价模式下，企业的竞争力通过较低的投标价来体现，要想在低价的情况下保证一定的利润，必须不断改进、革新施工工艺、改善施工组织和管理，以逐步降低企业成本，增强企业竞争力。

三、定额计价模式与清单计价模式的联系与区别

（一）两种计价模式联系

清单计价模式是在定额计价模式基础上发展起来的，适应市场经济条件的新计价模式，两种计价模式之间具有一定的传承性。

（1）目标相同。两种计价模式目标都是准确确定工程造价。

（2）计价程序主线相同。两种计价模式都要经过识图、计算工程量、套用定额、计算费用、汇总造价等主要程序。

（3）重点相同。准确计算工程量是两种计价模式共同的重点，这项工作涉及知识面宽，计算依据多，技术含量高。

（4）发生费用基本相同。两种计价模式都要计算直接费、间接费、利润、税金。

（5）计费方法基本相同。计费方法是指确定应计算哪些费用、计费基数是什么、计费费率

是多少等。两种计价模式中都有如何取费、取费基数、取费费率的规定。

(二)两种计价模式区别

1. 计价依据不同(表 4.2.1)

两种计价模式的计价依据 表 4.2.1

项 目	定 额 计 价	清 单 计 价
依据定额	按照政府主管部门颁发的预算定额	按照企业定额或选择其他合适的定额计算各项消耗量
人、材、机单价	预算定额基价或政府指导价	市场价(投标人据实际情况确定)
费用项目计算	费用计算根据政府主管部门颁发的费用计算程序规定的项目和费率计算	费用计算按照《计价规范》的规定,并结合拟建项目和本企业的具体情况由企业自主确定实际的费用项目和费率

2. 费用划分不同(表 4.2.2)

两种计价模式费用划分对比表 表 4.2.2

<table>
<tr><th colspan="3">清 单 计 价</th><th colspan="3">定 额 计 价</th></tr>
<tr><td rowspan="3">分部分项工程费</td><td>人工费
材料费
机械使用费</td><td>直接费</td><td rowspan="3">直接工程费</td><td rowspan="3">人工费
材料费
机械使用费</td><td rowspan="3">直接费</td></tr>
<tr><td>管理费</td><td>间接费</td></tr>
<tr><td>利润</td><td>利润</td></tr>
<tr><td>措施项目费</td><td>环境保护费、文明施工费、…</td><td rowspan="4">直接费
间接费
利润</td><td rowspan="2">措施费</td><td rowspan="2">环境保护费、文明施工费、…</td><td rowspan="2">直接费</td></tr>
<tr><td rowspan="3">其他项目费</td><td rowspan="3">暂列金额
暂估价
计日工
总承包服务费</td></tr>
<tr><td>企业管理费</td><td>管理人员工资、…</td><td>间接费</td></tr>
<tr><td>利润</td><td></td><td>利润</td></tr>
<tr><td>规费</td><td>工程排污费、…</td><td>间接费</td><td>规费</td><td>工程排污费、…</td><td>间接费</td></tr>
<tr><td>税金</td><td>营业税
城市维护建设税
教育费附加</td><td>税金</td><td>税金</td><td>营业税
城市维护建设税
教育费附加</td><td>税金</td></tr>
</table>

3. 计价特性不同

定额计价模式确定的工程造价具有计划价格的特性,工程量清单计价模式确定的工程造价具有市场价格的特性。

第三节 工程量计算概述

一、工程量与工程量计算

1. 工程量

工程量是指以物理计量单位或自然计量单位所表示的建筑工程各个分项工程或结构构件的实物数量。物理计量单位是指以度量表示的长度、面积、体积和质量等单位;自然计量单位是指以建筑成品表现在自然状态下的简单点数所表示的个、条、樘、块等单位。

工程量是确定工程量清单、进行工程计价、编制施工组织设计、安排工程施工进度、编制材料供应计划、进行统计工作和实现经济核算的重要依据。

2. 工程量计算依据

(1)施工图纸及设计说明书、相关图集、设计变更资料、图纸答疑、会审记录等。

(2)经审定的施工组织设计或施工方案。

(3)工程施工合同、招标文件的商务条款。

(4)工程量计算规则。

二、工程量计算的顺序

计算工程量应按照一定的顺序依次进行,既可以节省时间加快计算进度,又可以避免漏算或重复计算。

1. 单位工程计算顺序

(1)按施工顺序计算。按施工顺序计算法是按照工程施工顺序的先后次序来计算工程量。如一般民用建筑按照土方、基础、墙体、地面、楼面、屋面、门窗安装、外墙抹灰、内墙抹灰、喷涂、油漆、玻璃等顺序进行计算。用这种方法计算工程量,要求具有一定的施工经验,能掌握组织施工的全部过程,并且要求对定额及图样内容十分熟悉,否则容易漏项。

(2)按《计价规范》工程量清单项目设置顺序(或预算定额分部分项顺序)计算。即按照《计价规范》工程量清单项目设置顺序(或预算定额的章节、子项目)顺序,由前到后,逐项对照,列项计算,应注意核对项目内容与图样设计内容是否一致。这种方法,要求首先熟悉图纸,要有很好的工程设计基础知识。使用这种方法时还要注意:工程图样是按使用要求设计的,其平、立面造型、内外装修、结构形式以及内部设施千变万化,有些设计采用了新工艺、新材料,或有些零星项目套不上定额项目,在计算工程量时,应单列出来,待后面编补充定额或补充单位计价表。这种计算顺序法对初学人员尤为适用。

2. 单个分项工程计算顺序

(1)按顺时针方向计算法。按顺时针方向计算法就是先从平面图的左上角开始,自左至右,然后再由上而下,最后转回到左上角为止,这样按顺时针方向依次进行计算工程量。例如计算外墙、地面、天棚等分项工程,都可以按照此顺序进行计算。

(2)按"先横后竖、先上后下、先左后右"计算法。此法可用于计算内墙的挖沟槽、基础、墙体和各种间壁墙等工程量。

(3)按编号顺序计算。按照图样上注明的编号顺序计算,如钢筋混凝土构件、门窗、金属构件等,可按照图样的编号进行计算。

(4)按轴线顺序计算。对于复杂的分部工程,如墙体工程、装饰工程等,仅按上述顺序计算还可能发生重复或遗漏,这时可按图样上的轴线顺序进行计算,并将其部位以轴线号表示出来。

不论采用哪种计算顺序计算工程量,都不能有漏项少算或重复多算的现象发生。

三、统筹法计算工程量

实践表明,每个分项工程量计算虽有着各自的特点,但都离不开计算"线"、"面"之类的基数,它们在整个工程量计算中常常要反复多次使用。因此,可以运用统筹法原理,对每个分项工程的工程量进行分析,然后依据计算过程的内在联系,按先主后次、统筹安排计算顺序,使已算出的数据能为以后的分部分项工程的计算所利用,减少计算过程中的重复性,提高计算效率。

运用统筹法计算工程量的基本要点是:统筹程序、合理安排;利用基数、连续计算;一次算出、多次应用;结合实际、灵活机动。统筹法计算工程量的步骤:

1. 根据统筹法原理、工程量计算规则,设计出“计算工程量程序统筹图”

统筹图以“三线一面”作为基数,连续计算与之有共性关系的分项工程量,而与基数无共性关系的分项工程量则按图纸所示尺寸进行计算。

2. 计算基数,供以后各分项工程的工程量计算时反复多次运用

工程量计算基数并不确定,不同的工程可以归纳出不同的基数,但对于大多数工程而言,“三线一面”是其共有的基数。

(1)外墙中心线($L_{中}$):建筑物外墙的中心长度之和。$L_{中}$ 是用来计算外墙、女儿墙,外墙条形基础、垫层、挖地槽、地梁及外墙圈梁等分项工程工程量计算的基本尺寸。还应注意由于不同厚度墙体的定额单位不同,所以,$L_{中}$ 中应按不同墙厚分别计算,如 $L_{中37}$、$L_{中24}$。

(2)外墙外边线($L_{外}$):建筑物外墙的外边线长度之和。$L_{外}$ 是用来计算外墙装饰工程、挑檐、散水、勒脚、平整场地等分项工程工程量的基本尺寸。

(3)内墙净长线($L_{内}$):建筑物所有内墙的净长度之和。$L_{内}$ 是用来计算内墙、内墙条形基础、垫层、挖地槽、地梁及内墙圈梁等分项工程工程量的基础尺寸。应注意由于不同厚墙体单价不同,所以,$L_{内}$ 应按不同墙厚分层计算,如 $L_{内24}$、$L_{内37}$。

(4)底层建筑面积($S_{底}$):建筑物底层的建筑面积。

3. 按一定的计算顺序计算项目

这条主要是做到尽可能使前面项目的计算结果能运用于后面的计算中,以减少重复计算。

4. 联系实际,灵活机动

由于工程设计很不一致,对于那些不能用“线”和“面”基数计算的不规则的、较复杂的项目工程量的计算问题,要结合实际,灵活运用下列方法加以解决:

(1)分段计算法:如遇外墙的断面不同时,可采取分段法计算工程量;

(2)分层计算法:如遇多层建筑物,各楼层的建筑面积不同时,可用分层计算法;

(3)补加计量法:如带有墙柱的外墙,可先计算出外墙体积,然后加上砖柱体积;

(4)补减计算法:如每层楼的地面面积相同,地面构造除一层门厅为水磨面外,其余均为水泥砂浆地面,可先按每层都是水泥砂浆地面计量各楼层的工程量,然后再减去门厅的水磨面工程量。

第四节　建筑面积计算

一、建筑面积的概念

建筑面积又称建筑展开面积,是指建筑物各层水平投影面积之和。建筑面积包括使用面积、辅助面积和结构面积。使用面积是指建筑物各层平面布置中,可直接为生产或生活使用的净面积总和,净面积在民用建筑中,称为“居住面积”。辅助面积,是指建筑物各层平面布置中为辅助生产或生活所占净面积(如公共楼梯、公共走廊)的总和,辅助面积在民用建筑中称为公共面积。结构面积是指建筑物各层平面布置中结构部分的墙体、柱等所占面积的总和。

二、建筑面积的作用

建筑面积是指建筑物的水平平面面积,即外墙勒脚以上各层水平投影面积的总和。计算

建筑面积的作用，具体表现在如下几个方面。

(1)建筑面积是确定工程建设各项技术经济指标的基数。建筑面积是核算估算、概算、预算工程造价的一个重要基础数据，如单位面积造价＝工程造价/建筑面积。

(2)建筑面积是计算和确定工程造价的基础。概算指标通常是以建筑面积为计量单位，用概算指标编制概算时，要以建筑面积为计算基础。建筑面积是计算有关分项工程量的依据，如根据底层建筑面积，就可以很方便地推算出室内回填体积、地(楼)面面积和天棚面积等。另外，建筑面积也是脚手架、垂直运输机械费用的计算依据。

(3)建筑面积是国家进行建设工程数据统计、固定资产宏观调控的重要指标。

(4)建筑面积是房地产交易、工程承发包交易、建筑工程有关运营费用的核定等的一个关键指标。

三、建筑面积计算方法

建筑面积计算方法依据《建筑工程建筑面积计算规范》(GB/T 50353—2005)(以下简称《建筑面积计算规范》)加以介绍。

(一)计算建筑面积的规定

(1)单层建筑物的建筑面积，应按其外墙勒脚以上结构外围水平面积计算，并应符合下列规定：

①单层建筑物高度在2.20m及以上者应计算全面积；高度不足2.20m者应计算1/2面积。

②利用坡屋顶内空间时净高超过2.10m的部位应计算全面积；净高在1.20m至2.10m的部位应计算1/2面积；净高不足1.20m的部位不应计算面积。

所谓勒脚是建筑物外墙与室外地面或散水接触部位墙体的加厚部分，其高度一般为室内地坪与室外地面的高差，也有的将勒脚高度提高到底层窗台，它起着保护强身和增加建筑物立面美观的作用。因为勒脚是墙根很矮的一部分墙体加厚，不能代表整个外墙结构，因此要扣除勒脚墙体加厚部分。

单层建筑物的高度指室内地面标高至屋面板板面结构标高之间的垂直距离。遇有以屋面板找坡的平屋顶单层建筑物，其高度指室内地面标高至屋面板最低处板面结构标高之间的垂直距离。净高指楼面或地面至上部楼板底面或吊顶底面之间的垂直距离。

图4.4.1中即为单层建筑建筑面积，其计算公式为：$S = B \times L$。

(2)单层建筑物内设有局部楼层者，局部楼层的二层及以上楼层，有围护结构的应按其围护结构外围水平面积计算，无围护结构的应按其结构底板水平面积计算。层高在2.20m及以上者应计算全面积；层高不足2.20m者应计算1/2面积。

所谓层高是指上下两层楼面结构标高之间的垂直距离。建筑物最底层的层高，有基础底板的指基础底板上表面结构标高至上层楼面的结构标高之间的垂直距离；没有基础底板的指室内地面标高至上层楼面结构标高之间的垂直距离。最上一层的层高是指楼面结构标高至屋面板板面结构标高之间的垂直距离，遇有以屋面板找坡的屋面，层高指楼面结构标高至屋面板最低处板面结构标高之间的垂直距离。

图4.4.2所示为局部2层单层建筑物建筑面积，其计算公式为：$S = B \times L + b \times l$。

(3)多层建筑物首层应按其外墙勒脚以上结构外围水平面积计算；二层及以上楼层应按其外墙结构外围水平面积计算。层高在2.20m及以上者应计算全面积；层高不足2.20m者应计算 1/2 面积。

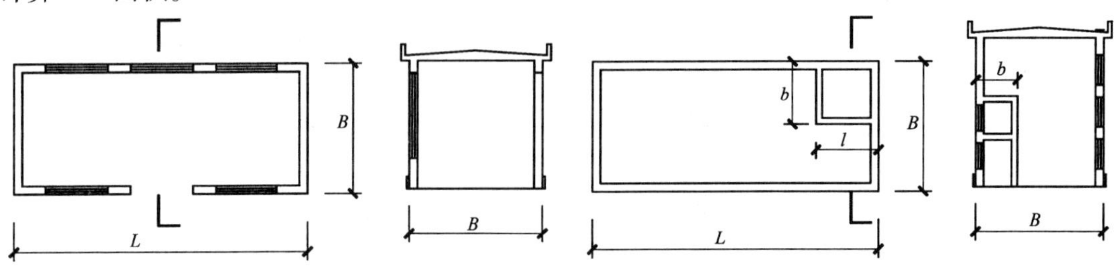

图 4.4.1　单层建筑的建筑面积　　　　图 4.4.2　设有部分楼层的单层建筑物

(4)多层建筑坡屋顶内和场馆看台下，当设计加以利用时净高超过 2.10m 的部位应计算全面积；净高在 1.20m 至 2.10m 的部位应计算 1/2 面积；当设计不利用或室内净高不足1.20m 时不应计算面积。

(5)地下室、半地下室(车间、商店、车站、车库、仓库等)，包括相应的有永久性顶盖的出入口，应按其外墙上口(不包括采光井、外墙防潮层及其保护墙)外边线所围水平面积。层高在 2.20m 及以上者应计算全面积；层高不足 2.20m 者应计算 1/2 面积。

(6)坡地的建筑物吊脚架空层、深基础架空层，设计加以利用并有围护结构的，层高在 2.20m及以上的部位应计算全面积；层高不足 2.20m 的部位应计算 1/2 面积。设计加以利用、无围护结构的建筑吊脚架空层，应按其利用部位水平面积的 1/2 计算；设计不利用的深基础架空层、坡地吊脚架空层、多层建筑坡屋顶内、场馆看台下的空间不应计算面积。

(7)建筑物的门厅、大厅按一层计算建筑面积。门厅、大厅内设有回廊时，应按其结构底板水平面积计算。层高在 2.20rn 及以上者应计算全面积；层高不足 2.20m 者应计算 1/2 面积。

(8)建筑物间有围护结构的架空走廊，应按其围护结构外围水平面积计算。层高在2.20m 及以上者应计算全面积；层高不足 2.20m 者应计算 1/2 面积。有永久性顶盖无围护结构的应按其结构底板水平面积的 1/2 计算。

(9)立体书库、立体仓库、立体车库，无结构层的应按一层计算，有结构层的应按其结构层面积分别计算。层高在 2.20m 及以上者应计算全面积；层高不足 2.20m 者应计算 1/2 面积。

(10)有围护结构的舞台灯光控制室，应按其围护结构外围水平面积计算。层高在 2.20m 及以上者应计算全面积；层高不足 2.20m 者应计算 1/2 面积。

(11)建筑物外有围护结构的落地橱窗、门斗、挑廊、走廊、檐廊(图 4.4.3 ~ 图 4.4.5)，应按其围护结构外围水平面积计算。层高在 2.20m 及以上者应计算全面积；层高不足 2.20m 者应计算 1/2 面积。有永久性顶盖无围护结构的应按其结构底板水平面积的 1/2 计算。

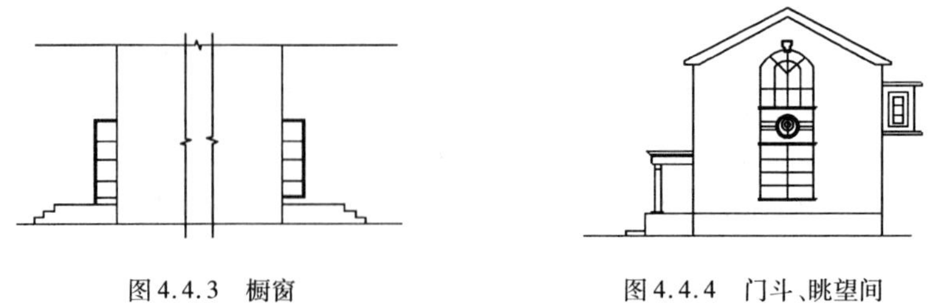

图 4.4.3　橱窗　　　　图 4.4.4　门斗、眺望间

(12)有永久性顶盖无围护结构的场馆看台应按其顶盖水平投影面积的 1/2 计算。

“场馆”实质上是指“场”(如：足球场、网球场等)看台上有永久性顶盖部分。“馆”应是有永久性顶盖和围护结构的,应按单层或多层建筑相关规定计算面积。

(13)建筑物顶部有围护结构的楼梯间、水箱间、电梯机房等,层高在 2.20m 及以上者应计算全面积;层高不足 2.20m 者应计算 1/2 面积,如图 4.4.6 所示。

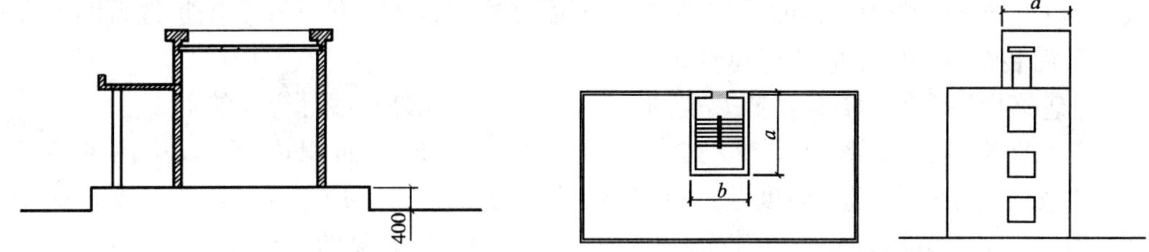

图 4.4.5　走廊与檐廊　　　　图 4.4.6　突出屋面楼梯间

如遇建筑物屋顶的楼梯间是坡屋顶,应按坡屋顶的相关规定计算建筑面积。

(14)设有围护结构不垂直于水平面而超出底板外沿的建筑物,应按其底板面的外围水平面积计算。层高在 2.20m 及以上者应计算全面积;层高不足 2.20m 者应计算 1/2 面积。

设有围护结构不垂直于水平面而超出底板外沿的建筑物是指向建筑物外倾斜的墙体,若遇有向建筑物内倾斜的墙体,应视为坡屋顶,应按坡屋顶有关规定计算面积。

(15)建筑物内的室内楼梯间、电梯井、观光电梯井、提物井、管道井、通风排气竖井、垃圾道、附墙烟囱应按建筑物的自然层计算。

建筑物的自然层是指按楼板、地板结构分层的楼层。室内楼梯间的面积,应按楼梯依附的建筑物的自然层数计算并入建筑物面积内。若电梯井附在主体墙外(图 4.4.7),应按建筑物楼层自然层乘以电梯井投影面积计算建筑面积;电梯井两边自然层不相同(图 4.4.8)共用该电梯,则按楼层较多一边的层数乘以电梯井投影面积计算建筑面积。遇跃层建筑,其共用的室内楼梯应按自然层计算面积;上下两错层户室共用的室内楼梯,应选上一层的自然层计算面积。

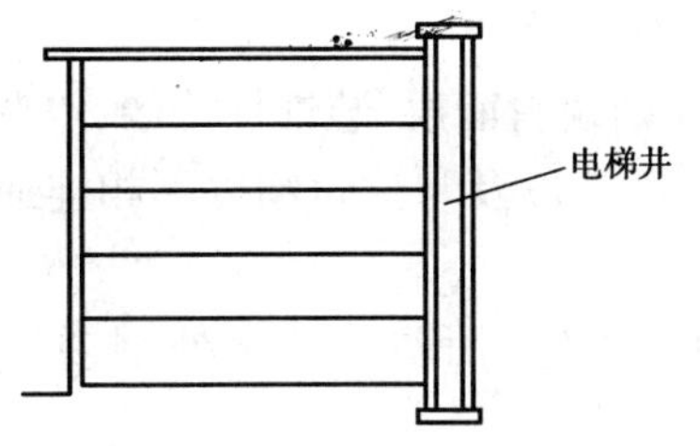

图 4.4.7　电梯井附在主体墙外

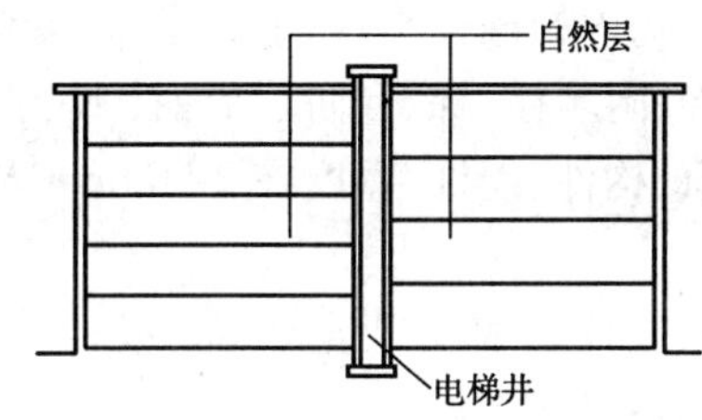

图 4.4.8　电梯井两边自然层不同

(16)雨篷结构的外边线至外墙结构外边线的宽度超过 2.10m 者,应按雨篷结构板的水平投影面积的 1/2 计算。此处有柱雨篷和无柱雨篷的计算方法一致。

(17)有永久性顶盖的室外楼梯,应按建筑物自然层的水平投影面积的 1/2 计算。若是室外楼梯,最上层楼梯无永久性顶盖,或不能完全遮盖楼梯的雨篷,上层楼梯不计算面积,上层楼梯可视为下层楼梯的永久性顶盖,下层楼梯应计算面积。

(18)建筑物的阳台均应按其水平投影面积的 1/2 计算。阳台是指供使用者进行活动和晾晒衣物的建筑空间。建筑物的阳台不论是凹阳台、挑阳台、封闭阳台还是不封闭阳台,均按其水平投影面积的一半计算。

(19)有永久性顶盖无围护结构的车棚、货棚、站台、加油站、收费站等,应按其顶盖水平投影面积的 1/2 计算。在车棚、货棚、站台、加油站、收费站内设有有围护结构的管理室、休息室等，另按相关规定计算面积。

(20)高低联跨的建筑物，应以高跨结构外边线为界分别计算建筑面积，如图 4.4.9 所示；其高低跨内部连通时，其变形缝应计算在低跨面积内。

(21)以幕墙作为围护结构的建筑物，应按幕墙外边线计算建筑面积。围护性幕墙应计算建筑面积，而装饰性幕墙不应计算建筑面积。

(22)建筑物外墙外侧有保温隔热层的，应按保温隔热层外边线计算建筑面积。

(23)建筑物内的变形缝，应按其自然层合并在建筑物面积内计算，见图 4.4.10、图 4.4.11。变形缝是伸缩缝（温度缝）、沉降缝和抗震缝的总称。所谓建筑物内的变形缝是与建筑物相连通的变形缝，即暴露在建筑物内，在建筑物内可以看见的变形缝。

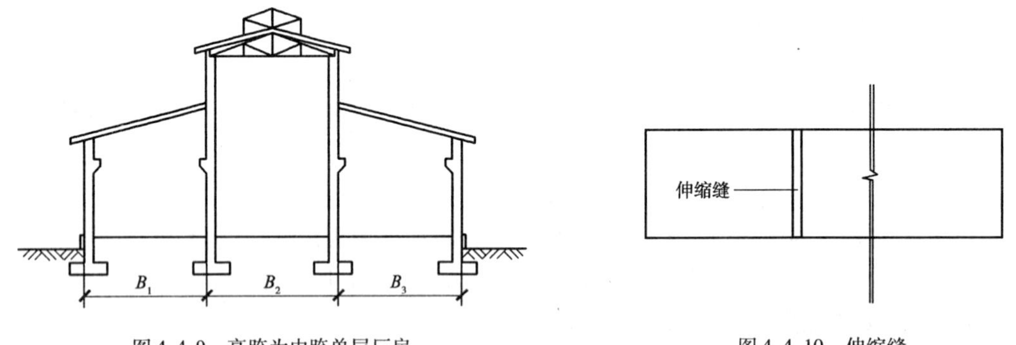

图 4.4.9　高跨为中跨单层厂房　　图 4.4.10　伸缩缝

(二)不应计算面积的项目

(1)建筑物通道(骑楼、过街楼的底层)。

(2)建筑物内的设备管道夹层。

(3)建筑物内分隔的单层房间，舞台及后台悬挂幕布、布景的天桥、挑台等。

(4)屋顶水箱、花架、凉棚、露台、露天游泳池。

(5)建筑物内的操作平台、上料平台、安装箱和罐体的平台。

(6)勒脚、附墙柱、垛、台阶、墙面抹灰、装饰面、镶贴块料面层、装饰性幕墙、空调机外机搁板(箱)、飘窗、构件、配件、宽度在 2 100mm 及以内的雨篷以及与建筑物内不相连通的装饰性阳台、挑廊。

(7)无永久性顶盖的架空走廊、室外楼梯和用于检修、消防等的室外钢楼梯、爬梯，见图4.4.12。

(8)自动扶梯、自动人行道。

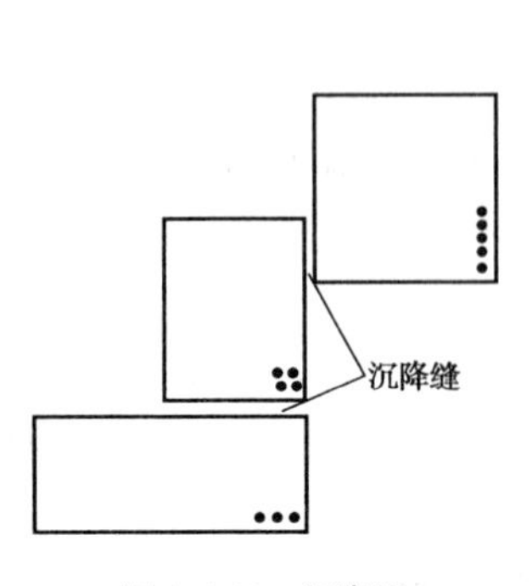

图 4.4.11　沉降缝

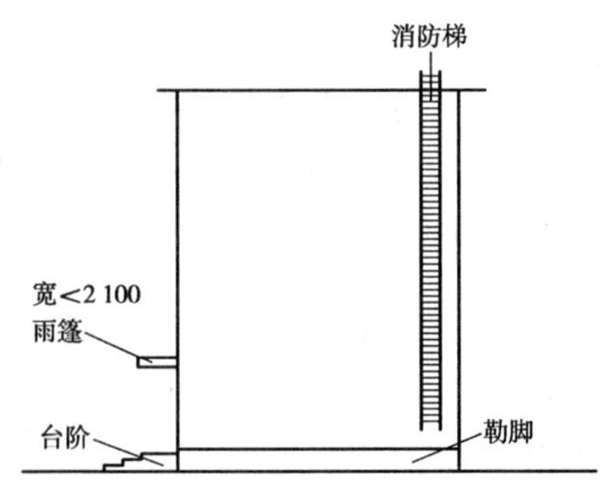

图 4.4.12　爬梯示意图(尺寸单位:mm)

(9)独立烟囱、烟道、地沟、油(水)罐、气柜、水塔、储油(水)池、储仓、栈桥、地下人防通道、地铁隧道。

【例4.4.1】 某建筑物为一栋七层底框结构房屋。首层为现浇钢筋混凝土框架结构,层高为6.0m,2~7层为砖混结构,层高均为2.8m。利用深基础架空层作设备层,其层高为2.2m,架空层外围水平面积774.19m^2。建筑设计外墙厚均为240mm,外墙轴线尺寸(墙厚中线)为15×50m;第1~5层外围面积均为765.66m^2;第6层和第7层外墙的轴线尺寸为6×50m。第1层设有带柱雨篷,柱外边线至外墙结构外边线为4m,雨篷顶盖结构部分水平投影面积为40m^2。另在第5~7层有一带顶盖室外消防楼梯,其每层水平投影面积为15m^2。试计算该建筑物的建筑面积。

解:建筑面积 $= S_{深基础架空层} + S_{室外楼梯} + S_{雨篷} + S_{标准} + S_{6、7层}$

$= 774.19 + 15 \times 2 \times 1/2 + 40 \times 1/2 + 765.66 \times 5 + (6 + 0.24) \times (50 + 0.24) \times 2$

$= 5\ 264.48\text{m}^2$

第五章 投资估算

第一节 投资估算概述

一、投资估算的概念

投资估算是指在建设项目的决策过程中，依据已有的资料，运用一定方法和手段，对建设项目总投资数额（包括工程造价和流动资金）进行的估计。

我国现阶段建设项目总投资费用构成包括建筑工程费、设备及工器具购置费、安装工程费、工程建设其他费用、基本预备费、涨价预备费、建设期利息、固定资产投资方向调节税、流动资金[4,7]。

投资估算文件一般由封面、签署页、编制说明、投资估算分析、总投资估算表、单项工程估算表、主要技术经济指标等内容组成[8]。

二、投资估算的作用

投资估算是建设项目的项目建议书、可行性研究报告的重要组成部分，其准确与否直接影响项目的决策、工程规模、投资经济效果，并影响到工程建设能否顺利进行。在拟建项目的全面论证中，既要考虑技术上的可行性，还要考虑经济上的合理性，而投资估算作为论证拟建项目的一种经济文件，有着极其重要的作用。具体来看，有以下几点：

(1)投资估算是项目主管部门审批项目建议书和可行性研究报告的依据之一，并对制定项目规划、控制项目规模起参考作用；

(2)投资估算是项目筹资决策和投资决策的重要依据，对于确定筹资方式，进行经济评价和方案优选起着重要作用；

(3)投资估算是编制初步设计概算的依据，同时还对初步设计概算起控制作用，是项目投资控制目标之一。

三、投资估算的阶段划分与精度要求

投资估算贯穿于建设项目投资决策全过程，国内外投资估算阶段划分与精度要求稍有差异，见表5.1.1。

国内外投资估算阶段划分与误差要求 表5.1.1

序号	国外		国内	
	阶段名称	误差(%)	阶段名称	误差(%)
一	项目投资设想阶段(毛估阶段、比照估算)	>30	项目规划阶段	>30
二	项目投资机会研究阶段(粗估阶段、因素估算)	<30	项目建议书阶段	<30

续上表

序号	国　外		国　内	
	阶段名称	误差(%)	阶段名称	误差(%)
三	项目初步可行性研究阶段(初步估算阶段、认可估算)	<20	项目初步可行性研究阶段	<20
四	项目详细可行性研究阶段(确定估算、控制估算)	<10	项目详细可行性研究阶段	<10
五	项目设计阶段(详细估算、投标估算)	<5		

我国的投资估算由于在不同的阶段所具备的条件和掌握的资料不同,因而投资估算的准确程度不同,作用也不相同。

(1)项目规划阶段。此阶段有关部门根据国民经济发展规划、地区发展规划和行业发展规划的要求,编制项目规划书,粗略估算项目投资额。

(2)项目建议书阶段。此阶段主要是按照项目建议书中的产品方案、项目建设规模、主要生产工艺、车间组成、初选建厂地点等,估算项目的投资额,以判断项目是否需要进行下一阶段工作。该阶段的投资估算是相关管理部门审批项目建议书、初步选择投资项目的主要依据之一,对初步可行性研究及投资估算起指导作用。

(3)初步可行性研究阶段。此阶段主要是在掌握了更详细、更深入的资料条件下,估算项目所需的投资额,其作用是为了确定是否进行详细可行性研究。

(4)详细可行性研究阶段。此阶段主要是进行全面、详细、深入的技术经济分析论证,评价和选择拟建项目的最佳投资方案,对项目的可行性提出结论性意见。该阶段投资估算是进行详尽经济评价、决定项目可行性、选择最佳投资方案的主要依据,也是编制设计文件、控制初步设计及概算的主要依据。

由于受客观条件限制,不同建设阶段的投资估算精确度要求不同。一般来说,建设阶段越接近后期,确定因素越多,投资估算越接近实际投资;同一建设阶段,市场变化信息掌握越充分、不确定因素分析越全面,投资估算越接近实际投资。

四、投资估算的编制依据

(1)国家、行业和地方政府的有关规定;

(2)工程勘察与设计文件,图示计量或有关专业提供的主要工程量和主要设备清单;

(3)行业部门、项目所在地工程造价管理机构或行业协会等编制的投资估算指标、概算指标(定额)、工程建设其他费用定额(标准)、综合单价、价格指数和有关造价文件等;

(4)类似工程的各种技术经济指标和参数;

(5)工程所在地的同期的工、料、机市场价格,建筑、工艺及附属设备的市场价格和有关费用。

(6)政府有关部门、金融机构等部门发布的价格指数、利率、汇率、税率等有关参数;

(7)与建设项目相关的工程地质资料、设计文件、图纸及现场有关情况(水、电、交通、水文地质条件等)。

第二节　投资估算的编制

建设项目投资估算应根据主体专业设计的阶段和深度,结合项目采用生产工艺特点及已掌握的估算基础资料和数据的合理、完整程度,选择适用合理的估算办法来编制。

一、固定资产投资估算

（一）静态投资估算方法

1. 生产能力指数法

这种方法根据已建成的、性质类似的建设项目或生产装置的生产能力和投资额以及拟建项目或生产装置的生产能力进行估算拟建项目的投资额[9]。

其计算公式为：
$$C_2 = C_1\left(\frac{Q_2}{Q_1}\right)^n \cdot f$$

式中：C_1——已建类似项目或装置的投资额；

C_2——拟建项目或装置的投资额；

Q_1——已建类似项目或装置的生产能力；

Q_2——拟建项目或装置的生产能力；

f——不同建设时期、不同建设地点而产生的定额水平、设备购置和建筑安装材料价格、费用变更和调整等综合调整系数；

n——生产能力指数，$0 \leqslant n \leqslant 1$。

若已建类似项目或装置的规模和拟建项目或装置的规模相差不大，生产规模比值在0.5～2之间，则指数 n 的取值近似为1。若已建类似项目或装置的规模和拟建项目或装置的规模相差不大于50倍，且拟建项目规模的扩大仅靠增大设备规模来达到时，则 n 取值在0.6～0.7之间；若是靠增加相同规格设备的数量达到时，n 的取值在0.8～0.9之间。

生产能力指数法主要适用于项目建议书阶段，设计深度不足，拟建项目与类似项目规模不同，设计定型并系列化，行业相关指数和系数等基础资料完备的情况。采用这种方法，计算简便、速度快；但要求类似工程的资料可靠，条件基本相同，否则误差会增大。

【例5.2.1】 已知建设年产30万吨乙烯装置的投资额为60 000万元，试用生产能力指数法估算建设年产70万吨乙烯装置的投资额？（生产能力指数 $n=0.6$，$f=1.2$）。

解：$C_2 = C_1\left(\frac{Q_2}{Q_1}\right)^n \cdot f = 60\ 000 \times \left(\frac{70}{30}\right)^{0.6} \times 1.2 = 119\ 706.73$（万元）

【例5.2.2】 若将上例设计中的化工生产系统的生产能力提高两倍，投资额应增加多少？（$n=0.6$，$f=1$）

解：$\frac{C_2}{C_1} = \left(\frac{Q_2}{Q_1}\right)^n = \left(\frac{3}{1}\right)^{0.6} = 1.9$

计算结果表明：生产能力提高两倍，投资额需增加90%。

2. 系数估算法

系数估算法是根据已知的拟建项目的主体工程费或主要生产工艺设备费为基数，以其他辅助或配套工程费占主体工程费或主要生产工艺设备费的百分比为系数，估算拟建项目相关投资额。该方法主要应用于项目建议书阶段，设计深度不足，拟建项目与类似项目的主体工程费或主要生产工艺设备投资比重较大，行业内相关系数等基础资料完备的情况。系数估算法种类很多，下面介绍主要的几种类型。

（1）设备系数法。以拟建项目的设备费为基数，根据已建成的同类项目的建筑安装工程费和其他费用等占设备价值的百分比，求出相应的建筑安装工程及其他工程费，其总和即为拟建项目投资额。

其计算公式为：　　$C=E(1+f_1P_1+f_2P_2+f_3P_3+\cdots)+I$

式中：　C——拟建项目的投资额；

E——拟建项目设备费[根据拟建项目的设备清单按当时、当地价格计算的设备费(含运杂费)的总和]；

P_1、P_2、P_3、…——已建项目中建筑、安装及其他工程费等占设备费的百分比；

f_1、f_2、f_3、…——由于时间因素引起上述各费用在定额、价格、费用标准等方面变化的综合调整系数；

I——拟建项目的其他费用。

(2)主体专业系数法。以拟建项目中的最主要、投资比重较大并与生产能力直接相关的工艺设备投资(包括运杂费及安装费)为基数，根据已建同类项目的有关统计资料，计算出拟建项目的各专业工程(总图、土建、采暖、给排水、管道、电气及电信、自控及其他费用)占工艺设备投资的百分比，据以求出各专业的投资，然后把各部分投资费用(包括工艺设备费)相加求和，再加上拟建项目其他费用，即为拟建项目的总投资。

其计算公式为：　　$C=E'(1+f_1P'_1+f_2P'_2+f_3P'_3+\cdots)+I$

式中：　C——拟建项目的投资额；

E'——拟建项目中的最主要、投资比重较大并于生产规模直接相关的工艺设备的投资(包括运杂费及安装费)；

P'_1、P'_2、P'_3、…——已建同类型项目中各专业工程费用占工艺设备费用的百分比；

其他符号同前。

【例5.2.3】　已知年产1 250万吨的某工业产品项目，设备投资额为2 050万元，其他附属项目投资(包括直接费、间接费、利润、税金)占设备投资比例以及拟建项目综合调整系数见表5.2.1。若拟建2 000万吨同类产品的项目，各项费率为直接费的比例为：间接费率9.5%，利润率8%，税率3.5%，与工程项目建设有关的其他费用占项目总投资的25%。求拟建项目总投资(设备投资按生产能力指数法估算，$n=0.6$)。

其他附属项目直接费占设备投资比例及拟建项目的综合调整系数　　表5.2.1

序　号	工程名称	占设备比例(%)	综合调整系数
一	生产项目		
1	土建工程	36.3	1.10
2	设备安装工程	12.1	1.20
3	工艺管道工程	4.84	1.05
4	给排水工程	9.68	1.10
5	暖通工程	10.89	1.10
6	电器照明工程	12.1	1.10
7	自动化仪表	10.89	1.00
8	设备购置投资	100	1.20
二	附属工程	24.2	1.10
三	总体工程	12.1	1.30

解：设备投资额 $E = 2\,050 \times \left(\frac{2\,000}{1\,250}\right)^{0.6} \times 1.2 = 3\,261.42$（万元）

$\because I = 25\% \cdot C$，根据主体专业系数法计算公式，可得 $C = E\frac{(1+\sum f_i P_i)}{1-25\%}$

估算项目总投资：

$$C = \frac{3\,261.42 \times [1+(36.3+9.68+10.89+12.1+24.2)\% \times 1.1+12.1\% \times 1.2+4.84\% \times 1.05+10.89\% \times 1+12.1\% \times 1.30]}{1-0.25}$$

$$= \frac{3\,261.42 \times 2.487}{0.75} = \frac{8\,111.15}{0.75} = 10\,814.87\text{（万元）}$$

（3）朗格系数法。以设备费为基数，乘以适当系数来推算项目的建设费用。计算公式为：

$$C = E(1+\sum K_i)K_c$$

式中：C——总建设费用；

E——设备费用；

K_i——管线、仪表、建筑物等项费用的估算系数；

K_c——包括管理费、合同费、应急费等间接费在内的总估算系数。

总建设费与设备费用之比为朗格系数 K_1。即：

$$K_1 = (1+\sum K_i)K_c$$

此法比较简单，但没有考虑设备规格及材质的差异、不同地区自然条件和经济条件的差异等，所以精度不高，估算误差在10%～15%。

【例5.2.4】 在某地建设一座年产30万套汽车轮胎的工厂，已知该厂预计的设备费为2 204万美元，根据表5.2.2所给出的计算内容及方法，求出朗格系数，并估算该工厂的投资。

某工厂的投资计算内容及方法 表5.2.2

项　目	估算系数	项　目	估算系数
设备费（E）	—	电气、仪表、建筑工程费	0.79
设备基础、绝热、油漆及设备安装工程费	0.43	包括管理费等间接费在内的总费用	1.31
配管工程费	0.14		

解：设备费　$E = 2\,204$（万美元）

朗格系数　$K_1 = (1+0.43+0.14+0.79) \times 1.31 = 3.09$

根该工厂的投资为　$C = 2\,204 \times 3.09 = 6\,810.36$（万美元）

3. 比例估算法

比例估算法是根据已知的同类建设项目主要生产工艺设备投资占整个建设项目的投资比例，先逐项估算出拟建项目主要生产工艺设备投资，再按照比例估算拟建项目投资额。该方法主要应用于项目建议书阶段，设计深度不足，拟建项目与类似项目的主要生产工艺设备投资比重较大，行业内相关系数等基础资料完备的情况。其计算公式为：

$$C = \frac{1}{K}\sum_{i=1}^{n} Q_i P_i$$

式中：C——拟建项目投资额；

K——主要生产工艺设备费占拟建项目投资的比例；

n——主要生产工艺设备的种类；

Q_i——第 i 种主要生产工艺设备的数量；

P_i——第 i 种主要生产工艺设备的购置费（到厂价格）。

4. 指标估算法

指标估算法是把拟建项目以单项工程或单位工程,按建设内容纵向划分为各个主要生产设施、辅助及公用设施、行政及福利设施及各项其他基本建设费用,按费用性质横向划分为建筑工程、设备购置、安装工程等,根据各种具体的投资估算指标,进行各单位工程或单项工程投资的估算,在此基础上汇集编制成拟建项目的各个单项工程费用或拟建项目工程费用投资估算。再按相关规定估算工程建设其他费用、预备费、建设期利息等,形成拟建项目总投资。

指标估算法是投资估算编制的主要方法,在设计深度允许的情况下,应首先采用指标估算法。对于可行性研究阶段,原则上应采用指标估算法编制拟建项目投资估算,以保证编制精度。在条件具备时,对于对投资有重大影响的主体工程应估算出分部分项工程量,套用相关综合定额(概算指标)或概算定额编制。应注意,采用这种方法时,当套用的指标与具体工程之间的标准或条件有差异时,应加以必要的局部换算或调整。

5. 涨价预备费、建设期利息及固定资产投资方向调节税的估算

涨价预备费、建设期利息、固定资产投资方向调节税的估算,可利用第二章第五节介绍的计算方法进行估算。

二、流动资金的估算

流动资金估算一般可采用扩大指标估算法和分项详细估算法。

1. 扩大指标估算法

扩大指标估算法是按流动资金占某种基数的比率来估算流动资金。一般常用基数有销售收入、经营成本、总成本费用和固定资产投资等,依行业习惯确定采用的基数。所采用比率根据经验确定,或根据同类企业的实际资料确定,或依行业、部门给定的参考值确定。该法简便易行,但准确度不高,适用于项目建议书阶段的流动资金估算。

(1)年产值(或销售收入)资金率估算法

流动资金额 = 年产值(年销售收入额) × 产值(销售收入)资金率

【例 5.2.5】 某项目投产后的年产值为 2 亿元,同类企业的百元产值流动资金占用额为 18 元,试求该项目流动资金估算额。

解:流动资金额 = 20 000 × 18 ÷ 100 = 3 600 万元

(2)年经营成本(年总成本)资金率估算法

流动资金额 = 年经营成本(年总成本) × 经营成本资金率(总成本资金率)

(3)固定资产投资资金率估算法

流动资金额 = 固定资产投资 × 固定资产投资资金率

(4)单位产量资金率估算法

流动资金额 = 年生产能力 × 单位产量资金率

2. 分项详细估算法(分项定额估算法)

分项详细估算法是根据周转额与周转速度之间的关系,对构成流动资金的各项流动资产和流动负债分别进行估算。可行性研究阶段的流动资金估算应采用分项详细估算法,计算公式如下:

流动资金 = 流动资产 − 流动负债

流动资产 = 应收账款 + 预付账款 + 存货 + 现金

流动负债 = 应付账款 + 预收账款

流动资金本年增加额 = 本年流动资金 - 上年流动资金

流动资金估算的具体步骤是首先确定各分项最低周转天数，计算出周转次数，然后进行分项计算。

(1)周转次数的计算

周转次数 = 360 天/最低周转天数

各类流动资产和流动负债的最低周转天数参照同类企业的平均周转天数并结合项目特点进行确定，或按部门(行业)规定，在确定最低周转天数时应考虑储存天数、在途天数，并考虑适当保险系数。

(2)流动资产的估算

①存货的估算。存货是指企业在日常生产经营过程中持有以备出售，或者仍然处在生产过程，或者在生产或提供劳务过程中将消耗的材料或物料等，包括各类材料、商品、在产品、半成品和产成品等。为简化计算，项目评价中仅考虑外购原材料、燃料、其他材料、在产品和产成品，并分项进行计算。计算公式为：

存货 = 外购原材料、燃料 + 其他材料 + 在产品 + 产成品

外购原材料、燃料 = 年外购原材料、燃料费用/分项周转次数

其他材料 = 年其他材料费用/其他材料周转次数

在产品 = (年外购原材料、燃料动力费用 + 年工资及福利费 + 年修理费 + 年其他制造费用)/在产品周转次数

产成品 = (年经营成本 - 年营业费用)/产成品周转次数

其他制造费用是指由制造费用中扣除生产单位管理人员工资及福利费、折旧费、修理费后的其余部分。

②应收账款估算。应收账款是指企业对外销售商品、提供劳务尚未收回的资金，计算公式为：

应收账款 = 年经营成本/应收账款周转次数

③预付账款估算。预付账款是指企业为购买各类材料、半成品或服务所预先支付的款项，计算公式为：

预付账款 = 外购商品或服务年费用金额/预付账款周转次数

④现金需要量估算。项目流动资金中的现金是指为维持正常生产运营必须预留的货币资金，计算公式为：

现金 = (年工资及福利费 + 年其他费用)/现金周转次数

年其他费用 = 制造费用 + 管理费用 + 营业费用 - (以上三项费用中所含的工资及福利费、折旧费、摊销费、修理费)

(3)流动负债估算。流动负债是指将在一年(含一年)或者超过 1 年的一个营业周期内偿还的债务，包括短期借款、应付票据、应付账款、预收账款、应付工资、应付福利费、应付股利、应交税金、其他暂收应付款项、预提费用和一年内到期的长期借款等。在项目评价中，流动负债的估算可以只考虑应付账款和预收账款两项。计算公式为：

应付账款 = 外购原材料、燃料动力及其他材料年费用/应付账款周转次数

预收账款 = 预收的营业收入年金额/预收账款周转次数

【例 5.2.6】 某建设项目预计投产后定员 800 人，每人每年工资和福利费 9 000 元。每年的其他费用 540 万元(其中其他制造费用 400 万元)。年外购原材料、燃料动力费为 6 480 万

元。年修理费为 680 万元。年经营成本为 8 400 万元。各项流动资金的最低周转天数分别为:应收账款 30d,现金 40d,应付账款 30d,存货 40d。试用分项详细估算法估算建设项目的流动资金。

解:(1)应收账款 = 8 400 ÷ (360 ÷ 30) = 700(万元)

(2)存货:

外购原材料、燃料 = 6480 ÷ (360 ÷ 40) = 720(万元)

在产品 = (6 480 + 800 × 0.9 + 680 + 400) ÷ (360 ÷ 40) = 920(万元)

产成品 = 8 400 ÷ (360 ÷ 40) = 933.33(万元)

存货 = 700 + 920 + 933.33 = 2 573.33(万元)

(3)现金 = (800 × 0.9 + 540) ÷ (360 ÷ 40) = 140(万元)

(4)应付账款 = 6480 ÷ (360 ÷ 30) = 540(万元)

(5)流动资产 = 700 + 2 573.33 + 140 = 3 413.33(万元)

(6)流动负债 = 540(万元)

(7)流动资金估算额 = 3 413.33 − 540 = 2 873.33(万元)

3. 流动资金估算注意问题

(1)最低周转天数取值对流动资金估算的准确程度有较大影响。

(2)当投入物和产出物采用不含税价格时,估算中应注意将销项税额和进项税额分别包括在相应的年费用金额中。

(3)流动资金一般应在项目投产前开始筹措。为简化计算,流动资金可在投产第一年开始安排,并随生产运营计划的不同而有所不同,因此流动资金估算应根据不同的生产运营计划分年进行。

(4)用详细估算法计算流动资金,需以经营成本及其中的某些科目为基数,因此流动资金估算,应在经营成本估算后进行。

第六章　设计概算与施工图预算

第一节　设计概算概述

一、设计概算的概念

设计概算是设计文件的重要组成部分，是在投资估算的控制下由设计单位根据初步设计（或技术设计）的图纸及说明，利用国家或地区颁发的概算指标、概算定额、设备材料预算价格、工资标准各项费用定额或取费标准（指标）、建设地区自然、技术经济条件等资料，按照设计要求，编制和确定的建设项目从筹建至竣工交付使用所需的全部费用的技术经济文件。设计概算是在初步设计或技术设计阶段，根据设计要求对建设项目投资额度的概略计算，是投资估算的延伸和细化。设计概算投资应包括建设项目从立项、可行性研究、设计、施工、试运行到竣工验收等的全部建设资金。

采用两阶段设计的建设项目，初步设计阶段必须编制设计概算；采用三阶段设计的，技术设计阶段必须编制修正概算。

二、设计概算的内容

设计概算可分为三级概算，即单位工程概算、单项工程综合概算、建设项目总概算。编制时，由单位工程概算开始，汇总单位工程概算得出单项工程综合概算，最后形成建设项目总概算。所以，总概算反映了建设项目从筹建到竣工交付使用所需的全部建设费用。设计总概算经有关部门批准后，即为建设项目投资的最高限额。

建设项目总概算的组成内容见图6.1.1。

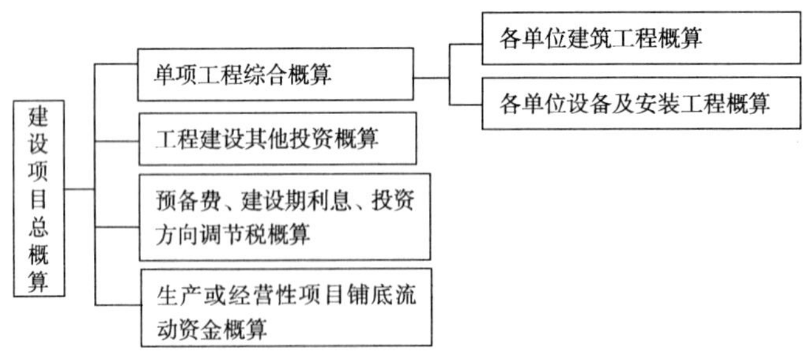

图6.1.1　建设项目总概算的组成内容

三、设计概算的作用

（1）设计概算是编制投资计划、确定和控制建设项目投资的依据。国家规定，编制年度固定资产投资计划，确定计划投资总额及其构成数额，要以批准的初步设计概算为依据，没有批准的初步设计文件及其概算的建设工程不能列入年度固定资产投资计划。设计概算一经批准,将作为控制建设项目投资的最高限额。竣工结算不能突破施工图预算,施工图预算不能突破设计概算,如果由于设计变更等原因建设费用超过概算,必须重新审查批准。

(2)设计概算是签订建设工程合同和贷款合同的依据。《合同法》中明确规定,建设工程合同价款是以设计概算为依据,且总承包合同不得超过设计总概算的投资额。银行贷款或各单项工程的拨款累计总额不能超过设计概算,如果项目投资计划所列支投资额与贷款突破设计概算,必须查明原因之后由建设单位报请上级主管部门调整或追加设计概算总投资,未批准前,银行对其超支部分拒不拨付。

(3)设计概算是控制施工图设计和施工图预算的依据。

(4)设计概算是衡量设计方案技术经济合理性和选择最佳设计方案的依据。

(5)设计概算是考核建设项目投资效果的依据。通过设计概算与竣工决算对比,可以分析和考核投资效果的好坏,同时还可以验证设计概算的准确性,有利于加强设计概算管理和建设项目的造价管理工作。

四、设计概算编制依据

(1)批准的可行性研究报告;

(2)设计工程量;

(3)项目涉及的概算指标或概算定额;

(4)国家、行业和地方政府有关工程建设和造价管理的法律、法规或规定;

(5)资金筹措方式;

(6)正常的施工组织设计;

(7)项目涉及的设备材料供应及价格;

(8)项目的管理(含监理)、施工条件;

(9)项目所在地区有关的气候、水文、地质地貌等自然条件;

(10)项目所在地区有关的经济、人文等社会条件;

(11)项目的技术复杂程度,以及新技术、专利使用情况等;

(12)有关文件、合同、协议等。

第二节　设计概算编制

概算文件的编制形式,视项目的功能、规模、独立性程度等因素来决定采用三级编制(总概算、综合概算、单位工程概算)还是二级编制(总概算、单位工程概算)形式。

一、单位工程概算的编制

单位工程概算是确定单位工程建设费用的文件,是编制单项工程综合概算的依据,是单项工程综合概算的组成部分。单位工程概算投资由直接费、间接费、利润和税金组成。

单位工程概算分为建筑工程概算和设备及安装工程概算两大类。建筑工程概算的编制方法有:概算定额法、概算指标法、类似工程预算法等;设备及安装工程概算的编制方法有:预算单价法、扩大单价法、设备价值百分比法和综合吨位指标法等[4,8]。

(一)建筑工程概算

建筑工程概算编制方法主要有三种。

1. 概算定额法

概算定额法又称扩大单价法或扩大结构定额法，是采用概算定额编制建筑工程概算的方法，类似于采用预算定额编制工程预算。它是根据初步设计图纸资料和概算定额的项目划分计算出工程量，然后套用概算定额单价（基价），计算汇总后，再计取有关费用，便可得出单位工程概算造价。

当初步设计或扩大初步设计达到一定深度，建筑结构比较明确，能按照初步设计的平面、立面、剖面图纸计算出楼地面、墙身、门窗和屋面等分部工程（或扩大结构构件）项目的工程量时，才可采用概算定额法。

概算定额法编制设计概算的步骤介绍如下。

(1)根据初步设计图纸和说明书，按概算定额中划分的项目列出单位工程中分项工程或扩大分项工程的项目名称，并计算其工程量。工程量的计算，应根据定额中规定的各个分项或扩大分项工程的工程内容，遵守定额中规定的计量单位、工程量计算规则及方法来进行。

(2)用算出的扩大分项工程的工程量，乘以套用的概算定额单价，计算出材料费、人工费、施工机械使用费三者费用之和（单位工程直接工程费）。有些无法直接计算工程量的零星工程，如散水、台阶、厕所、蹲台等，可根据概算定额的规定，按主要工程费用的百分比（一般为5% ~8%）计算。概算定额单价计算公式为：

概算定额单价 = 概算定额单位材料费 + 概算定额单位人工费 + 概算定额单位施工机械使用费 = ∑（概算定额中材料消耗量 × 材料预算价格） + ∑（概算定额中人工消耗量 × 人工工资单价） + ∑（概算定额中施工机械台班消耗量 × 机械台班单价）

(3)根据有关规定、取费标准计算措施费、间接费、利润和税金。

(4)将上述各项费用加在一起，其和为建筑工程概算造价。

(5)将概算造价除以建筑面积可求出有关技术经济指标。

采用概算定额法编制建筑工程概算比较准确，但计算比较繁琐。只有具备一定的设计基本知识，熟悉概算定额，才能弄清分部分项的扩大综合内容，才能正确地计算扩大分部分项的工程量。同时在套用概算定额单价时，如果所在地区的工资标准及材料预算价格与概算定额不一致，则需要重新编制概算定额单价或测定系数加以调整。

2. 概算指标法

概算指标法是采用拟建建筑物（如厂房、住宅）的建筑面积（或体积）乘以技术条件相同或基本相同工程的概算指标（直接工程费指标）得出直接工程费，然后按规定计算出措施费、间接费、利润和税金，编制出单位工程概算的方法。

当初步设计深度不够，不能准确地计算工程量，但工程采用的技术比较成熟而又有类似概算指标可以利用时，可采用概算指标法来编制概算。

(1)当设计对象在结构特征、地质及自然条件上与概算指标完全相同，如基础埋深及形式、层高、墙体、楼板等主要承重构件相同，就可直接套用概算指标编制概算。

概算指标计算公式：

1 000m^3 建筑物体积的人工费 = 指标规定的人工工日数 × 本地区日工资单价

1 000m^3 建筑物体积的主要材料费 = ∑（指标规定的主要材料数量 × 相应的地区材料预算价格）

1 000m^3 建筑物体积的其他材料费 = ∑（主要材料费 × 其他材料费占主要材料费的百分比）

1 000m^3 建筑物体积的机械使用费 = ∑(人工费 + 主要材料费 + 其他材料费) × 机械使用费百分比

每 m^3 建筑体积的直接工程费 = (人工费 + 主要材料费 + 其他材料费 + 机械使用费) ÷ 1000

每 m^3 建筑体积的概算单价 = 直接工程费 + 措施费 + 间接费 + 利润 + 税金

单位工程概算造价 = 设计对象的建筑体积 × 每 m^3 建筑体积的概算单价

(2)由于拟建工程(设计对象)往往与类似工程的概算指标的技术条件不尽相同,而且概算指标编制年份的设备、材料、人工等价格与拟建工程当时当地的价格也不会一样。因此,必须对其进行调整。

①当设计对象的结构特征与某个概算指标有局部差异时,则需要对该概算指标进行修正,然后用修正后的概算指标进行计算。

第一种修正,修正概算单价:

结构变化修正概算指标(元/m^2) = 原概算指标 + 换入新结构含量 × 换入新结构的单价 − 换出旧结构含量 × 换出旧结构单价

第二种修正,修正指标中工料机数量:

结构变化修正概算指标的工、料、机数量 = 原概算指标工、料、机数量 + 换入结构构件工程量 × 相应定额工、料、机数量 − 换出结构构件工程量 × 相应定额工、料、机数量

【例 6.2.1】 某市一栋普通办公楼为框架结构 3 000m^2,建筑工程直接工程费为 400 元/m^2,其中:毛石基础为 40 元/m^2。现在拟建一栋办公楼 5 000m^2,基础为钢筋混凝土带形基础,55 元/m^2,其他结构相同。求该拟建新办公楼建筑工程直接工程费造价?

解:调整后的概算指标(元/m^2) = 400 − 40 + 55 = 415 元/m^2

拟建新办公楼直接工程费 = 5 000 × 415 = 2 075 000 元

然后在直接工程费的基础上,计算措施费、间接费、利润及税金,汇总便可得出新建办公楼的建筑工程造价。

②设备、人工、材料、机械台班费用的调整

设备、人工、材料、机械修正概算费用 = 原概算指标的设备、人工、材料、机械费用 + ∑(换入设备、人工、材料、机械数量 × 拟建地区相应单价) − ∑(换出设备、人工、材料、机械数量 × 原概算指标相应单价)

【例 6.2.2】 某拟建砖混结构住宅工程,建筑面积 3 420m^2,结构形式与已建成的某工程相同,只有外墙保温贴面不同,其他部分较为接近。已建类似工程外墙为珍珠岩板保温、水泥砂浆抹面,每平方米建筑面积消耗量分别为:0.044m^3、0.842m^2;珍珠岩板 153.1 元/m^3,水泥砂浆 8.95 元/m^2。拟建工程外墙为加气混凝土保温、外贴釉面砖,每平方米建筑面积消耗量分别为:0.08m^3、0.82m^2,加气混凝土现行价格 185.48 元/m^3,贴釉面砖现行价格 49.75 元/m^2。求结构变化引起的直接工程费差异额。

解:结构变化差异额 = 0.08 × 185.48 + 0.82 × 49.75 − (0.044 × 153.1 + 0.842 × 8.95) = 41.36 元/m^2

3. 类似工程预算法

类似工程预算法是利用技术条件与设计对象相类似的已完工程或在建工程的工程预算资料求出单位工程的概算指标,再按概算指标法编制拟建工程设计概算的方法。当工程设计对象与已建或在建工程相类似,结构特征基本相同,或者概算定额和概算指标不全,可以采用这

种方法,但是必须对建筑结构差异和价差进行调整。建筑结构差异调整的方法与概算指标法的调整方法相同。类似工程造价的价差调整常用的两种方法介绍如下。

(1)一是类似工程造价资料有具体的人工、材料、机械台班的用量时,可按类似工程预算资料中的主要材料用量、工日数量、机械台班用量乘以拟建工程所在地的主要材料预算价格、人工单价、机械台班单价,计算出直接工程费,再按当地取费标准计取其他各项费用,即可得出所需的造价指标。

【例 6.2.3】 某拟建砖混结构住宅工程,建筑面积 3 420m^2,若类似工程预算中,每平方米建筑面积主要资源消耗为:人工消耗 4.88 工日,钢材 23.8kg,水泥 205kg,原木 0.05m^3,铝合金门窗 0.24m^2,其他材料费为主材费的 45%,机械费占直接工程费 8%。已知主要资源的现行市场价为:人工 40 元/工日,钢材 3.8 元/kg,水泥 0.22 元/kg,原木 1 800 元/m^3,铝合金门窗平均 330 元/m^2。拟建工程建筑结构变化引起的直接工程费差异额为 41.36 元/m^2。拟建工程除直接工程费以外的综合取费为 20%。试应用类似工程预算法确定拟建工程的单位工程概算造价。

解:

(1)计算拟建工程单位平方米建筑面积的人工费、材料费和机械费。

人工费 = 4.88 × 40 = 195.20 元

材料费 = (23.8 × 3.8 + 205 × 0.22 + 0.05 × 1 800 + 0.24 × 330) × (1 + 45%) = 441.87 元

机械费 = 概算直接工程费 × 8%

概算直接工程费 = 195.20 + 441.87 + 概算直接工程费 × 8%

可推导出:概算直接工程费 = (195.20 + 441.87)/(1 − 8%) = 692.47 元/m^2

(2)计算拟建工程概算指标、修正概算指标和概算造价。

概算指标 = 692.47 × (1 + 20%) = 830.96 元/m^2

修正概算指标 = 830.96 + 41.36 × (1 + 20%) = 880.59 元/m^2

拟建工程概算造价 = 3420 × 880.59 = 3011617.80 元 = 301.16 万元

(3)二是类似工程预算资料只有人工、材料、机械台班费用和措施费、间接费及其他费用时,须编制修正系数。计算修正系数时,先求类似预算的人工费、材料费、机械使用费、措施费、间接费及其他费用在全部价值中所占比重,然后分别求其修正系数,最后求出总的修正系数。用总修正系数乘以类似预算的价值,就可以得到概算价值。修正调整公式如下:

$$D = AK$$

$$K = a\%K_1 + b\%K_2 + c\%K_3 + d\%K_4 + e\%K_5$$

式中: D——拟建工程单方概算造价;

A——类似工程单方预算造价;

K——综合调整系数;

$a\%$、$b\%$、$c\%$、$d\%$、$e\%$——类似工程预算的人工费、材料费、机械台班费、措施费、间接费及其他费用占预算造价的比重;

K_1、K_2、K_3、K_4、K_5——拟建工程地区与类似工程预算造价在人工费、材料费、机械台班费、措施费和间接费及其他费用之间的差异系数。

【例 6.2.4】 某拟建砖混结构住宅工程,建筑面积 3 420m^2,结构形式与已建成的某工程相同,只有外墙保温贴面不同,其他部分较为接近,结构差异引起的直接工程费差异额为 41.36 元/m^2。若已知类似工程单方造价 698.28 元/m^2,其中,人工费、材料费、机械费、措施费、间接费及其他费用占单方造价比例分别为11%、62%、6%、9%和12%。拟建工程与类似工程预算造价在这几方面的差异系数分别为2.01、1.06、1.92、1.02和0.87,拟建工程除直接工程费以外费用的综合取费为20%。试应用类似工程预算法确定拟建工程的单位工程概算造价。

解:综合差异系数 $K = 11\% \times 2.01 + 62\% \times 1.06 + 6\% \times 1.92 + 9\% \times 1.02 + 12\% \times 0.87 = 1.19$

拟建工程概算指标 = 类似工程单方造价 × K = 698.28 × 1.19 = 830.95 元/m^2

修正概算指标 = 830.95 + 41.36 × (1 + 20%) = 880.59 元/m^2

拟建工程概算造价 = 拟建工程建筑面积 × 修正概算指标

= 3 420 × 880.59 = 3011617.80 元 = 301.16 万元

(二)设备及安装工程概算

设备及安装工程概算费用由设备购置费和安装工程费组成。其中设备购置费由设备原价和运杂费组成,其概算的编制方法主要是估价指标法;安装工程概算的编制方法有预算单价法、扩大单价法、设备价值百分比法和综合吨位指标法等。

1. 设备购置费概算

设备购置费是根据初步设计的设备清单计算出设备原价,并汇总求出设备总原价,然后按有关规定的设备运杂费率乘以设备总原价,两项相加即为设备购置费概算,其公式为:

设备购置费概算 = ∑(设备清单中的设备数量 × 设备原价) × (1 + 运杂费率)

或　设备购置费概算 = ∑(设备清单中的设备数量 × 设备预算价格)

国产标准设备原价可根据设备型号、规格、性能、材质、数量及附带的配件,向制造厂家询价或向设备、材料信息部门查询或按主管部门规定的现行价格逐项计算。非主要标准设备和工器具、生产家具的原价可按主要标准设备原价的百分比计算,百分比指标按主管部门或地区有关规定执行。

国产非标准设备原价在设计概算时可按下列两种方法确定。

(1)非标准设备台(件)估价指标法。根据非标准设备的类别、重量、性能、材质等情况,以每台设备规定的估价指标计算,即:

非标准设备原价 = 设备台数 × 每台设备估价指标(元/台)

(2)非标准设备吨重估价指标法。根据非标准设备的类别、性能、质量、材质等情况,以某类设备所规定吨重估价指标计算,即:

非标准设备原价 = 设备吨重 × 每吨重设备估价指标(元/t)

设备运杂费可按有关规定的运杂费率计算,即:设备运杂费 = 设备原价 × 运杂费率(%)。

2. 设备安装工程概算的编制

(1)预算单价法。当初步设计较深,有详细的设备清单时,可直接按安装工程预算定额单价编制设备安装工程概算,概算程序基本同于安装工程施工图预算。

(2)扩大单价法。当初步设计深度不够,设备清单不完备,只有主体设备或仅有成套设备重量时,可采用主体设备、成套设备的综合扩大安装单价来编制概算。

(3)设备价值百分比法,又称安装设备百分比法。当初步设计深度不够,只有设备出厂价而无详细规格、重量时,安装费可按占设备费的百分比计算,即:设备安装费 = 设备原价 × 安装费率(%),其百分比值(即安装费率)由主管部门制定或由设计单位根据已完类似工程确定。该方法常用于价格波动不大的定型产品和通用设备产品。

(4)综合吨位指标法。当初步设计提供的设备清单有规格和设备重量时,可采用综合吨位指标编制概算,即:设备安装费=设备吨重×每吨设备安装费指标,其综合吨位指标由主管部门或由设计单位根据已完类似工程资料确定。该方法常用于设备价格波动较大的非标准设备和引进设备的安装工程概算。

二、单项工程综合概算的编制

单项工程综合概算是以各个单位工程概算为基础来编制的。根据建设项目中所包含的单项工程的个数的不同,单项工程综合概算的内容也不相同。当建设项目只有一个单项工程时,单项工程综合概算还应包括工程建设其他费用、预备费、投资方向调节税、建设期利息等。当建设项目包括多个单项工程时,这部分费用列入项目总概算中,不再列入单项工程综合概算中。

单项工程综合概算文件一般包括编制说明(不编制总概算时列入)和综合概算表。

(1)编制说明。主要包括:编制依据、编制方法、主要设备和材料的数量以及其他有关问题。

(2)综合概算表。综合概算表是根据单项工程所辖范围内的各单位工程概算等基础资料,按照统一表格进行编制。

三、建设项目总概算的编制

建设项目总概算是设计文件的重要组成部分,是确定整个建设项目从筹建到竣工交付使用所预计花费的全部费用的文件。它是由各单项工程综合概算、工程建设其他费用、预备费、固定资产投资方向调节税等和经营性项目的铺底流动资金,按照主管部门规定的统一表格进行编制而成的。

三级编制(总概算、综合概算、单位工程概算)形式设计概算文件组成:封面、签署页及目录、编制说明、总概算表、其他费用表、综合概算表、单位工程概算表、补充单位估价表等。二级编制(总概算、单位工程概算)形式设计概算文件的组成:封面、签署页及目录、编制说明、总概算表、其他费用表、单位工程概算表、补充单位估价表等。

第三节　施工图预算概述

一、施工图预算的概念与作用

1. 施工图预算

施工图预算是指在施工图设计完成后,根据施工图设计图纸、现行预算定额、单位估价表、费用标准以及地区设备、材料、人工、施工机械台班等资源预算价格编制和确定的建筑安装工程造价的技术经济文件。

2. 施工图预算的作用

(1)施工图预算是控制造价及资金合理使用的依据;

(2)施工图预算是确定招标工程标底的依据;

(3)按照发、承包双方的约定,施工图预算可以是拨付进度款及办理结算的依据。

二、施工图预算的编制内容

施工图预算分为单位工程预算、单项工程预算和建设项目总预算。编制施工图预算,首先是编制单位工程预算，将每个单位工程预算造价综合汇总成为一个单项工程的预算，再将每个单项工程预算造价综合汇总成为建设项目的总预算。由此可见，施工图预算编制的重点为单位工程施工图预算的编制。

单位工程预算分为建筑工程预算和设备及安装工程预算两大部分。建筑工程预算按工程性质分为一般土建工程预算，给排水、采暖工程预算，通风、空调工程预算，电气照明工程预算等。设备及安装工程预算分为机械设备安装工程预算、电气设备安装工程预算和化工设备、热力设备安装工程预算等。

三、施工图预算编制的依据

(1)施工图纸、说明书和标准图集。施工图纸、设计说明书和标准图集完整地反映了工程的具体内容、各部分的具体做法、结构尺寸、技术特征及施工方法，是施工图预算编制的主要依据之一。

(2)施工组织设计和施工方案。施工组织设计和施工方案确定了工程所用的施工方法、材料、机械情况，如土石方的开挖方法、余土外运的距离、结构件预制加工方法及运距、重要或特殊机械设备的安装方案等，这些资料为预算编制中合理列项和准确套用适用定额子目提供依据。

(3)现行预算定额和单位估价表。预算定额规定了各分项工程项目包括的主要内容、工程量的计算规则、定额计量单位等。套用定额时，必须与预算定额规定的工作内容相符，并注意与定额的计量单位保持一致。单位估价表(或补充单位估价表)规定了各分项工程及设备的预算单价。

(4)工程计价程序与费用标准。各省、自治区、直辖市和各专业部门通常会根据国家或行业建设主管部门的造价文件法律、法规、规章及政策文件，结合本地区实际情况制定适合本地区的工程计价程序与费用标准。费用标准测算不同专业、不同类别工程的间接费、利润和税金的费率标准，便于施工图预算编制。

(5)人工、材料、机械台班预算价格和调价规定。材料、人工、机械台班价格随市场而变化，为使预算与实际更接近，各地的造价管理部门每隔一定的时间就会公布有关的调价文件。造价人员应随时关心价格的调整，使编制的预算能反映价格的动态变化。

(6)预算工作手册。预算工作手册是编制概(预)算工作的参考资料。它包括各种单位的换算比例，计算各种构件面积和体积的计算公式，各种混合材料的配合比例，主要建材的用量数据，金属材料重量表等，供编制概(预)算人员选用。

第四节　施工图预算的编制

单位工程施工图预算编制可以采用工程量清单计价模式也可以采用定额计价模式，本节主要介绍定额计价模式下单位工程施工图预算编制的两种方法：单价法和实物法。

一、单价法

1. 单价法概念

单价法编制施工图预算，是先计算各分项工程的工程量，再乘以由地区造价管理部门编制的单位估价表中相应的工程单价(也叫预算单价、定额基价)，相加得到单位工程的直接工程费,按照工程实际情况计算措施费后,然后用计费基础乘以相应费率求得间接费、利润和税金,经汇总得到单位工程的施工图预算。

2. 单价法编制步骤

(1)搜集资料,熟悉施工设计图纸。全面搜集、准备各种与工程量计算有关的资料,如施工图纸、施工方案、现行的建筑安装预算定额和地区材料预算价格等;然后熟悉施工图纸,了解施工组织设计和施工方案,还可深入现场,以求全面掌握设计意图和工程全貌,为准确计算工程量和计价做准备。

(2)计算工程量。工程量是预算的基本数据,其准确与否又直接影响预算的准确性。根据施工设计图纸、施工组织设计、计算规则进行项目划分和工程量计算,工程量计算应该避免重复、遗漏,保证准确。

(3)查预算定额(单位估价表),套预算单价。工程量计算完毕并核实后,与预算定额(单位估价表)中对应的分项工程预算单价相乘,再求和,便得单位工程的人工费、材料费和机械使用费之和,即直接工程费。预算综合单价的套用,必须严格遵照定额规定,不得任意修改,并注意分项工程的名称、规格、计量单位与预算定额内容的一致性,避免重套、漏套或错套预算单价而导致工程直接费偏高或偏低。如果遇到个别分项工程与定额基价项目不吻合的情况,应采用换算后的基价或自行编制补充定额。

(4)编制工料分析表。工料分析表不仅在编制预算时用作调整单项材料价差,还可作为材料供应部门备料的资料。其编制方法是用各分部分项工程项目的实物工程量乘以相应定额中的项目所列的人工、材料及机械台班的需要量,然后汇总,便得到该单位工程所需的各种人工、各种材料和各种机械台班的数量。

(5)据工程实际情况计算措施费,再根据费用标准和相应的计取基础,计算间接费、利润、税金并汇总造价。

(6)复核。单位工程预算编制完后,有关人员应全面复核编制的主要内容及计算情况,如项目填列、工程量计算公式、套用的单价、采用的各项取费费率、数字计算精确度等内容,以便及时发现并修改差错,提高预算的准确性。

(7)编制说明、填写封面。编制方通过编制说明向审核方交代编制的依据、预算所包括的工程内容范围、不包括哪些内容、依据的图纸号、承包企业的等级和承包方式、有关部门现行的调价文件号等需要说明的问题。封面上填写工程编号、工程名称、工程量(建筑面积)、预算总造价和单方造价、编制单位名称、负责人和编制日期以及审核单位的名称、负责人和审核日期等相关内容。

以上单价法编制步骤如图 6.4.1 所示。单价法编制施工图预算,采用的是各地区、各部门统一编制的预算单价,因此,有利于造价管理部门的统一管理,并且计算简便易行。采用单价法计算的结果往往不能反映市场价格的波动,会偏离实际水平,造成误差,所以还需要利用一些造价管理部门的调价文件来进行价差调整。对单位工程而言,施工组织设计、预算定额、单位估价表、间接费和税金计费标准及调价文件影响其预算造价。这一造价水平反映的是行业平均生产力水平和资源的近期市场平均价格。

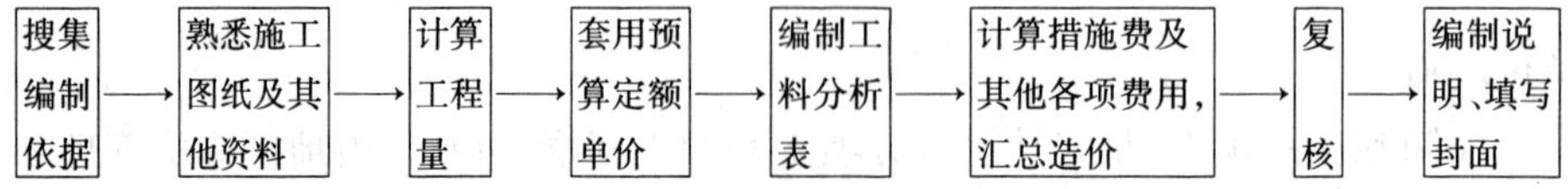

图 6.4.1　单价法编制施工图预算

【例6.4.1】 节选某单位工程基础部分两项分部分项工程：C20-40 独立基础 48.96m³，C15-40 混凝土垫层 16.85m³，基础垫层模板接触面积 22.32m²，独立基础模板接触面积 195.09m²。以"直接费中人工费 + 机械费"为计费基数，企业管理费率 17%，利润率 8%，规费费率 16.6%；税金计算以不含税造价为基数，综合税率取 3.45%。根据造价管理部门公布材料价格信息，碎石单价 38.78 元/t，其他人、材、机价格与定额取定相同；措施费只计算模板费用。试用单价法编制该单位工程施工图预算造价。

解：(1)计算直接工程费

C20-40 独立基础，查表 3.4.4 定额项目表的 A4 -5 项，基价 1 965.28 元/10m³，其中人工费 412.80 元；材料费 1 399.63 元；机械费 152.85 元。

C15-40 混凝土垫层，查表 3.4.14 定额项目表的 B1-24 项，基价 1 692.85 元/10m³，其中人工费 386.40 元；材料费 1 249.55 元；机械费 56.90 元。按照定额规定进行"人工、机械乘以系数 1.2"进行换算，换算后基价 $= 386.40 \times 1.2 + 1\ 249.55 + 56.90 \times 1.2 = 1\ 781.51$ 元/10m³，列表 6.4.1 进行直接工程费计算。

直接工程费计算表 表 6.4.1

定额编号	计量单位	工程量	单价			合价		
			基价	其中		基价	其中	
				人工费	机械费		人工费	机械费
A4-5	10m³	4.896	1 965.28	412.80	152.85	9 622.01	2 021.07	748.35
B1-24 换	10m³	1.685	1 781.51	463.68	68.28	3 001.84	781.30	115.05
直接工程费合计						12 623.85	2 802.37	863.40

(2)实体部分两个分项工程工料分析过程见表 6.4.2。

工 料 分 析 表 表 6.4.2

项目			A4-5 独立基础			B1-24 换混凝土垫层			
	名称	单位	定额消耗量	数量（10m³）	小计	定额消耗量	数量（10m³）	小计	合计
人工	综合用工三类	工日				15.456	1.685	26.04	26.04
	综合用工二类	工日	10.320	4.896	50.53				50.53
材料	水泥 32.5	t	3.283	4.896	16.07	2.626	1.685	4.42	20.50
	中砂	t	6.757	4.896	33.08	7.615	1.685	12.83	45.91
	碎石	t	13.797	4.896	67.55	13.605	1.685	22.92	90.47
	塑料薄膜	m²	13.040	4.896	63.84				63.84
	水	m³	11.050	4.896	54.10	6.820	1.685	11.49	65.59
机械	滚筒式混凝土搅拌机 500L 以内	台班	0.380	4.896	1.86	0.468	1.685	0.79	2.65
	混凝土振捣器（插入式）	台班	0.770	4.896	3.77				3.77
	机动翻斗车 1t	台班	0.760	4.896	3.72				3.72
	混凝土振捣器（平板式）	台班				0.888	1.685	1.50	1.50

注：表 6.4.2 中混凝土垫层的人工，机械消耗量已经乘了 1.2 的换算系数。

(3)根据价格信息,计算价格差异,见表6.4.3。

价差调整计算表 表6.4.3

	名称	单位	消耗量合计	定额价	市场价	价差
人工	综合用工三类	工日	26.04	30.00	30.00	
	综合用工二类	工日	50.53	40.00	40.00	
材料	水泥32.5	t	20.50	220.00	220.00	
	中砂	t	45.91	25.16	25.16	
	碎石	t	90.47	33.78	38.78	452.35
	塑料薄膜	m^2	63.84	0.60	0.60	
	水	m^3	65.59	3.03	3.03	
机械	滚筒式混凝土搅拌机500L以内	台班	2.65	120.35	120.35	
	插入式混凝土振捣器	台班	3.77	11.40	11.40	
	机动翻斗车1t	台班	3.72	129.39	129.39	
	平板式混凝土振捣器	台班	1.50	13.46	13.46	
价差合计						452.35

(4)根据独立基础模板和基础垫层模板定额项目表,见表6.4.4,措施费计算过程见表6.4.5。

模板定额项目表 表6.4.4

工程内容:1.组合式钢模板包括开箱、解捆、选配、安装、拆除、清理、堆放、刷隔离剂;木模板包括制作、安装、拆除。2.模板包括场内外水平运输。

计量单位:100m^2

定额编号				A12-6	A12-10
项目名称				独立基础模板	混凝土基础垫层
基价				3 443.73	2 846.14
其中	人工费			894.40	434.40
	材料费			2 394.71	2 362.44
	机械费			154.62	49.30
名称		单位	单价	数量	数量
人工	综合用工二类	工日	40.00	22.360	10.860
材料	水泥砂浆1:2(中砂)	m^3		(0.012)	(0.012)
	水泥32.5	t	220.00	0.007	0.007
	中砂	t	25.16	0.017	0.017
	水	m^3	3.03	0.004	0.004
	组合钢模板	kg	4.60	69.660	
	木模板	m^3	1 539.15	0.095	1.445
	支撑方木	m^3	2 174.39	0.645	
	零星卡具	kg	5.13	25.890	
	铁钉	kg	6.50	12.720	19.730

续上表

名称		单位	单价	数量	数量
材料	镀锌铁丝8号	kg	5.25	51.990	
	草板纸80号	张	0.90	30.000	
	隔离剂	kg	0.70	10.000	10.000
	镀锌铁丝22号	kg	6.38	0.180	0.180
机械	载货汽车(综合)	台班	414.90	0.280	0.110
	汽车式起重机5t	台班	460.58	0.080	
	木工圆锯机 $\phi500$	台班	22.87	0.070	0.160

措施费计算表 表6.4.5

定额编号	计量单位	工程量	单价			合价		
			基价	其中		基价	其中	
				人工费	机械费		人工费	机械费
A12-6	$100m^2$	1.9509	3 443.73	894.4	154.62	6 718.37	1 744.88	301.65
A12-10	$100m^2$	0.2232	2 846.14	434.4	49.3	635.26	96.96	11.00
措施费合计						7353.63	1841.84	312.65

(5)列表6.4.6计算单位工程预算造价。

单价法单位工程预算造价计算表(单位:元) 表6.4.6

序　号	费用项目		计　算　式	金　额
1	直接工程费			12 623.85
1.1	其中	人工费		2 802.37
1.2		机械费		863.40
2	措施费			7 353.63
2.1	其中	人工费		1 841.84
2.2		机械费		312.65
3	直接费		1+2	19 977.48
3.1	其中	人工费	1.1+2.1	4 644.21
3.2		机械费	1.2+2.2	1 176.05
4	企业管理费		(3.1+3.2)×17%	989.44
5	利润		(3.1+3.2)×8%	465.62
6	规费		(3.1+3.2)×16.6%	966.16
7	价款调整			452.35
8	税金		(3+4+5+6+7)×3.45%	788.36
9	单位工程预算造价		3+4+5+6+7+8	23 639.41

二、实物法

1.实物法概念

实物法是先用各分项工程的实物工程量,分别套取预算定额,并按类相加,求出单位工程所需的各种人工、材料、施工机械台班的消耗量，然后分别乘以当时当地相应的实际单价，汇总后得到直接工程费；再加上根据实际情况求得的措施费，最后再用计费基础乘以相应费率求得间接费、利润和税金，经汇总得到单位工程的施工图预算。

2. 编制步骤

(1)搜集资料、熟悉施工设计图纸。除了单价法包含的资料外，还要系统全面地搜集当时当地各种人工、材料、机械的实际价格。

(2)计算工程量。与单价法相同。

(3)套预算定额求人工、材料和机械的消耗量，并汇总。预算定额的消耗量是完成符合国家技术规范、质量标准并反映一定时期施工工艺水平的分项工程所需的人工、材料、施工机械的消耗量的确定标准。它由工程造价主管部门按照定额管理分工进行统一制定，并随着技术的发展加以补充和修改。用预算定额所列的各类人工工日的数量、各种材料数量和各种施工机械台班数量，分别乘以各分项工程的工程量，并按类相加便汇总出单位工程所需的各类人工工日消耗量、各种材料的消耗量和各种施工机械台班数量。

(4)根据当时当地人工、材料和机械台班单价，汇总人工费、材料费和机械使用费。工程造价主管部门定期发布价格、造价信息，提供人工单价、材料价格的最新变动。企业在此基础上，考虑自己的情况，加以调整，便可确定实际的人工单价、材料价格和施工机械台班价格，再乘以工料机消耗量，即得单位工程人工费、材料费和机械使用费。

(5)根据实际情况计算措施费，根据建筑市场的供求情况计算间接费、利润和税金，汇总造价。

(6)复核。复核内容及步骤与单价法基本一致，附加之处在于还要检查采用的实际价格是否合理。

(7)编制说明、填写封面。同单价法。

实物法与单价法都是以预算定额为依据的预算编制方法，最大的区别在于两者在计算人工费、材料费、施工机械费及汇总三者费用之和方法不同。实物法计算人工、材料、施工机械使用费，是根据预算定额中的人工、材料、机械台班消耗量与当时当地人工、材料和机械台班单价相乘汇总得出。采用当时当地的实际价格，能较准确地反映实际价格水平，工程造价准确度较高。实物法在计算其他各项费用，如措施费、间接费、利润、税金等时，应根据施工方案或施工组织设计、建筑市场的供求情况，随行就市，浮动确定。

【例6.4.2】 试用实物法编制【例6.4.1】中的单位工程施工图预算造价。

解：(1)计算直接工程费。实体项目工料机总消耗量的计算同单价法中的工料分析，直接用工料机用量汇总结果乘以工料机市场单价，汇总求和得到直接工程费，见表6.4.7。

实物法直接工程费计算表 表6.4.7

	名　称	单位	总消耗量	市场单价(元)	合价(元)
人工	综合用工三类	工日	26.04	30.00	781.20
	综合用工二类	工日	50.53	40.00	2021.20
人工费合计					2 802.40
材料	水泥32.5级	t	20.50	220.00	4 510.00
	中砂	t	45.91	25.16	1 155.10
	碎石	t	90.47	38.78	3 508.43
	塑料薄膜	m^2	63.84	0.60	38.30
	水	m^3	65.59	3.03	198.74

续上表

	名　　称	单位	总消耗量	市场单价(元)	合价(元)
材料费合计					9 410.57
机械	滚筒式混凝土搅拌机 500L 以内	台班	2.65	120.35	318.93
	插入式混凝土振捣器	台班	3.77	11.40	42.98
	机动翻斗车 1t	台班	3.72	129.39	481.33
	平板式混凝土振捣器	台班	1.50	13.46	20.19
机械费合计					863.43
单位工程直接工程费合计					13 076.40

(2)措施费计算可与单价法采用相同方法,或是采用定额人、材、机消耗量乘以人、材、机价格再相加,由于采用的定额相同,人、材、机市场单价与定额取定人、材、机单价相同,因此措施费计算结果与单价法计算结果相同。

(3)列表 6.4.8 计算单位工程预算造价。

实物法单位工程预算造价计算表　　单位:元　表 6.4.8

序　号	费用项目		计　算　式	金　额
1	直接工程费			13 076.40
1.1	其中	人工费		2 802.40
1.2		机械费		863.43
2	措施费			7 353.63
2.1	其中	人工费		1 841.84
2.2		机械费		312.65
3	直接费		1 +2	20 430.03
3.1	其中	人工费	1.1 +2.1	4644.24
3.2		机械费	1.2 +2.2	1 176.08
4	企业管理费		(3.1 +3.2) ×17%	989.45
5	利润		(3.1 +3.2) ×8%	465.63
6	规费		(3.1 +3.2) ×16.6%	966.17
7	价款调整			
8	税金		(3 +4 +5 +6 +7) ×3.45%	788.37
9	单位工程预算造价		3 +4 +5 +6 +7 +8	23 639.65

通过比较单价法和实物法计算的单位工程造价发现,两种方法计算单位工程预算造价是一致的。这是因为两种方法所使用的计价依据是一样的,即同一工程采用相同的施工组织设计;相同的预算定额;相同的人、材、机价格;相同的间接费、利润、税金计取标准,计算出来的单位工程预算造价当然应该是一致的。

第七章　工程量清单计价实务

第一节　工程量清单编制

《计价规范》规定了工程量清单的定义、工程量清单编制人及其资格、工程量清单组成内容、编制依据及编制要求。

一、工程量清单组成和作用

1. 工程量清单组成

建设工程采用工程量清单计价时，使用工程量清单来反映关于工程量的特定内容。根据《计价规范》，工程量清单是指表示建设工程的分部分项工程项目、措施项目、其他项目、规费项目和税金项目的名称和相应数量等的明细清单[11,12]。

在招投标阶段，采用工程量清单方式招标，工程量清单必须作为招标文件的组成部分，其准确性和完整性由招标人负责。招标人应将工程量清单连同招标文件的其他内容一并发(或发售)给投标人。投标人依据工程量清单进行投标报价，对工程量清单不负有核实的义务，更不具有修改和调整的权力。工程量清单作为投标人投标报价的共同平台，应能反映招标工程的全部工程内容及为实现这些工程内容而进行的其他工作，其准确性——数量无误，其完备性——不缺项、漏项，均应由招标人负责。

结合当前的实际情况，《计价规范》定义的工程量清单由分部分项工程量清单、措施项目清单、其他项目清单、规费项目清单、税金项目清单组成。

(1)分部分项工程量清单

分部分项工程量清单应明确拟建工程的全部分项实体工程名称和相应数量，编制应避免错漏。分部分项工程量清单为不可调整的闭口清单，投标人对招标文件提供的分部分项工程量清单必须逐一计价，对清单所列内容不允许做任何更改变动。投标人如果认为清单内容有不妥或遗漏，只能通过质疑的方式由清单编制人作统一的修改更正，并将修正后的工程量清单发往所有投标人。

(2)措施项目清单

措施项目清单明确了为完成工程项目施工，发生于该工程施工准备和施工过程中技术、生活、安全、环境等方面的非工程实体项目。措施项目清单为可调整清单，投标人对招标文件中所列项目，可根据企业自身特点做适当的变更增减。

(3)其他项目清单

其他项目清单主要体现招标人提出的一些与拟建工程有关的特殊要求(这些特殊要求所需费用计入工程报价中)。其他项目清单包括暂列金额、暂估价、计日工、总承包服务费等内容。

(4)规费项目清单

规费项目清单包括工程排污费、工程定额测定费、社会保障费(包括养老保险费、失业保险费、医疗保险费)、住房公积金、危险作业意外伤害保险等内容。

(5)税金项目清单

税金项目清单包括营业税、城市维护建设税、教育费附加等内容。

2.工程量清单的作用

工程量清单是工程量清单计价活动的重要依据之一,贯穿于建设工程的招投标阶段和施工阶段。

(1)作为编制招标控制价、投标报价的依据之一。在招投标阶段,工程量清单作为招标文件的组成部分,一个最基本的功能是作为信息的载体,为编制招标控制价和潜在投标人投标报价提供必要的计价信息。由于工程量清单由招标人统一提供,统一的工程量避免了由计算不准确和项目不一致等人为因素造成的不公正影响,使投标者站在同一起跑线上,创造了一个公开、公平、公正的竞争平台。

(2)作为施工过程中计算工程量、支付工程款、调整合同价款的依据之一。

(3)作为办理竣工结算以及工程索赔等的依据之一。

二、工程量清单的编制人及编制依据

1.工程量清单编制人

工程量清单应由具有编制能力的招标人或受其委托,具有相应资质的工程造价咨询人编制。招标人是进行工程建设的主要责任主体,其责任包括负责编制工程量清单。若招标人不具备编制工程量清单的能力,可以委托依法取得工程造价咨询资质,并在其资质许可的范围内从事工程造价咨询活动的工程造价咨询人编制,但是工程量清单准确性和完备性的责任仍应由招标人承担。工程造价咨询人应承担的具体责任应由招标人与工程造价咨询人通过合同约定处理或协商解决。

2.工程量清单的编制依据

(1)《计价规范》。《计价规范》正文是编制工程量清单的依据,其附录A、附录B、附录C、附录D、附录E、附录F也应作为编制工程量清单的依据。其中附录A为建筑工程工程量清单项目及计算规则,适用于工业与民用建筑物和构筑物工程。附录B为装饰装修工程工程量清单项目及计算规则,适用于工业与民用建筑物和构筑物的装饰装修工程。附录C为安装工程工程量清单项目及计算规则,适用于工业与民用安装工程。附录D为市政工程工程量清单项目及计算规则,适用于城市市政建设工程。附录E为园林绿化工程工程量清单项目及计算规则,适用于园林绿化工程。附录F为矿山工程工程量清单项目及计算规则,适用于矿山工程。

(2)国家或省级、行业建设主管部门颁发的计价依据和办法。

(3)建设工程设计文件。

(4)与建设工程项目有关的标准、规范、技术资料。

(5)招标文件及其补充通知、答疑纪要。

(6)施工现场情况、工程特点及常规施工方案。

(7)其他相关资料。

三、工程量清单编制方法

(一)分部分项工程量清单

1. 分部分项工程量清单基本内容

分部分项工程量清单应包括项目编码、项目名称、项目特征、计量单位和工程量。

分部分项工程量清单应根据附录 A、附录 B、附录 C、附录 D、附录 E、附录 F 规定的项目编码、项目名称、项目特征、计量单位和工程量计算规则进行编制。

2. 项目编码的设置

项目编码是分部分项工程量清单项目名称的数字标识,应采用十二位阿拉伯数字表示。

一至九位应按照附录 A ~ 附录 F 的规定设置,其中,一、二位为分类顺序码(附录顺序码);三、四位为专业工程顺序码;五、六位为分部工程顺序码;七、八、九位为分项工程项目顺序码。例如:010101001 表示建筑工程(01)土石方工程(01)土方工程(01)平整场地(001);020105003 表示装饰装修工程(02)楼地面工程(01)踢脚线(05)块料踢脚线(003)。

十至十二位为工程量清单项目顺序码,应根据建设工程的工程量清单项目名称设置,同一招标工程的项目编码不得有重码。当同一标段(或合同段)只含有一个单位工程时,若该工程设计有两种不同强度等级的现浇混凝土矩形柱,可以用五级编码分别列项:如用 010402001001 表示 C25 现浇混凝土矩形柱;用 010402001002(现浇矩形柱清单项目第二项)表示 C30 现浇混凝土矩形柱。

当一个标段(或合同段)的工程量清单含有多个单项或单位工程,且工程量清单是以单项或单位工程为编制对象时,在编制工程量清单时对项目编码十到十二位的设置不得有重码。例如一个标段含有两个单位工程,每一个单位工程中都有项目特征相同的实心砖墙砌体,在工程量清单中需要反映两个不同单位工程的实心砖墙工程量,此时工程量清单应以单位工程为编制对象,第一个单位工程的实心砖墙的项目编码为 010302001001,第二个单位工程的实心砖墙的项目编码为 010302001002。

3. 项目名称的确定

项目名称应按附录 A ~ 附录 F 的项目名称与项目特征并结合拟建工程的实际情况确定。清单编制时,应以附录的项目名称为主体,考虑该项目的规格、型号、材质等特征要求,结合拟建工程的实际情况,使其工程量清单项目名称具体化、细化,尽量能反映影响工程造价的主要因素。例如,对于独立基础的土方开挖,项目名称可以具体化为挖独立基础土方。

4. 计量单位的选择

分部分项工程量清单的计量单位应按附录 A ~ 附录 F 中规定的计量单位确定。当计量单位有两个或两个以上时,应根据所编工程量清单项目的特征要求,选择最适宜表现该项目特征并方便计量的单位。

计量单位应采用基本单位,除各专业另有特殊规定外均按以下单位计量:以质量计算的项目——t 或 kg;以体积计算的项目——m^3;以面积计算的项目——m^2;以长度计算的项目——m;以自然计量单位计算的项目——个、套、块、樘、组、台等;没有具体数量的项目以宗、项;各专业有特殊计量单位的再加以说明。

工程数量的有效位数应遵守下列规定:以“吨”为单位,应保留小数点后三位数字,第四位四舍五入;以“立方米”、“平方米”、“米”、“千克”为单位,应保留小数点后两位数字,第三位四舍五入;以“个”、“项”等为单位,应取整数。

5. 工程量计算

工程量应按《计价规范》附录中规定的工程量计算规则计算。工程量计算规则是指对清单项目工程量的计算规定。除另有说明外，所有清单项目的工程量应以实体工程量为准，以完成以后的净值计算，投标人在报价时，应在单价中考虑施工中的各种损耗和需要增加的工程量。

6. 项目特征描述

项目特征是指构成分部分项工程量清单项目、措施项目自身价值的本质特征。项目特征是确定一个清单项目综合单价的重要依据，在工程量清单中必须对清单项目的项目特征进行准确和全面的描述。招标人应该重视分部分项工程量清单项目特征的描述，任何不描述或描述不清，均会在施工合同履约过程中产生分歧，导致纠纷、索赔。

(1)工程量清单项目特征描述的意义

①项目特征是区分清单项目的依据。项目特征描述是用来表述分部分项清单项目的实质内容，用于区分《计价规范》中同一清单条目下各个具体的清单项目。

②项目特征是确定综合单价的前提[13]。由于工程量清单项目的特征决定了工程实体的实质内容，必然直接决定了工程实体的自身价值。因此，工程量清单项目特征描述的准确与否，对于工程量清单项目综合单价的准确确定具有决定性作用。

③项目特征是履行合同义务的基础[13]。实行工程量清单计价，工程量清单及其综合单价是施工合同的组成部分，因此，如果工程量清单项目特征的描述不清楚甚至错误或遗漏，从而引起在施工过程中的更改，都会引起分歧，导致纠纷。

(2)项目特征描述的要点

项目特征的描述，应根据《计价规范》附录中有关项目特征的要求，结合技术规范、标准图集、施工图纸，按照工程结构、使用材质及规格或安装位置等拟建工程的实际要求，予以详细而准确的表述和说明。编制人在描述项目特征时，应明确以下几个方面。

①必须描述的内容

a. 涉及正确计量的内容：如门窗洞口尺寸或框外围尺寸，当门窗采用“樘”计量时，1 樘门或窗有多大，直接关系到门窗的价格，因此，必须明确描述门窗洞口或框外围尺寸。

b. 涉及结构要求的内容：如混凝土构件的混凝土强度等级，因为使用的混凝土强度等级不同，其价格也不同，所以必须描述。

c. 涉及材质要求的内容：如油漆的品种，是调和漆、还是聚氨酯漆等；管材的材质，是碳钢管，还是塑料管、不锈钢管等；还需要对管材的规格、型号进行描述。

d. 涉及安装方式的内容：如管道工程中的钢管的连接方式是螺纹连接还是焊接；塑料管是粘接连接还是热熔连接等必须描述。

②可不描述的内容

a. 对计量计价没有实质影响的内容：如对现浇混凝土柱的高度、断面大小等的特征规定可以不描述，因为混凝土构件是按“m^3”计量，对此的描述实质意义不大。

b. 应由投标人自主确定的内容：如对石方的预裂爆破的单孔深度及装药量的特征规定，若由清单编制人来描述是困难的，而由投标人在施工方案中确定，自主报价比较恰当。

c. 应由投标人根据当地材料和施工要求确定的内容：如混凝土拌和料使用的石子种类及粒径、砂的种类的特征规定可以不描述。因为混凝土拌和料使用砾石还是碎石，使用粗砂还是中砂、细砂或特细砂，除构件本身有特殊要求需要指定外，主要取决于工程所在地砂、石子材料的供应情况。至于石子的粒径大小主要取决于钢筋配筋的密度。

d. 应由施工措施解决的内容：如对现浇混凝土板、梁标高的特征规定可以不描述。因为同样的板或梁，都可以将其归并在同一个清单项目中，但由于标高的不同，将会导致因楼层的变化对同一项目提出多个清单项目，至于不同楼层的工效差异可由投标人在报价中考虑，或考虑在施工措施费中。

③可不详细描述的内容

a. 无法准确描述的内容：如土壤类别，由于我国幅员辽阔，南北东西差异较大，甚至在同一地点，表层土与表层土以下土壤的类别也不尽相同，要求清单编制人准确判定某类土壤的所占比例比较困难的，在这种情况下，可考虑将土壤类别描述为综合，注明由投标人根据地勘资料确定土壤类别后，自主报价。

b. 施工图纸、标准图集标注明确的内容：对于采用标准图集或施工图纸能够全部或部分满足项目特征描述要求的，项目特征描述可直接采用详见××图集××做法或××图号的方式；对于不能满足项目特征描述要求的部分，应用文字补充描述。由于施工图纸、标准图集是发包、承包双方都应遵守的技术文件，采用这一方法描述，既可以提高清单编制效率，又可以减少在施工过程中对项目理解的不一致。

c. 可描述为由投标人自行考虑的内容：如土方工程中的"取土运距"、"弃土运距"等。若招标人指定了取土或弃土地点时，编制人应明确描述运距；若招标人没有指定的取土或弃土地点时，编制人应将运距描述为"投标人自行考虑"，以充分体现鼓励投标人竞争的要求。

④《计价规范》规定多个计量单位的描述

有些清单项目《计价规范》给出了多个计量单位，在编制该项目清单时，清单编制人可以根据具体情况选择，但是选用不同的计量单位，其特征描述是不一样的。如"A.2.1 混凝土桩"的"预制钢筋混凝土桩"计量单位有"m"、"根"两个计量单位，当以"根"为计量单位，单桩长度应描述为确定值，只描述单桩长度即可；当以"m"为计量单位，单桩长度可以按范围值描述，并注明根数。在编制该项目的清单时，应根据《计价规范》的规定或工程实际选用适当的计量单位，并按照选定的计量单位进行恰当的特征描述。

⑤《计价规范》没有要求，但又必须描述的内容

对《计价规范》中没有项目特征要求的个别项目，但又必须描述的应予描述：例如 A.5.1"厂库房大门、特种门"的"木板大门"，规范规定可以"樘"作为计量单位，但没有要求描述门大小的特征描述，考虑到"框外围尺寸"是影响综合单价的重要因素，因此，必须给予描述，以便准确计价。同理，B.4.1"木门"、B.5.1"门油漆"、B.5.2"窗油漆"也是如此，需要编制人增加门窗的洞口尺寸或框外围尺寸的描述。

另外，对于同一个清单项目，不同的编制人可能采用不同的特征描述方式，无论何种方式，体现项目本质区别的特征和对确定项目综合单价有实质性影响的内容必须描述。

7. 补充项目

编制工程量清单出现《计价规范》附录 A～附录 F 中未包括的项目，编制人应作补充，并报省级或行业工程造价管理机构备案，省级或行业工程造价管理机构应汇总报往住房和城乡建设部标准定额研究所。

补充项目的编码由附录的顺序码与 B 和三位阿拉伯数字组成，并应从×B001 起顺序编制，同一招标工程的项目不得重码。工程量清单中需附有补充项目的名称、项目特征、计量单位、工程量计算规则、工程内容。补充项目举例如表 7.1.1[13]。

A.2.1 桩基础(010201) 表7.1.1

项目编码	项目名称	项目特征	计量单位	工程量计算规则	工程内容
AB001	钢管桩	(1)地层描述 (2)单桩长度/送桩长度 (3)钢管材质、管径、壁厚 (4)管桩填充材料种类 (5)桩倾斜度 (6)防护材料种类	m/根	按设计图示尺寸以桩长(包括桩尖)或根数计算	(1)桩制作、运输 (2)打桩、试验桩、斜桩 (3)送桩 (4)管桩填充材料、刷防护材料

(二)措施项目清单

措施项目清单应根据拟建工程的实际情况列项。通用措施项目(各专业工程的“措施项目清单”中均可列的措施项目)可按表7.1.2选择列项,专业工程的措施项目可按附录A~附录F中规定的项目选择列项,见表7.1.3、表7.1.4。

通用措施项目一览表 表7.1.2

序号	项 目 名 称	参考列项条件
1	安全文明施工(含环境保护、文明施工、安全施工、临时设施)	正常情况下都要列
2	夜间施工	拟建工程有必须连续施工要求或合同工期紧张(合同工期小于定额工期)需要安排夜间施工
3	二次搬运	根据施工现场情况
4	冬雨季施工	根据拟建工程工期要求和工程所在地气象条件
5	大型机械设备进出场及安拆	施工方案中有大型机具的使用方案或拟建工程必须使用大型机械
6	施工排水	有大气降水或其他地表水需排除
7	施工降水	根据水文地质资料,拟建工程的地下施工深度低于地下水位
8	地上、地下设施,建筑物临时保护设施	结合拟建工程有无这方面要求来选择
9	已完工程及设备保护	正常情况下都要列

建筑工程专业措施项目 表7.1.3

序 号	项 目 名 称
1.1	混凝土、钢筋混凝土模板及支架
1.2	脚手架
1.3	垂直运输机械

装饰装修工程专业措施项目 表7.1.4

序 号	项 目 名 称
1.1	脚手架
1.2	垂直运输机械
1.3	室内空气污染测试

编制措施项目清单时,《计价规范》提供的通用措施项目和专业措施项目仅作为列项的参考,对于规范未列的措施项目,可根据工程实际情况补充。

措施项目中可以计算工程量的清单项目宜采用分部分项工程量清单的方式编制,列出项目编码、项目名称、项目特征、计量单位和工程量计算规则;不能计算工程量的清单项目,以“项”为计量单位。

《计价规范》将非实体项目划分为措施项目,非实体项目又可分为两类:第一类,其费用的发生和金额的大小与使用时间、施工方法或者两个以上工序相关,与实际完成的实体工程量的多少关系不大,如大中型机械进出场及安拆费、环境保护、文明施工、临时设施等。第二类,其费用的发生和金额大小与完成的工程实体有直接关系,并且是可以精确计量的项目,如混凝土浇筑的模板工程。实际上,完成第二类措施项目和完成分部分项工程量清单项目的资源消耗都与工程量密切相关,只是第二类措施项目的资源消耗并不直接构成工程实体而已。第二类措施项目采用综合单价形式计价,便于在实体工程量发生变化时,合理调整措施费,更有利于合同管理。对于措施项目是否采用分部分项工程量清单的方式取决于后期是否会发生大的变更,例如脚手架,如果判断工程变更的风险不大,就可以按"项"来计算,直接包死价格,后期就不用调整了。

如果按照分部分项工程量清单的方式,由于《计价规范》中没有给出对应的清单项,所以应执行补充清单的相关规定。

(三)其他项目清单

工程建设标准的高低、工程的复杂程度、工程的工期长短、工程的组成内容、发包人对工程管理要求等都直接影响其他项目清单的具体内容。因此,其他项目清单应根据拟建工程的具体情况,参照《计价规范》提供的下列4项内容列项。

1. 暂列金额

暂列金额指招标人在工程量清单中暂定并包括在合同价款中的一笔款项。用于施工合同签订时尚未确定或者不可预见的所需材料、设备、服务的采购,施工中可能发生的工程变更、合同约定调整因素出现时的工程价款调整以及发生的索赔、现场签证确认等的费用。

2. 暂估价

暂估价包括材料暂估价、专业工程暂估价,是指招标人在工程量清单中提供的用于支付必然发生但暂时不能确定的材料的单价以及专业工程的金额。该项目在招标阶段预见肯定要发生,只是因为标准不明确或者需要由专业的承包人完成,暂时无法确定其价格或金额。

一般而言,为方便合同管理和计价,需要纳入分部分项工程量清单项目综合单价中的暂估价最好只是材料费,以方便投标人组价。以"项"为计量单位给出的专业工程暂估价一般应是综合暂估价,应当包括除规费、税金以外的管理费、利润等。

3. 计日工

计日工是指在施工过程中,完成发包人提出的施工图纸以外的零星项目或工作,按合同中约定的综合单价计价。计日工以完成零星工作所消耗的人工工时、材料数量、机械台班进行计量,并按照计日工表中填报的适用项目单价进行计价支付。

计日工是为了解决现场发生的零星工作的计价而设立的。这里所说的零星工作一般是指合同约定之外的或者因变更而产生的、工程量清单中没有相应项目的额外工作,尤其是那些时间不允许事先商定价格的额外工作。

编制工程量清单时,计日工表中的人工应按工种,材料和机械应按规格、型号详细列项。其中人工、材料、机械数量,应由招标人根据工程的复杂程度,工程设计质量的优劣及设计深度等因素,按照经验来估算一个比较贴近实际的数量,并作为暂定量写到计日工表中,纳入有效投标竞争,以期获得合理的计日工的单价。工程结算时,工程量按承包人实际完成的计算,单价按承包人中标时填报的单价计价支付。

4. 总承包服务费

总承包服务费是指总承包人为配合协调发包人进行的工程分包以及自行采购的设备、材料等进行管理、服务以及施工现场管理、竣工资料汇总整理等服务所需的费用。

总承包服务费是为了解决招标人在法律、法规允许的条件下进行专业工程发包以及自行采购供应材料、设备时，要求总承包人对发包的专业工程提供协调和配合服务（如分包人使用总包人的脚手架、水电接驳等）；对供应的材料、设备提供收、发和保管服务以及对施工现场进行统一管理；对竣工资料进行统一汇总整理等发生并向总承包人支付的费用。招标人应当预计该项费用并按投标人投标报价向投标人支付该项费用。

编制其他项目清单时，《计价规范》提供的其他项目仅作为列项的参考，出现《计价规范》未列的项目，工程量清单编制人可根据工程实际情况进行补充。如在竣工结算时，将索赔、现场签证列入其他项目中。

（四）规费项目清单

规费项目清单应按照《计价规范》列出的工程排污费、工程定额测定费、社会保障费（包括养老保险费、失业保险费、医疗保险费）、住房公积金、危险作业意外伤害保险进行列项。规费作为政府和有关权力部门规定必须缴纳的费用，政府和有关权利部门可以根据形势发展需要，对规费项目进行调整。因此，对于《计价规范》未包括的规费项目，在计算规费时应根据省级政府和省级有关权利部门的规定进行补充。

（五）税金项目清单

税金项目清单应包括营业税、城市维护建设税、教育费附加。如果国家税法发生变化或地方政府及税务部门依据职权对税种进行了调整，应对税金项目清单进行相应调整。

第二节　工程量清单计价

一、工程量清单计价一般规定

（一）清单计价下的建筑安装工程造价组成与计算

1. 清单计价下的建筑安装工程造价组成

采用工程量清单计价，建设工程造价由分部分项工程费、措施项目费、其他项目费、规费和税金组成[13]，如图 7.2.1 所示。

《计价规范》规定的建筑安装工程造价构成是基于建筑安装工程在工程交易和工程实施阶段工程造价的组价要求，包括索赔等内容，但是在费用项目组成上还是和《费用项目组成》的规定是一致的，只是在计算角度上存在差异。

2. 清单计价下的建筑安装工程造价计算

采用工程量清单计价模式，建筑安装工程造价计算方法见表 7.2.1。

建筑安装工程造价计算方法　　表 7.2.1

序　　号	费用名称	计算方法
建筑安装工程造价	分部分项工程费	∑各项清单工程量 × 分部分项工程综合单价
	措施项目费	以综合单价计价的措施项目费 = ∑措施项目工程量 × 措施项目综合单价
		以“项”计价的措施项目费 = 计算基础 × 费率
	其他项目费	暂列金额 + 暂估价 + 计日工 + 总承包服务费
	规费	计算基础 × 费率
	税金	（分部分项工程费 + 措施项目费 + 其他项目费 + 规费）× 税率

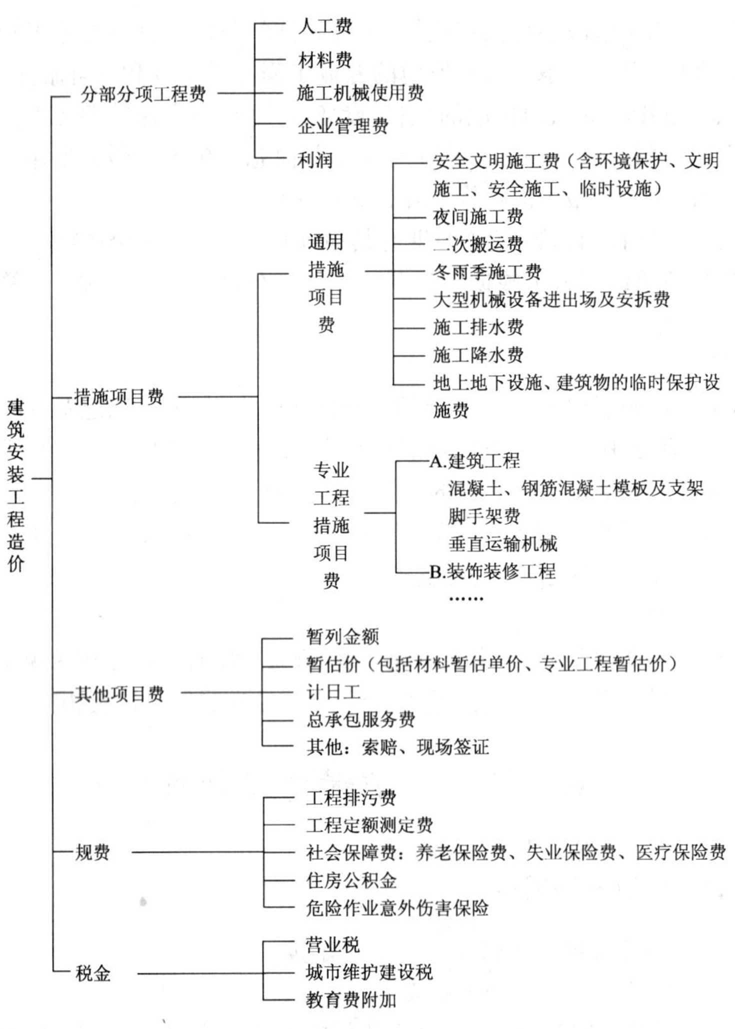

图7.2.1　工程量清单计价的建筑安装工程造价组成

（二）分部分项工程量清单计价

1.综合单价的组成内容

按照《建筑工程施工发包与承包计价管理办法》（建设部令第107号）规定，工程计价方法包括工料单价法和综合单价法。综合单价法计价，分部分项工程单价采用全费用单价，其内容包括完成规定计量单位的合格产品所需要的直接工程费、间接费、利润、税金（措施费也可按此方法生成全费用单价）。

清单计价模式下，分部分项工程量清单项目和可以计算工程量的措施项目应采用综合单价计价，《计价规范》规定："综合单价指完成一个规定计量单位的分部分项工程量清单项目或措施清单项目所需的人工费、材料费、施工机械使用费、企业管理费与利润，以及一定范围内的风险费用。"这里"综合"有两层含义：一是包含完成一个规定计量单位分部分项工程量清单项目或措施清单项目所需要的全部工程内容；二是包含完成一个规定计量单位分部分项工程量清单项目或措施清单项目所需要的除规费和税金外的全部费用。具体来说，综合单价应包括以下内容：

（1）清单项目对应主项工程的一个清单计量单位人工费、材料费、机械费、企业管理费、利润；

(2)与该主项一个清单计量单位所组合的各项工程(附项)的人工费、材料费、机械费、企业管理费、利润；

(3)在不同条件下施工需增加的人工费、材料费、机械费、企业管理费、利润；

(4)招标文件要求投标人承担的人工、材料、施工机械动态价格调整与相应的企业管理费、利润调整及其他风险费用。

综上所述,《计价规范》定义的综合单价是一个不完全的全费用单价,工程造价管理实践中应注意区别其与全费用单价的费用构成,本书中提到的综合单价,如不做特殊说明,均特指《计价规范》定义的综合单价。

2. 综合单价的计算

(1)清单工程量与计价工程量

综合单价的计算要求区分清单工程量和计价工程量(或施工工程量)。清单工程量是指按照《计价规范》、施工设计文件计算出的分部分项工程量清单项目或措施清单项目的工程数量。计价工程量(或施工工程量)是指投标人(招标人或其委托工程造价咨询人)根据工程量清单、施工设计文件、施工组织设计、企业定额(或预算定额)及相应的工程量计算规则计算出的,用以满足清单计价(或施工安排)的工程数量。清单工程量与计价工程量的对比见表7.2.2。

清单工程量与计价工程量对比 表7.2.2

项目	清单工程量	计价工程量(施工工程量)	备 注
工程内容	一般以一个“综合实体”考虑,包括了较多的工程内容,据此规定了工程量计算规则	一般按照施工工序进行设置,包括的工程内容较少,据此规定了工程量计算规则	
作用对象	清单工程量计算规则是针对清单项目主项工程计量设置的规则,不对主项工程以外的附项工程的计量进行规范和约束	为满足清单计价要求,针对清单项目所包括的工程内容,设置较详细的工程量计算规则(与设计、施工方案、选用定额有关)	
计算方法	清单工程量均以工程实体的净量为准	完成相应的清单项目,采用某定额计价时定额计量规则或实际施工时必须完成的工程量	

清单项目一般以一个“综合实体”考虑,包括了较多的工程内容,计价时,可能出现一个清单项目对应多个企业定额(或预算定额)项目的情况,这时需要分别计算各个定额项目的计价工程量。即便是一个清单项目对应一个定额项目时,也可能由于定额工程量计算规则或施工方案规定与《计价规范》工程量计算规则不一致,需要重新计算确定计价工程量。

综合单价的计算应根据设计要求,可参考预算定额或企业定额。在进行分部分项综合单价分析计算时,清单工程量为工程实体工程量。若采用定额中计量单位、工程量计算规则与《计价规范》不一致时,应按《计价规范》规定的计量单位和计算的清单工程量进行折算。如采用定额基价进行单价分析时,工程量应按定额工程量计算规则进行计算。定额计价的工程量计量单位与清单工程量计量单位可能不同,在报价时应将其价值按清单工程量分摊,计入综合单价中。

(2)综合单价计算的数学模型

综合单价应包含完成单位清单项目相应的全部工程内容的除规费、税金之外的各种费用,通常计算清单项目综合单价有两种思路:综合费用法和含量系数法。

①综合费用法

综合费用法的思路是先计算完成清单项目全部的工程量需要实际施工的所有工程内容的人工费、材料费、施工机械使用费、企业管理费、利润及一定的风险费，再除以清单工程量得到综合单价。具体计算步骤如下：

a. 主项计价工程量 × 主项工料机单价 = 主项计价量直接工程费；

b. 附项计价工程量 × 附项工料机单价 = 附项计价量直接工程费；

上述两式中，工料机单价 = ∑定额用工量 × 人工单价 + ∑定额材料量 × 材料单价 + ∑定额机械台班量 × 机械台班单价；

c. 计价工程量直接工程费 = ∑(主项计价量直接工程费 + 附项计价量直接工程费)；

d. 计价工程量综合费用 = 计价量直接工程费 + 管理费 + 利润 + 风险费；

e. 综合单价 = 计价工程量综合费用 ÷ 清单工程量。

②含量系数法

含量系数法的思路是先计算完成单位清单项目需要实际施工的各项工程内容的计价工程量，再计算清单项目工料机单价，最后计取企业管理费、利润及一定的风险费，得到综合单价。具体计算步骤如下：

a. $主(附)项含量系数 = \dfrac{主(附)项计价工程量}{清单工程量}$

b. 清单项目工料机单价 = ∑(主项含量系数 × 主项工料机单价 + 附项含量系数 × 附项工料机单价)

c. 清单项目综合单价 = 工料机单价 + 单位清单项目管理费 + 单位清单项目利润 + 单位清单项目风险费

3. 工程量在招标阶段作用及其在竣工结算中的确定原则

招标文件中的工程量清单标明的工程量是投标人投标报价的共同基础，竣工结算的工程量按发、承包双方在合同中约定应予计量且实际完成的工程量确定。

招标文件中的工程量清单标明的工程量是招标人根据拟建工程设计文件预计的工程量，既是投标人投标报价的共同基础，又是对投标人投标报价进行评审的平台，但是不能作为承包人在履行合同义务中应予完成的实际和准确的工程量。发承包双方进行工程竣工结算的工程量应按照发、承包双方认可的实际完成工程量确定，而不是招标文件中工程量清单中所列的工程量。

(三)措施项目清单计价

1. 可以计算工程量的措施项目

措施项目清单计价应根据拟建工程的施工组织设计，可以计算工程量的措施项目，应按分部分项工程量清单的方式采用综合单价计价。

2. 以“项”为单位的措施项目

该类措施项目计价时，应计取人工费、材料费、施工机械使用费、企业管理费、利润和一定范围内的风险，不计取规费和税金。

3. 安全文明施工费

措施项目清单中的安全文明施工费应按照国家或省级、行业建设主管部门的规定计价，不得作为竞争性费用(强制性条文4.1.5)。

根据《中华人民共和国安全生产法》、《中华人民共和国建筑法》、《建设工程安全生产管理条例》、《安全生产许可证条例》等法律、法规的规定,2005 年 6 月 7 日,原建设部办公厅印发了“关于印发《建筑工程安全防护、文明施工措施费及使用管理规定》的通知”(建办[2005]89号,将安全文明施工费纳入国家强制性管理范围,规定“投标方安全防护、文明施工措施的报价,不得低于依据工程所在地工程造价管理机构测定费率计算所需费用总额的 90%”。2006 年12 月 8 日,财政部、国家安全生产监督管理总局印发《高危行业企业安全生产费用财务管理暂行办法》(财企[2006]478 号)第八条规定:“建筑施工企业提取的安全费用列入工程造价,在竞标时,不得删减”。根据以上规定,并考虑安全生产、文明施工的管理与要求日益提高,《计价规范》规定了措施项目清单中的安全文明施工费不得作为竞争性费用,招标人不得要求投标人对于该项费用进行优惠,投标人也不得将该项费用参与市场竞争。

安全文明施工费应按照国家或省级建设行政主管部门或行业建设主管部门规定的费用标准计价。

【例 7.2.1】 某省定额规定:安全防护、文明施工费按照建设工程项目的实体部分与可竞争措施项目的人工费与机械费之和乘以定额给定的系数或自己测算的系数计算。若分部分项工程费中人工费加机械费 300 万元,可竞争措施项目包括混凝土、钢筋混凝土模板及支架 50 万元,其中人工费加机械费 15 万元;脚手架 20 万,其中人工费加机械费 6 万元;垂直运输费40 万元,其中人工费加机械费 12 万元。若参考该省定额,安全文明施工费系数为 10.90%。试求该工程在编制招标控制价时应考虑的安全文明施工费是多少。

解:$(300+15+6+12)\times 10.90\% = 36.297$ 万元

(四)其他项目清单计价

在编制招标控制价、投标报价、竣工结算时,计算其他项目费的要求并不一样,因此,在工程实施的不同阶段,其他项目清单应根据工程特点和《计价规范》相应规定计价。

招标人在工程量清单中提供了暂估价的材料和专业工程属于依法必须招标的,由承包人和招标人共同通过招标确定材料单价与专业工程分包价。若材料不属于依法必须招标的,经发、承包双方协商确认单价后计价。若专业工程不属于依法必须招标的,由发包人、总承包人与分包人按有关计价依据进行计价。

根据《工程建设项目货物招标投标办法》(国家发改委、原建设部等七部委 27 号令)第五条规定:“以暂估价形式包括在总承包范围内的货物达到国家规定规模标准的,应当由总承包中标人和工程建设项目招标人共同依法组织招标”。

实践中,对于如何进行材料或专业分包工程共同招标,一直缺少统一的认识。下面给出一种共同招标的操作原则:由施工总承包人作为招标人,采购合同应当由总承包人签订[13]。其原因:一是属于总承包范围内的材料设备,采购主体是总承包人;二是总承包范围内的工程的质量、安全和工期的责任主体是一元化的,均归于总承包人;三是避免出现两方作为共同招标人、一方作为合同主体的法律难题。

建设项目招标人可以通过合同约定相关的程序,来保证招标人对此类招标组织的参与、决策和控制,以有效约束总承包人,实现共同招标。具体的合同约定应体现以下原则:一是由总承包人作为招标项目的招标人;二是建设项目招标人的参与主要体现在对相关项目招标文件、评标标准和方法等能够体现招标目的和招标要求的文件进行审批,未经审批不得发出招标文件,甚至可以在招标文件中明确约定,相关招标项目的招标文件只有经过建设项目招标人审批并加盖其法人印章后才能生效;三是评标时建设项目招标人可以依照国家发改委、原建设部等七部委 27 号令规定,作为共同的招标组织者,可以派代表进入评标委员会参与评标,否则,中标结果对建设项目招标人没有约束力，并且建设项目招标人有权拒绝对相应项目拨付工程款，对相关工程拒绝验收。

需要指出的是，对于达到现行法规规定的规模标准的重要材料设备，应当依法共同招标，其范围还包括延续到专业分包合同中的重要材料设备。

总承包招标时，专业工程设计深度往往是不够的，一般需要交由专业设计人设计，国际上，出于提高可建造性考虑，一般由专业承包人负责设计，以纳入其专业技能和专业施工经验。这类专业工程交由专业分包人完成是国际工程的良好实践，目前在我国工程建设领域也已经比较普遍。通过建设项目招标人与施工总承包人共同组织的招标，可以公开、透明地合理确定这类暂估价的实际开支金额。

对未达到法律、法规规定的规模标准的材料设备，需要约定定价的程序，需要与材料样品报批程序相互衔接。

(五)规费和税金计价

规费和税金都是工程造价的组成部分，但是其费用内容和计取标准都不是发、承包人能自主确定的，更不由市场竞争决定的。《计价规范》规定："规费和税金应按国家或省级、行业建设主管部门的规定计算，不得作为竞争性费用"(强制性条文4.1.8)。

例如，河北省规定的规费组成及计费基数如表7.2.3所示，规费费用标准如本书表4.1.8~表4.1.10所示。

规费组成及计费基数 表7.2.3

序　号	规费名称	计费基数
1	养老保险费	直接费中人工费+机械费
2	医疗保险费	
3	失业保险费	
4	生育保险费	
5	住房公积金	
6	工伤保险费	
7	危险作业意外伤害保险	
8	工程排污费	
9	河道工程修建维护管理费	
10	职工教育经费	

注：规费计费基数中，直接费中的人工费、机械费均按照各专业消耗量定额规定的人工、机械消耗量及基期价格计算。

(六)工程风险确定原则

采用工程量清单计价的工程，应在招标文件或合同中明确风险内容及其范围(幅度)，不得采用无限风险、所有风险或类似语句来规定风险内容及其范围(幅度)。

这里所说的风险是工程建设施工阶段发、承包双方在招投标活动和合同履约及施工中所面临涉及工程计价方面的风险。在工程建设施工发包中实行风险共担和合理分摊原则是实现建设市场交易公平性的的具体体现，是维护建设市场正常秩序的措施之一。

在工程施工阶段，发、承包双方都面临许多风险，但不是所有的风险以及无限度的风险都应由承包人承担，而是应按照风险共担的原则，对风险进行合理分摊。其具体体现则是在招标文件或合同中对发、承包双方各自应承担的风险内容及其风险范围或幅度进行界定和明确，而不能要求承包人承担所有风险或无限度风险。

据国际惯例并结合我国社会主义市场经济条件下的工程建设的实际情况，发、承包双方对施工阶段的风险宜采用如下分摊原则：

(1)对于主要由市场价格波动导致的价格风险，如工程造价中的建筑材料、燃料等价格风险发、承包双方应在招标文件中或在合同中对此类风险的范围和幅度予以明确约定，进行合理分摊。根据工程特点和工期要求，承包人承担的材料价格风险和施工机械使用费风险宜分别控制在5%和10%以内，超过者予以调整。

(2)目前我国工程建设实践中，各省、自治区、直辖市建设行政主管部门均根据当地劳动行政主管部门的有关规定发布人工成本信息，对于关系职工切身利益的人工费不宜纳入风险，应按照有关人工单价规定调整。

(3)对于承包人根据自身技术水平、管理、经营状况能够自主控制的风险，如承包人的管理费、利润风险，承包人应结合市场情况，根据企业自身实际合理确定、自主报价，该部分风险由承包人全部承担。

(4)对于法律、法规、规章或有关政策出台导致工程税金、规费发生变化，并由省级、行业建设行政主管部门或其授权的工程造价管理机构根据上述变化发布政策性调整，承包人不应承担此类风险，应按照有关调整规定执行。

二、招标控制价

(一)工程建设项目招标控制价编制和使用的原则

(1)“国有资金投资的工程建设项目应实行工程量清单招标，并应编制招标控制价”。国有资金投资的工程在进行招标时，根据《中华人民共和国招标投标法》第二十二条二款的规定，“招标人设有标底的，标底必须保密”。但由于实行工程量清单招标后，由于招标方式的改变，标底保密这一法律规定已不能起到有效遏止哄抬标价的作用，我国有的地区和部门已经发生了在招标项目上所有投标人的报价均高于标底的现象，致使中标人的中标价高于招标人的预算，对招标工程的项目业主带来了困扰。因此，为有利于客观、合理的评审投标报价和避免哄抬标价，造成国有资产流失，招标人应编制招标控制价，作为招标人能够接受的最高交易价格。

(2)“招标控制价超过批准的概算时，招标人应将其报原概算审批部门审核”。我国对国有资金投资项目的投资控制实行的是投资概算控制制度，项目投资原则上不能超过批准的投资概算。因此，国有资金投资的工程在招标过程中，当招标人编制的招标控制价超过批准的概算时，招标人应当将超过概算的招标控制价报原概算审批部门重新审核。

(3)“投标人的投标报价高于招标控制价的，其投标应予以拒绝”。根据《中华人民共和国政府采购法》第二条和第四条的规定，财政性资金投资的工程属政府采购范围，政府采购工程进行招标投标的，适用招标投标法。国有资金投资的工程，其招标控制价相当于政府采购中的采购预算。《中华人民共和国政府采购法》第三十六条规定：“在招标采购中，出现下列情形之一的，应予废标……(三)投标人的报价均超过了采购预算，采购人不能支付的”。根据政府采购法第三十六条的精神，《计价规范》规定在国有资金投资工程的招投标活动中，投标人的投标报价不能超过招标控制价，否则，其投标将被拒绝。

(二)招标控制价编制人和编制依据

1. 编制人要求

“招标控制价应由具有编制能力的招标人，或受其委托具有相应资质的工程造价咨询人编制”。招标控制价应由招标人负责编制，但当招标人不具备编制招标控制价的能力时，则应委托具有相应工程造价咨询资质的工程造价咨询人编制。此次所说的具有相应资质的工程造价咨询人是指根据《工程造价咨询企业管理办法》（建设部令第149号）的规定，依法取得工程造价咨询企业资质，并在其资质许可的范围内接受招标人的委托，编制招标控制价的工程造价咨询企业。即取得甲级工程造价咨询资质的咨询人可承担各类建设项目的招标控制价编制，取得乙级（包括乙级暂定）工程造价咨询资质的咨询人，则只能承担5000万元以下的招标控制价的编制。

此外，需要说明的是工程造价咨询人不得同时接受招标人和投标人对同一工程的招标控制价和投标报价的编制。

2. 招标控制价编制依据

（1）《计价规范》；

（2）国家、省级建设行政主管部门或行业建设主管部门颁发的计价定额和计价办法；

（3）建设工程设计文件及相关资料；

（4）招标文件中的工程量清单及有关要求；

（5）与建设项目相关的标准、规范、技术资料；

（6）工程造价管理机构发布的工程造价信息，工程造价信息没有发布的应通过市场调查确定市场价；

（7）其他的相关资料。

（三）招标控制价汇总计算

在建筑安装工程交易阶段，招标控制价是按招标文件规定，完成工程量清单所列项目的全部费用，其内涵可从以下几方面来理解：（1）费用项目组成上包括分部分项工程费、措施项目费、其他项目费和规费、税金；（2）包括完成工程量清单中每分项工程所含全部工程内容的费用；（3）包括完成工程量清单中每项工程内容所需的全部费用；（4）包括工程量清单中没有体现的施工中又必须发生的工程内容所需的费用；（5）考虑由于约定范围内风险而增加的费用。

招标控制价的计算是一个逐级组合汇总的过程：单位工程招标控制价 = 分部分项工程费 + 措施项目费 + 其他项目费 + 规费 + 税金；单项工程招标控制价 = $\sum$单位工程招标控制价；工程项目招标控制价 = $\sum$单项工程招标控制价。可以看出工程项目招标控制价汇总计算的基础是分别计算单位工程的分部分项工程费、措施项目费、其他项目费、规费和税金。

1. 分部分项工程费计价

分部分项工程费 = $\sum$分部分项工程量 × 综合单价。

采用的分部分项工程量应是招标文件中工程量清单提供的工程量；综合单价应根据工程量清单中的分部分项工程量清单项目的特征描述及有关要求、行业建设主管部门颁发的计价定额和计价办法等编制依据计算生成。

为使招标控制价与投标报价所包含的内容一致，综合单价中应包括招标文件中招标人要求投标人承担的风险内容及其范围（幅度）产生的风险费用，可以风险费率的形式进行计算。招标文件提供了暂估单价的材料，按暂估的单价计入综合单价。

2. 措施项目费计价

措施项目费分为以综合单价计价的措施项目费；以“项”为单位的措施项目费；安全文明施工费，分别按照工程量清单计价一般规定中措施项目费计价方法计价。

3. 其他项目费计价

(1) 暂列金额

为保证工程施工建设的顺利实施,应对施工过程中可能出现的各种不确定因素对工程造价的影响,在招标控制价中需估算一笔暂列金额。暂列金额可根据工程的复杂程度、设计深度、工程环境条件(包括地质、水文、气候条件等)进行估算,一般可按分部分项工程费的10% ~15%作为参考。

(2) 暂估价

暂估价包括材料暂估价和专业工程暂估价。材料暂估单价应按工程造价管理机构发布的工程造价信息中的材料单价计算;工程造价信息未发布的材料单价,其单价参考市场价格估算。专业工程暂估价应分不同的专业,按有关计价规定进行估算。

(3) 计日工

计日工包括计日工人工、材料和施工机械。在编制招标控制价时,对计日工中的人工单价和施工机械台班单价应按省级、行业建设主管部门或其授权的工程造价管理机构公布的单价计算;材料应按工程造价管理机构发布的工程造价信息中的材料单价计算,工程造价信息未发布材料单价的材料,其价格应按市场调查确定的单价计算。

(4) 总承包服务费

编制招标控制价时,招标人应根据招标文件列出的内容和向总承包人提出的要求,参照下列标准估算总承包服务费:

①招标人仅要求对分包的专业工程进行总承包管理和协调时,按分包的专业工程估算造价的1.5%计算;

②招标人要求对分包的专业工程进行总承包管理和协调,并同时要求提供配合服务时,根据招标文件列出的配合服务内容和提出的要求,按分包的专业工程估算造价的3% ~5%计算;

③招标人自行供应材料的,按招标人供应材料价值的1%计算。

4. 规费和税金

规费和税金应按国家或省级、行业建设主管部门规定的标准计算。

(四) 招标控制价的管理

1. 招标控制价的公布和备查

招标控制价应在招标时公布,不应上调或下浮,招标人应将招标控制价及有关资料报送工程所在地工程造价管理机构备查。招标控制价的编制特点和作用决定了招标控制价不同于标底,无需保密。为体现招标的公开、公平、公正性,防止招标人有意抬高或压低工程造价,给投标人以错误信息,因此规定招标人应在招标文件中如实公布招标控制价,不得对所编制的招标控制价进行上浮或下调。招标人在招标文件中公布招标控制价时,应公布招标控制价各组成部分的详细内容,不得只公布招标控制价总价,并应将招标控制价报工程所在地工程造价管理机构备查。

2. 投标人的投诉权

投标人经复核认为招标人公布的招标控制价未按照《计价规范》的规定进行编制的,应在开标前5天向招投标监督机构或(和)工程造价管理机构投诉。招投标监督机构应会同工程造价管理机构对投诉进行处理,发现确有错误的,应责成招标人修改。

《计价规范》在赋予投标人对招标人不按《计价规范》规定编制招标控制价进行投诉的权

利的同时，要求招投标监督机构和工程造价管理机构担负并履行对未按《计价规范》规定编制招标控制价的行为进行监督处理的责任。

三、投标价

（一）投标价的确定与填写原则

1. 投标价自主确定，但不得低于成本

投标价应由投标人或受其委托具有相应资质的工程造价咨询人编制。投标价由投标人自主确定，但不得低于成本，且必须执行《计价规范》的强制性条文（如不能将不可竞争性费用参与竞争）。

投标人自主报价是市场竞争形成价格的体现。《中华人民共和国反不正当竞争法》第十一条规定：经营者不得以排挤竞争对手为目的，以低于成本的价格销售商品”。《中华人民共和国招标投标法》第三十三条规定：“投标人不得以低于成本的报价竞标”。《评标委员会和评标方法暂行规定》（2001 年国家计委等七部委第 12 号令）第二十一条规定：“在评标过程中，评标委员会发现投标人的报价明显低于其他投标报价或者在设有标底时明显低于标底，使得其投标报价可能低于其个别成本的，应当要求该投标人作出书面说明并提供相关证明材料。投标人不能合理说明或者不能提供相关证明材料的，由评标委员会认定该投标人以低于成本报价竞标，其投标应作废标处理”。根据上述法律、法规规定，《计价规范》规定投标价不得低于成本。

2. 按招标人提供的工程量清单填报价格

实行工程量清单招标，招标人在招标文件中提供工程量清单，其目的是使各投标人在投标报价中具有共同的竞争平台。因此，为避免出现差错，要求投标人在投标报价中填写的工程量清单的项目编码、项目名称、项目特征、计量单位、工程数量必须与招标人招标文件中提供的一致。

工程量清单与计价表中列明的所有需要填写的单价和合价，投标人均应填写，未填写的单价和合价，视为此项费用已包含在工程量清单的其他单价和合价中。在施工过程中此项费用得不到支付，在竣工结算时，此项费用将不被承认。

（二）投标报价编制依据

《建筑工程施工发包与承包计价管理办法》（建设部令第 107 号）第七条规定“投标报价应当依据企业定额和市场价格信息，并按照国务院和省、自治区、直辖市人民政府建设行政主管部门发布的工程造价计价办法进行编制。”结合建筑市场的实际情况，《计价规范》明确了以下投标报价编制依据：

（1）《计价规范》；

（2）国家或省级、行业建设主管部门颁发的计价办法；

（3）企业定额，国家或省级、行业建设主管部门颁发的计价定额；

（4）招标文件、工程量清单及其补充通知、答疑纪要；

（5）建设工程设计文件及相关资料；

（6）施工现场情况、工程特点及拟定的投标施工组织设计或施工方案；

（7）与建设项目相关的标准、规范等技术资料；

（8）市场价格信息或工程造价管理机构发布的工程造价信息；

（9）其他的相关资料。

上述投标报价编制依据的规定体现了投标报价的基本特点:第一,《计价规范》和国家或省级、行业建设主管部门颁发的计价办法应当执行;第二,使用定额应是企业定额,也可以使用国家或省级、行业建设主管部门颁发的计价定额;第三,采用价格应是市场价格,也可以使用工程造价管理机构发布的工程造价信息。第一个特点体现了政府的宏观调控要求,后两个特点则体现了企业自主报价的要求。

(三)投标价汇总计算

投标价包括应按招标文件规定,完成工程量清单所列项目的全部费用,其汇总计算流程与招标控制价汇总流程相同,但是各单位工程分部分项工程费、措施项目费、其他项目费计算依据不同。

1. 分部分项工程费报价

分部分项工程费报价的核心是确定综合单价,计算综合单价的主要依据包括:

(1)工程量清单项目特征描述

工程量清单中项目特征的描述决定了清单项目的实质,直接决定了工程的价值,是投标人确定综合单价最重要的依据。在招投标过程中,当出现招标文件中分部分项工程量清单特征描述与设计图纸不符时,投标人应以分部分项工程量清单的项目特征描述为准,确定投标报价的综合单价。当施工中施工图纸或设计变更与工程量清单项目特征描述不一致时,发、承包双方应按实际施工的项目特征,依据合同约定重新确定综合单价。

(2)企业定额

企业定额是施工企业根据本企业具有的管理水平、拥有的施工技术和施工机械装备水平而编制的,完成一个规定计量单位的工程项目所需的人工、材料、施工机械台班等的消耗标准,是施工企业内部进行施工管理的标准,也是施工企业投标报价时确定综合单价的依据之一。

(3)资源可获取价格

综合单价中的人工费、材料费、机械费是以企业定额的人、材、机消耗量乘以相应人、材、机的实际价格得出的,因此投标人拟投入的人、材、机等资源的可获取价格直接影响综合单价高低。

(4)企业管理费、利润率

企业管理费费率可由投标人根据本企业近年的企业管理费核算数据自行测定,当然也可以参照当地造价管理部门发布的平均参考值。

利润率可由投标人根据本企业当前盈利情况、施工水平、拟投标工程的竞争情况以及企业当前经营策略自主地确定。

(5)风险费用

招标文件中要求投标人承担的风险费用,投标人应在综合单价中给予考虑,通常以风险费率的形式进行计算。风险费率的测算应根据招标人要求结合投标企业当前风险控制水平进行定量测算。在施工过程中,当出现的风险内容及其范围(幅度)在招标文件规定的范围(幅度)内时,综合单价不得变动,工程价款不作调整。

(6)材料暂估价

招标文件中提供了暂估单价的材料,按暂估的单价进入综合单价。

2. 措施项目费报价

《计价规范》规定"投标人可根据工程实际情况结合施工组织设计,对招标人所列的措施项目进行增补。"由于各投标人拥有的施工装备、技术水平和采用的施工方法有所差异,招标人提出的措施项目清单是根据一般情况确定的，没有考虑不同投标人的“个性”，投标人投标时应根据自身编制的投标施工组织设计（或施工方案）确定措施项目，并对招标人提供的措施项目进行调整。投标人根据投标施工组织设计（或施工方案）调整和确定的措施项目应通过评标委员会的评审。

措施项目费的计算应注意：

（1）措施项目的内容应考虑齐全。首先，应依据招标人提供的措施项目清单和投标人投标时拟定的施工组织设计或施工方案，以确定材料的二次搬运、夜间施工、大型机具进出场及安拆、混凝土模板与支架、脚手架、施工排水、施工降水、垂直运输机械等项目。其次，参阅相关的施工规范与工程验收规范，确定施工技术方案没有表述的，但是为了实现施工规范与工程验收规范要求而必须发生的技术措施。另外，考虑招标文件中提出的某些必须通过一定的技术措施才能实现的要求或设计文件中一些不足以写进技术方案的，但是要通过一定的技术措施才能实现的内容。

（2）措施项目费的计价方式应根据招标文件的规定，可以计算工程量的措施清单项目采用综合单价方式报价，其余的措施清单项目采用以“项”为计量单位的方式报价。

（3）措施项目费由投标人自主确定，但其中安全文明施工费应按国家或省级、行业建设主管部门的规定确定。

3. 其他项目费报价

（1）暂列金额应按招标人在其他项目清单中列出的金额填写，不得变动。

（2）暂估价不得变动和更改。材料暂估价应按招标人在其他项目清单中列出的单价计入综合单价；专业工程暂估价应按招标人在其他项目清单中列出的金额填写。

（3）计日工按招标人在计日工表（表-12-4）中列出的项目和数量（招标人估算的），自主确定综合单价并计算计日工费用。对于计日工表中招标人填写的项目与数量，投标人不得随意更改，且必须进行报价。如果不报价，招标人有权认为投标人就未报价内容无偿为自己服务。当投标人认为招标人列项不全时，投标人可自行增加列项并确定本项目的工程数量及计价。

（4）总承包服务费应依据招标人在招标文件中列出的分包专业工程内容和供应材料、设备情况，按照招标人提出的协调、配合与服务要求和施工现场管理需要自主确定。

4. 规费和税金报价

规费和税金应按国家或省级、行业建设主管部门的规定计算，不得作为竞争性费用。规费和税金的计取标准是依据有关法律、法规和政策规定制定的，具有强制性。投标人是法律、法规和政策的执行者，不能改变，更不能制定，而必须按照法律、法规、政策的有关规定执行。

实行工程量清单招标，投标人的投标总价应当与分部分项工程费、措施项目费、其他项目费和规费、税金的合计金额相一致，即投标人在进行工程量清单招标的投标报价时，不能进行投标总价优惠（或降价、让利），投标人对投标报价的任何优惠（或降价、让利）均应反映在相应清单项目的综合单价中。

四、投标报价步骤

1. 计算初步投标价

投标人应根据招标文件的要求及相关计价依据计算初步投标价。采用工程量清单计价时，初步投标价包括分部分项工程费、措施项目费、其他项目费、规费和税金。

2. 校正、调整初步投标价

初步投标价计算完成后需要对其进行核查,校正计算方面的错误。校正完成后,分析单价是否存在偏高或偏低的情况,是否存在与招标文件要求或企业拟定施工组织设计不符合的情况,并对其进行调整,得到基础投标价。如拟建工程采用单价合同,投标人还可以运用不平衡报价法,调整内部各个项目的报价,达到既不提高总价,又不影响中标,且能在结算时获得额外利润的目的。

3. 投标决策

以初步投标价为中等水平投标价,在此基础上,考虑减少一部分预期盈利或降低风险费率,得到低标价;考虑增加盈利或提高风险费率,得到高标价。结合竞争对手情况、企业经营情况等影响决策的因素,运用决策树等决策方法选择是以中标价、低标价、高标价之中的一个作为最终投标价。

本书侧重于工程计价原理和方法,主要介绍工程量清单计价模式下,投标人初步投报价的计算,对于投标技巧应用与投标决策方法可参考相关资料。工程量清单计价模式下,投标报价基本步骤如图 7.2.2 所示。

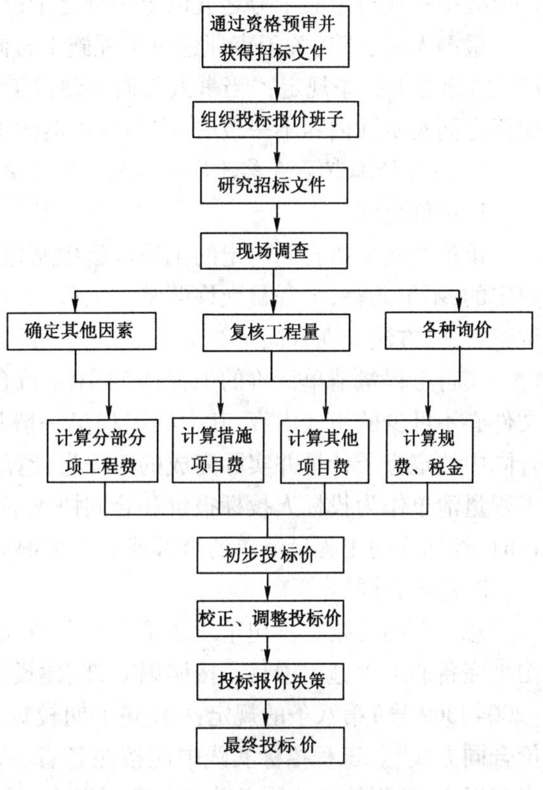

图 7.2.2　投标报价基本步骤

五、工程合同价款的约定

(一)工程合同中约定工程价款的原则

"实行招标的工程合同价款应在中标通知书发出之日起 30 天内,由发、承包双方依据招标文件和中标人的投标文件在书面合同中约定。"

《中华人民共和国合同法》第二百七十条规定:"建设工程合同应采用书面形式"。《中华人民共和国招标投标法》第四十六条规定:"招标人和中标人应当自中标通知书发出之日起 30 天内,按照招标文件和中标人的投标文件订立书面合同。招标人和中标人不得再行订立背离合同实质性内容的其他协议"。

工程合同价款的约定是建设工程合同的主要内容,根据上述有关法律条款的规定,招标工程合同价款的约定应满足以下几方面的要求:

(1)约定的依据要求:招标人向中标的投标人发出的中标通知书;

(2)约定的时限要求:自招标人发出中标通知书之日起 30 天内;

(3)约定的内容要求:招标文件和中标人的投标文件;

(4)合同的形式要求:书面合同。

不实行招标的工程合同价款,在发、承包双方认可的工程价款基础上,由发、承包双方在合同中约定。发、承包双方认可的工程价款的形式可以是承包方或设计人编制的施工图预算,也可以是发、承包双方认可的其他形式。

（二）招标工程合同约定的原则

实行招标的工程，合同约定不得违背招、投标文件中关于工期、造价、质量等方面的实质性内容。招标文件与中标人投标文件不一致的地方，以投标文件为准。因为，在工程招投标过程中，招标文件应视为要约邀请，投标文件为要约，中标通知书为承诺。因此，在签订建设工程合同时，当招标文件与中标人的投标文件有不一致的地方，应以投标文件为准。

《中华人民共和国招标投标法》第五十九条规定"招标人与中标人不按照招标文件和中标人的投标文件订立合同的，或者招标人、中标人订立背离合同实质性内容的协议的，责令改正；可以处中标项目金额千分之五以上千分之十以下的罚款"。

最高人民法院《关于审理建设工程施工合同纠纷案件适用法律问题的解释》（法释[2004]14号）第二十一条规定："当事人就同一建设工程另行订立的建设工程施工合同与经过备案的中标合同实质性内容不一致的，应当以备案的中标合同作为结算工程价款的根据"。

（三）实行工程量清单计价工程的合同形式

1. 单价合同

单价合同是指合同约定的工程价款中所包含的工程量清单项目综合单价在约定条件内是固定的，不予调整，工程量允许调整。工程量清单项目综合单价在约定的条件外，允许调整，但调整方式、方法应在合同中约定。

实行工程量清单计价的工程，宜采用单价合同。采用单价合同形式时，工程量清单是合同文件必不可少的组成内容，其中的工程量一般具备合同约束力（量可调），工程款结算时按照合同中约定应予计量并实际完成的工程量计算进行调整[13]。一般认为，工程量清单计价是以工程量清单作为投标人投标报价和合同协议书签订时合同价格的唯一载体，在合同协议书签订时，经标价的工程量清单的全部或者绝大部分内容被赋予合同约束力。

2. 总价合同

总价合同是指总价包干或总价不变合同，适用于规模不大、工序相对成熟、工期较短、施工图纸完备的工程施工项目。按照财政部、建设部印发的《建设工程价款结算暂行办法》（财建[2004]369号）第八条的规定："合同工期较短且工程合同总价较低的工程，可以采用固定总价合同方式"。工程招标实践中应按照各省、直辖市、自治区具体界定执行，如某省规定工期半年以内，工程施工合同总价200万元以内，施工图纸已经审查完备的工程施工发、承包可以采用总价合同。

总价合同也可以采用工程量清单计价，工程量清单中的工程量不具备合同约束力（量不可调），工程量以合同图纸的标示内容为准，工程量以外的其他内容一般均赋予合同约束力，以方便合同变更的计量和计价[13]。

工程量清单计价的适用性不受合同形式的影响。常见的单价合同和总价合同两种主要合同形式，均可以采用工程量清单计价，区别仅在于工程量清单中所填写的工程量的合同约束力。

（四）合同中工程价款的约定

发、承包双方应在合同条款中对下列事项进行约定。

（1）预付工程款的数额、支付时间及抵扣方式

预付工程款是发包人为解决承包人在施工准备阶段资金周转问题提供的协助。应在合同中约定预付款数额：可以是绝对数，如50万元、100万元，也可以是额度，如合同金额的10%、15%等；约定支付时间：如合同签订后一个月支付、开工日前7天支付等；约定抵扣方式：如在

工程进度款中按比例抵扣；约定违约责任：如不按合同约定支付预付款的利息计算，违约责任等。

(2)工程计量与支付工程进度款的方式、数额及时间

工程计量与进度款支付应在合同中约定计量时间和方式：可按月计量，如每月26日，可按工程形象部位（目标）分段计量，如 ±0.00 以下基础及地下室、主体结构1～3层、4～6层等。进度款支付周期与计量周期保持一致；约定支付时间：如计量后7天以内、10天以内支付；约定支付数额：如已完工作量的70%、80%等；约定违约责任：如不按合同约定支付进度款的利率、违约责任等。

(3)工程价款的调整因素、方法、程序、支付及时间

约定工程价款的调整因素：如工程变更后综合单价调整，钢材价格上涨超过投标报价时的3%，工程造价管理机构发布的人工费调整等；约定调整方法：如结算时一次调整，材料采购时报发包人调整等；约定调整程序：承包人提交调整报告交发包人，由发包人现场代表审核签字等；约定支付时间：如与工程进度款支付同时进行等。

(4)索赔与现场签证的程序、金额确认与支付时间

约定索赔与现场签证的程序：如由承包人提出、发包人现场代表或授权的监理工程师核对等；约定索赔提出时间：如知道索赔事件发生后的28天内等；约定核对时间：收到索赔报告后7天以内、10天以内等；约定支付时间：原则上与工程进度款同期支付等。

(5)发生工程价款争议的解决方法及时间

约定解决价款争议的办法：是协商、还是调解，如调解由哪个机构调解；如在合同中约定仲裁，应标明具体的仲裁机关名称，以免仲裁条款无效；或约定诉讼等。

(6)承担风险的内容、范围以及超出约定内容、范围的调整办法

约定风险的内容范围：如全部材料、主要材料等；约定物价变化调整幅度：如钢材、水泥价格涨幅超过投标报价的3%，其他材料超过投标报价的5%等。

(7)工程竣工价款结算编制与核对、支付及时间

约定承包人在什么时间提交竣工结算书，发包人或其委托的工程造价咨询企业在什么时间内核对完毕，核对完毕后，什么时间内支付结算价款等。

(8)工程质量保证（保修）金的数额、预扣方式及时间

在合同中约定工程质量保证（保修）金数额：如合同价款的3%等；约定支付方式：竣工结算一次扣清等；约定归还时间：如保修期满1年退还等。

(9)与履行合同、支付价款有关的其他事项等

合同中涉及工程价款的事项较多，能够详细约定的事项应尽可能具体的约定，约定的用词应尽可能唯一，如有多种解释，最好对用词进行定义，尽量避免因理解上的歧义造成合同纠纷。

合同中没有约定或约定不明的，由双方协商确定；协商不能达成一致的，可按《计价规范》相关规定执行。

第三节　工程量清单计价表格

工程量清单计价表格包括工程量清单、招标控制价、投标报价、竣工结算等各个阶段计价使用的22种表样。

一、计价表格组成

1. 封面

(1)工程量清单(封-1)

招标人自行编制工程量清单时,由招标人单位注册的造价人员编制。招标人盖单位公章,法定代表人或其授权人签字或盖章;编制人是造价工程师的,由其签字盖执业专用章;编制人是造价员的,在编制人栏签字盖专用章,应由造价工程师复核,并在复核人栏签字盖执业专用章,见表7.3.1。

工程量清单(封-1)　　表7.3.1

××综合实验楼工程

工程量清单

招标人:××单位公章 (单位盖章)	工程造价 咨 询 人:________ (单位资质专用章)
法定代表人　××单位 或其授权人:法定代表人 (签字或盖章)	法定代表人 或其授权人:________ (签字或盖章)
×××签字 编制人:盖造价工程师 或造价员专用章 (造价人员签字盖专用章)	×××签字 复核人:盖造价工程师专用章 (造价工程师签字盖专用章)
编制时间:××××年××月××日	复核时间:××××年××月××日

注:此为招标人自行编制工程量清单的封面。

招标人委托工程造价咨询人编制工程量清单时,由工程造价咨询人单位注册的造价人员编制。工程造价咨询人盖单位资质专用章,法定代表人或其授权人签字或盖章;编制人是造价工程师的,由其签字盖执业专用章;编制人是造价员的,在编制人栏签字盖专用章,应由造价工程师复核,并在复核人栏签字盖执业专用章,见表7.3.2。

(2)招标控制价(封-2)

招标人自行编制招标控制价时,由招标人单位注册的造价人员编制。招标人盖单位公章,法定代表人或其授权人签字或盖章;编制人是造价工程师的,由其签字盖执业专用章;编制人是造价员的,由其在编制人栏签字盖专用章,应由造价工程师复核,并在复核人栏签字盖执业专用章。

工程量清单(封-1)　　表7.3.2

<table>
<tr><td colspan="2" align="center">××综合实验楼工程

工程量清单</td></tr>
<tr><td>招　标　人：××单位公章
(单位盖章)</td><td>工程造价　××工程造价咨询企业
咨 询 人：资质专用章
(单位资质专用章)</td></tr>
<tr><td>法定代表人　　××单位
或其授权人：法定代表人
(签字或盖章)</td><td>法定代表人　××工程造价咨询企业
或其授权人：法定代表人
(签字或盖章)</td></tr>
<tr><td>×××签字
盖造价工程师
编　制　人：或造价员专用章
(造价人员签字盖专用章)</td><td>×××签字
复　核　人：盖造价工程师专用章
(造价工程师签字盖专用章)</td></tr>
<tr><td>编制时间：××××年××月××日</td><td>复核时间：××××年××月××日</td></tr>
</table>

注：此为招标人委托工程造价咨询人编制工程量清单的封面。

招标人委托工程造价咨询人编制招标控制价时，由工程造价咨询人单位注册的造价人员编制。工程造价咨询人盖单位资质专用章，法定代表人或其授权人签字或盖章；编制人是造价工程师的，由其签字盖执业专用章；编制人是造价员的，在编制人栏签字盖专用章，应由造价工程师复核，并在复核人栏签字盖执业专用章，见表7.3.3。

(3)投标总价(封-3)

投标人编制投标报价时，由投标人单位注册的造价人员编制。投标人盖单位公章，法定代表人或其授权人签字或盖章；编制的造价人员(造价工程师或造价员)签字盖执业专用章，见表7.3.4。

(4)竣工结算总价(封-4)

承包人自行编制竣工结算总价，由承包人单位注册的造价人员编制。承包人盖单位公章，法定代表人或其授权人签字或盖章；编制的造价人员(造价工程师或造价员)在编制人栏签字盖执业专用章，见表7.3.5。

发包人自行核对竣工结算时，由发包人单位注册的造价工程师核对。发包人盖单位公章，法定代表人或其授权人签字或盖章，造价工程师在核对人栏签字盖执业专用章。

发包人委托工程造价咨询人核对竣工结算时，由工程造价咨询人单位注册的造价工程师核对。发包人盖单位公章，法定代表人或其授权人签字或盖章；工程造价咨询人盖单位资质专用章，法定代表人或其授权人签字或盖章，造价工程师在核对人栏签字盖执业专用章，见表7.3.6。

招标控制价(封-2)　　表 7.3.3

<table>
<tr><td colspan="2" align="center">××综合实验楼工程</td></tr>
<tr><td colspan="2" align="center">招标控制价</td></tr>
<tr><td colspan="2">招标控制价(小写):19101589 元
(大写):壹仟玖佰壹拾万壹仟伍佰捌拾玖元</td></tr>
<tr><td>招　标　人:××单位公章
(单位盖章)</td><td>工程造价
咨　询　人:××工程造价咨询企业资质专用章
(单位资质专用章)</td></tr>
<tr><td>法定代表人
或其授权人:××单位法定代表人
(签字或盖章)</td><td>法定代表人
或其授权人:××工程造价咨询企业法定代表人
(签字或盖章)</td></tr>
<tr><td>编　制　人:×××签字盖造价工程师或造价员专用章
(造价人员签字盖专用章)</td><td>复　核　人:×××签字盖造价工程师专用章
(造价工程师签字盖专用章)</td></tr>
<tr><td>编制时间:××××年××月××日</td><td>复核时间:××××年××月××日</td></tr>
</table>

注:(1)此为招标人委托工程造价咨询人编制招标控制价的封面;
(2)招标人也可自行编制招标控制价,封面处理同工程量清单举例;
(3)本例中招标控制价等于投标总价,实践中投标价通常要低于招标控制价。

投标总价(封-3)　　表 7.3.4

<table>
<tr><td align="center">投 标 总 价</td></tr>
<tr><td>招　标　人:××大学</td></tr>
<tr><td>工 程 名 称:××大学综合实验楼</td></tr>
<tr><td>投 标 总 价(小写):19101589 元
(大写):壹仟玖佰壹拾万壹仟伍佰捌拾玖元</td></tr>
<tr><td>投　标　人:××建筑公司　单位公章
(单位盖章)</td></tr>
<tr><td>法定代表人
或其授权人:××建筑公司法定代表人
(签字或盖章)</td></tr>
<tr><td>编　制　人:×××签字盖造价工程师或造价员章
(造价人员签字盖专用章)</td></tr>
<tr><td>编 制 时 间:××××年××月××日</td></tr>
</table>

竣工结算总价(封-4) 表7.3.5

<u>××大学综合实验楼</u>工程

竣工结算总价

中标价(小写):<u>19101589元</u>　　(大写):<u>壹仟玖佰壹拾万壹仟伍佰捌拾玖元</u>

结算价(小写):<u>18266127元</u>　　(大写):<u>壹仟捌佰贰拾陆万陆仟壹佰贰拾柒元</u>

发包人:××大学单位公章 (单位盖章)	承包人:××建筑公司单位公章 (单位盖章)	工程造价咨询人:______ (单位资质专用章)
法定代表人或其授权人:××大学法定代表人 (签字或盖章)	法定代表人或其授权人:××建筑公司法定代表人 (签字或盖章)	法定代表人或其授权人:______ (签字或盖章)

编　制　人:<u>×××签字盖造价工程师或造价员专用章</u>　　核　对　人:______________
(造价人员签字盖专用章)　　(造价工程师签字盖专用章)

编制时间:××××年××月××日　　核对时间:××××年××月××日

注:此为承包人自行编制报送的竣工结算封面。

除非出现发包人拒绝或不答复承包人竣工结算书的特殊情况,竣工结算办理完毕后,竣工结算总价封面发、承包双方的签字、盖章应当齐全。

2. 总说明(表-01)

《计价规范》虽然只列出了一个总说明表,但是在工程计价的不同阶段,说明的内容是有差别的,要求是不同的。

(1)工程量清单,总说明的内容应包括:①工程概况,如建设地址、建设规模、工程特征、交通状况、环保要求等;②工程发包、分包范围;③工程量清单编制依据,如采用的标准、施工图纸、标准图集等;④使用材料设备、施工的特殊要求等;⑤其他需要说明的问题。工程量清单中的总说明见表7.3.7。

竣工结算总价(封-4) 表 7.3.6

××大学综合实验楼工程

竣工结算总价

中标价(小写):19101589 元 (大写):壹仟玖佰壹拾万壹仟伍佰捌拾玖元

结算价(小写):18266127 元 (大写):壹仟捌佰贰拾陆万陆仟壹佰贰拾柒元

发包人:××大学单位公章
(单位盖章)

承包人:××建筑公司公章
(单位盖章)

工程造价咨询人:××工程造价企业资质专用章
(单位资质专用章)

法定代表人或其授权人:××大学法定代表人
(签字或盖章)

法定代表人或其授权人:××建筑公司法定代表人
(签字或盖章)

法定代表人或其授权人:××工程造价企业法定代表人
(签字或盖章)

编制人:×××签字盖造价工程师或造价员专用章
(造价人员签字盖专用章)

核对人:×××签字盖造价工程师专用章
(造价工程师签字盖专用章)

编制时间:××××年××月××日 核对时间:××××年××月××日

注:(1)此为发包人委托工程造价咨询人核对竣工结算封面;
(2)本例未考虑审减额度。

总说明(表-01) 表 7.3.7

工程名称:××大学综合实验楼 第 1 页共 1 页

1. 工程概况:本工程为框架结构,地基处理采用水泥土桩,建筑层数五层,建筑面积 12000m^2,计划工期 320 日历天。

2. 工程招标范围:施工图范围内建筑工程、装饰装修工程、安装工程。

3. 工程量清单编制依据:

(1)××大学综合实验楼施工设计图纸;

(2)《建设工程工程量清单计价规范》。

4. 其他需要说明的问题:

(1)招标人供应现浇构件的全部钢筋,HPB235 光圆钢筋单价暂定 4 000 元/t,HRB335 螺纹钢筋单价暂定 3 800 元/t。承包人应在施工现场对招标人供应的钢筋进行验收及保管和使用发放。招标人供应钢筋的价款支付,由招标人按每次发生的金额支付给承包人,再由承包人支付给供应商。

(2)中厅钢网架另进行专业发包。总承包人应配合专业工程承包人完成以下工作:

①按专业工程承包人的要求提供施工工作面并对施工现场进行统一管理,对竣工资料进行统一整理汇总。

②为专业工程承包人提供垂直运输机械和焊接电源接入点,并承担垂直运输费和电费。

(2)招标控制价，总说明的内容应包括：①采用的计价依据；②采用的施工组织设计；③采用的材料价格来源；④综合单价中风险因素、风险范围（幅度）；⑤其他。

(3)投标报价，总说明的内容应包括：①采用的计价依据；②采用的施工组织设计；③综合单价中包含的风险因素，风险范围（幅度）；④措施项目的依据；⑤其他有关内容的说明。

(4)竣工结算，总说明的内容应包括：①工程概况；②编制依据；③工程变更；④工程价款调整；⑤索赔；⑥其他。

3. 汇总表

《计价规范》规定了不同计价阶段使用的6个汇总表表样。

(1)招标控制价/投标报价使用汇总表：①工程项目招标控制价/投标报价汇总表（表-02），见表7.3.8；②单项工程招标控制价/投标报价汇总表（表-03），见表7.3.9；③单位工程招标控制价/投标报价汇总表（表-04），见表7.3.10。

工程项目招标控制价/投标报价汇总表（表-02）　　表7.3.8

工程名称：××大学综合实验楼工程　　第1页　共1页

序号	单项工程名称	金额（元）	其中		
			暂估价（元）	安全文明施工费（元）	规费（元）
1	综合实验楼工程	19 101 589	3 620 000	590 080	790 622
合计		19 101 589	3 620 000	590 080	790 622

注：本表适用于工程项目招标控制价或投标报价的汇总。

本表说明：本工程仅为一栋综合实验楼，故单项工程即为工程项目。

单项工程招标控制价/投标报价汇总表（表-03）　　表7.3.9

工程名称：××大学综合实验楼工程　　第1页　共1页

序号	单位工程名称	金额（元）	其中		
			暂估价（元）	安全文明施工费（元）	规费（元）
1	建筑工程	13 041 589	3 620 000	332 340	506 132
2	装饰装修工程	4 320 000		180 014	187 920
3	给排水工程	480 000		21 442	26 640
4	暖气工程	300 000		13 401	16 650
5	电气工程	960 000		42 883	53 280

续上表

序号	单位工程名称	金额(元)	其　中		
			暂估价(元)	安全文明施工费(元)	规费(元)
合计		19 101 589	3 620 000	590 080	790 622

注:本表适用于单项工程招标控制价或投标报价的汇总。暂估价包括分部分项工程中的暂估价和专业工程暂估价。

本表说明:(1)安全文明施工费费率:装饰装修工程 13.89%,安装工程 14.89%;规费费率:装饰装修工程 14.5%,安装工程 18.5%。

(2)装饰装修、给排水、暖气、电气工程的安全文明施工费、规费的计算基数均按"直接费中人工费+机械费"考虑,经计算基数分别是:1296000、144000、90000、288000。

单位工程招标控制价/投标报价汇总表(表-04)　　表 7.3.10

工程名称:××大学综合实验楼建筑工程　　第 1 页　共 1 页

序　号	汇 总 内 容	金额(元)	其中:暂估价(元)
1	分部分项工程	9195000	3460000
1.1	A.1 土(石)方工程	400000	
1.2	A.2 桩与地基基础工程	750000	
1.3	A.3 砌筑工程	1765000	
1.4	A.4 混凝土及钢筋混凝土工程	5000000	3460000
1.5	A.6 金属结构工程	100000	
1.6	A.7 屋面及防水工程	400000	
1.7	A.8 防腐、隔热、保温工程	780000	
2	措施项目	1883827	
2.1	安全文明施工费	332340	
3	其他项目	1021700	160000
3.1	暂列金额	800000	
3.2	专业工程暂估价	160000	160000
3.3	计日工	19100	
3.4	总承包服务费	42600	
4	规费	506132	
5	税金	434930	
投标报价合计=1+2+3+4+5		13041589	3620000

注:本表适用于单位工程招标控制价或投标报价的汇总,如无单位工程的划分,单项工程汇总也使用本表汇总。

由于招标控制价和投标价包含的内容相同，只是对价格的处理不同，所以，对招标控制价和投标报价汇总表的设计使用同一表格。工程量清单计价实践中，可以单独印刷招标控制价汇总表或投标报价汇总表。

另外，需要说明的是，投标报价汇总表与投标函中投标报价金额应当一致。因为，投标函是投标文件最重要的组成文件，其他部分都是投标函的支持性文件，投标函是必须经过投标人签字画押，并且在开标会上必须当众宣读的文件。如果投标报价汇总表的投标总价与投标函填报的投标总价不一致，应以投标函中填写的大写金额为准，通常招标人宜在"投标人须知"中预先作出这一要求，以避免出现争议。

(2)竣工结算汇总使用汇总表：①工程项目竣工结算汇总表(表-05)，见表7.3.11；②单项工程竣工结算汇总表(表-06)，见表7.3.12；③单位工程竣工结算汇总表(表-07)，见表7.3.13。

工程项目竣工结算汇总表(表-05) 表7.3.11

工程名称：××大学综合实验楼工程 第1页 共1页

序号	单项工程名称	金额(元)	其中：(元)	
			安全文明施工费	规费
1	综合实验楼工程	18266127	590080	790622
合计		18266127	590080	790622

单项工程竣工结算汇总表(表-06) 表7.3.12

工程名称：××大学综合实验楼工程 第1页 共1页

序号	单位工程名称	金额(元)	其中：(元)	
			安全文明施工费	规费
1	建筑工程	12206127	332340	506132
2	装饰装修工程	4320000	180014	187920
3	给排水工程	480000	21442	26640
4	暖气工程	300000	13401	16650
5	电气工程	960000	42883	53280
合计		18266127	590080	790622

单位工程竣工结算汇总表(表-07) 表7.3.13

工程名称：××大学综合实验楼建筑工程 标段： 第1页 共1页

序号	汇总内容	金额(元)
1	分部分项工程	9195000
1.1	A.1 土(石)方工程	400000
1.2	A.2 桩与地基基础工程	750000
1.3	A.3 砌筑工程	1765000
1.4	A.4 混凝土及钢筋混凝土工程	5000000
1.5	A.6 金属结构工程	100000

续上表

序　　号	汇 总 内 容	金额(元)
1.6	A.7 屋面及防水工程	400000
1.7	A.8 防腐、隔热、保温工程	780000
2	措施项目	1883827
2.1	安全文明施工费	332340
3	其他项目	214100
3.1	专业工程结算价	160000
3.2	计日工	
3.3	总承包服务费	42600
3.4	索赔与现场签证	11500
4	规费	506132
5	税金	407068
竣工结算总价合计 = 1 + 2 + 3 + 4 + 5		12206127

注:如无单位工程的划分,单项工程汇总也使用本表汇总。

本表说明:规费以"人工费 + 机械费为基数",本例中基数为 3048988 万元

4. 分部分项工程量清单表

(1)分部分项工程量清单与计价表(表-08)

分部分项工程量清单与计价表是编制招标控制价、投标价、竣工结算的最基本用表。

①编制工程量清单时,在"工程名称"栏应填写详细具体的工程称谓,对于房屋建筑而言,习惯上并无标段划分,可不填写"标段"栏,但相对于管道敷设、道路施工、则往往以标段划分,此时,应填写"标段"栏,其他各表涉及此类设置,处理方法相同。

"项目编码"栏应按附录规定另加 3 位顺序码填写。

"项目名称"栏应按附录规定根据拟建工程实际确定填写。

"项目特征"栏应按附录规定根据拟建工程实际予以描述。

"计量单位"栏应按附录规定填写,附录中该项目有两个或两个以上计量单位的,应选择最适宜计量的方式决定其中一个填写。

"工程量"栏应按附录规定的工程量计算规则计算后填写。

②编制招标控制价时,使用分部分项工程量清单与计价表的"综合单价"、"合价"栏以及"其中:暂估价"栏。

③编制投标报价时,投标人对分部分项工程量清单与计价表中的"项目编码"、"项目名称"、"项目特征"、"计量单位"、"工程量"均不应作改动。"综合单价"、"合价"自主决定填写,对其中的"暂估价"栏,投标人应将招标文件中提供了暂估材料单价的暂估价进入综合单价,并应计算出暂估单价的材料在"综合单价"及其"合价"中的具体数额,因此,为更详细反应暂估价情况,也可在表中增设一栏"综合单价"其中的"暂估价",见表 7.3.14。

分部分项工程量清单与计价表(表-08)　　表 7.3.14

工程名称:××大学综合实验楼建筑工程　标段:　　第1页　共1页

序号	项目编码	项目名称	项目特征描述	计量单位	工程量	金额(元)		
						综合单价	合价	其中:暂估价
		A.1 土(石)方工程						
1	010101001001	平整场地	Ⅱ、Ⅲ类土综合,土方就地挖填找平	m^2	2800	0.98	2744	
		其他略						
		分部小计					400000	
		A.2 桩与地基基础工程						
		略						
		A.3 砌筑工程(其他略)						
		略						
		A.4 混凝土和钢筋混凝土工程						
	010416001001	现浇构件钢筋	HPB235 圆钢 ϕ10mm、ϕ8mm	t	194.175	5006.78	972192	800000
	010416001002	现浇构件钢筋	HRB335 螺纹筋,ϕ12 ~ 20mm	t	446.602	4592.05	2050818	1748000
	010416001003	现浇构件钢筋	HRB335 螺纹筋,ϕ22 ~ 25mm	t	233.010	4406.61	1026784	912000
		(其他略)						
		分部小计						
本页小计								
合　计							9195000	3460000

注:根据原建设部、财政部发布的《建筑安装工程费用组成》(建标[2003]206号)的规定,为方便计取规费等的使用,可在表中增设"其中:直接费、人工费或人工费+机械费"栏。

④编制竣工结算时,使用分部分项工程量清单与计价表可取消"暂估价"。

由于各省、自治区、直辖市以及行业建设主管部门对规费计取基础的设置不同,在使用分部分项工程量清单与计价表时,可在表中增设"其中:直接费"、"其中:人工费"或"其中:人工费+机械费"。

(2)工程量清单综合单价分析表(表-09)

工程量清单单价分析表是评标委员会评审和判别综合单价组成和价格完整性、合理性的主要基础,对因工程变更调整综合单价也是必不可少的基础价格数据来源。采用经评审的最低投标价法评标时,该分析表的重要性更加突出。

工程量清单综合单价分析表反映了构成每一个清单项目综合单价的各个价格要素的价格及主要的"工、料、机"消耗量,见表7.3.15。投标人在投标报价时,需要对每一个清单项目进行组价,为了使组价工作具有可追溯性(回复评标质疑时尤其需要),需要表明每一个数据的来源。该分析表实际上是投标人投标组价工作的一个阶段性成果文件,通常可借助计算机辅助报价系统自动生成。

工程量清单综合单价分析表(表-09)　　　　表 7.3.15

工程名称:××大学综合实验楼建筑工程　　标段:　　　　第1页　共1页

<table>
<tr><td colspan="2">项目编码</td><td colspan="2">010416001001</td><td colspan="2">项目名称</td><td colspan="3">现浇构件钢筋</td><td colspan="2">计量单位</td><td>t</td></tr>
<tr><td colspan="12">清单综合单价组成明细</td></tr>
<tr><td rowspan="2">定额编号</td><td rowspan="2">定额名称</td><td rowspan="2">定额单位</td><td rowspan="2">数量</td><td colspan="4">单价</td><td colspan="4">合价</td></tr>
<tr><td>人工费</td><td>材料费</td><td>机械费</td><td>管理费和利润</td><td>人工费</td><td>材料费</td><td>机械费</td><td>管理费和利润</td></tr>
<tr><td>A4-329</td><td>现浇构件钢筋</td><td>t</td><td>1</td><td>522.80</td><td>4184.04</td><td>40.72</td><td></td><td>522.8</td><td>4184.04</td><td>40.72</td><td>259.22</td></tr>
<tr><td></td><td></td><td></td><td></td><td></td><td></td><td></td><td></td><td></td><td></td><td></td><td></td></tr>
<tr><td></td><td></td><td></td><td></td><td></td><td></td><td></td><td></td><td></td><td></td><td></td><td></td></tr>
<tr><td colspan="2">人工单价</td><td colspan="6">小计</td><td>522.8</td><td>4184.04</td><td>40.72</td><td>259.22</td></tr>
<tr><td colspan="2">40元/工日</td><td colspan="6">未计价材料费</td><td colspan="4"></td></tr>
<tr><td colspan="8">清单项目综合单价</td><td colspan="4">5006.78</td></tr>
<tr><td rowspan="7">材料费明细</td><td colspan="4">主要材料名称、规格、型号</td><td>单位</td><td>数量</td><td>单价(元)</td><td>合价(元)</td><td>暂估单价(元)</td><td colspan="2">暂估合价(元)</td></tr>
<tr><td colspan="4">光圆钢筋 ϕ10 以内</td><td>t</td><td>1.03</td><td></td><td></td><td>4000</td><td colspan="2">4120</td></tr>
<tr><td colspan="4">镀锌铁丝</td><td>kg</td><td>10.037</td><td>6.38</td><td>64.04</td><td></td><td colspan="2"></td></tr>
<tr><td colspan="4"></td><td></td><td></td><td></td><td></td><td></td><td colspan="2"></td></tr>
<tr><td colspan="4"></td><td></td><td></td><td></td><td></td><td></td><td colspan="2"></td></tr>
<tr><td colspan="7">其他材料费</td><td>—</td><td></td><td>—</td><td></td></tr>
<tr><td colspan="7">材料费小计</td><td>—</td><td>64.04</td><td>—</td><td>4120</td></tr>
</table>

注:(1)如不使用省级或行业建设主管部门发布的计价依据,可不填定额项目、编号等;

(2)招标文件提供了暂估单价的材料,按暂估的单价填入表内"暂估单价"栏及"暂估合价"栏。

本表说明:(1)管理费和利润取"人工费+机械费"的46%;

(2)钢筋按照暂定单价4000元/t,计入综合单价;

(3)假定钢筋结算时刚好按照暂定单价结算。

该分析表一般随投标文件一同提交,作为竞标价的工程量清单的组成部分。以便中标后,作为合同文件的附属文件。投标人须知中需要规定该分析表的提交方式,规定时应考虑是否有必要对该分析表的合同地位给予定义。

①编制招标控制价时,使用省级或行业建设主管部门发布的计价定额,应在综合单价分析表中应填写定额名称。

②编制投标报价时,可使用省级或行业建设主管部门发布的计价定额,也可不使用此种定额,使用时在综合单价分析表中填写定额名称,不使用时,不用填写。

5. 措施项目清单表

《计价规范》规定了措施项目清单表的两种表格。

(1)措施项目清单与计价表(一)(表-10)

表-10 适用于以“项”计价的措施项目。编制工程量清单时,表-10 中的项目可根据工程实际情况进行增减。编制招标控制价时,计费基础、费率应按省级或行业建设主管部门的规定计取。编制投标报价时,除“安全文明施工费”必须按《计价规范》的强制性规定,按省级、行业建设主管部门的规定计取外,其他措施项目均可根据投标施工组织设计自主报价,见表 7.3.16。

措施项目清单与计价表(一)(表-10) 表 7.3.16

工程名称:××大学综合实验楼建筑工程 标段: 第 1 页 共 1 页

序 号	项 目 名 称	计 算 基 础	费率(%)	金额(元)
1	安全文明施工费	人工费 + 机械费	10.90	332340
2	夜间施工费	人工费 + 机械费	1.01	30795
3	二次搬运费	人工费 + 机械费	1.62	49394
4	冬雨季施工	人工费 + 机械费	2.84	86591
5	大型机械设备进出场及安拆费			53292
6	施工排水			5000
7	施工降水			
8	地上、地下设施、建筑物的临时保护设施	人工费 + 机械费	0.47	14330
9	已完工程及设备保护	人工费 + 机械费	0.5	15245
10	各专业工程的措施项目			1296840
(1)	混凝土、钢筋混凝土模板及支架			774120
(2)	脚手架			155280
(3)	垂直运输机械			367440
合计				1883827

注:(1)本表适用于以“项”计价的措施项目;

(2)根据建设部、财政部发布的《费用项目组成》的规定,“计算基础”可为“直接费”、“人工费”或“人工费 + 机械费”。

本表说明:(1)大型机械设备进出场及安拆费、施工排水费按照施工组织设计计算;

(2)表中措施费计算基础采用直接费中“人工费 + 机械费” = 3048988 元,计算过程略。

(2)措施项目清单与计价表(二)(表-11)

表 – 11 适用于以综合单价方式计价的措施项目,其使用与分部分项工程量清单与计价表使用相同,见表 7.3.17。

措施项目清单与计价表(二)(表-11) 表 7.3.17

工程名称:××大学综合实验楼建筑工程 标段: 第 1 页 共 1 页

序号	项目编码	项目名称	项目特征描述	计量单位	工程量	金额(元)	
						综合单价	合价
1	AB001	现浇钢筋混凝土独立基础模板	独立基础,详见结施-2	m^2	2000	37.06	74120
2-18	AB002-AB018	其他模板					700000
		模板合计					774120

续上表

序号	项目编码	项目名称	项目特征描述	计量单位	工程量	金额(元)	
						综合单价	合价
19	AB019	脚手架		m^2	12000	12.94	155280
20	AB020	垂直运输机械		m^2	12000	30.62	367440
本页小计							1296840
合　　计							1296840

注:本表适用于以综合单价形式计价的措施项目。

本表说明:本例脚手架、垂直运输机械工程量按照建筑面积计算,工料机单价参照某省定额确定,管理费和利润按照直接费中“人工费+机械费”的46%计算。

6.其他项目清单表

《计价规范》规定了其他项目清单的9种表格。

(1)其他项目清单与计价汇总表(表-12)

使用表-12时,由于计价阶段的差异,应注意:

①编制工程量清单,应汇总“暂列金额”和“专业工程暂估价”,以提供给投标人报价。

②编制招标控制价,应按有关计价规定估算“计日工”和“总承包服务费”。如工程量清单中未列“暂列金额”和“专业工程暂估价”,应按有关规定编列。

③编制投标报价,应按招标文件工程量清单提供的“暂列金额”和“专业工程暂估价”填写金额,不得变动。“计日工”、“总承包服务费”自主确定报价,见表7.3.18。

其他项目清单与计价汇总表(表-12)　　表7.3.18

工程名称:××大学综合实验楼建筑工程　　标段:　　第1页　共1页

序　　号	项目名称	计量单位	金额(元)	备　　注
1	暂列金额	项	800000	明细详见表-12-1
2	暂估价		160000	
2.1	材料暂估价		—	明细详见表-12-2
2.2	专业工程暂估价	项	160000	明细详见表-12-3
3	计日工		19100	明细详见表-12-4
4	总承包服务费		42600	明细详见表-12-5
合　　计			1021700	—

注:材料暂估单价进入清单项目综合单价,此处不汇总。

④编制或核对竣工结算,“专业工程暂估价”按实际分包结算价填写,“计日工”、“总承包服务费”按双方认可的费用填写,如发生“索赔”或“现场签证”费用,按双方认可的金额计入该表。

(2)暂列金额明细表(表-12-1)

暂列金额在实际履约过程中可能发生,也可能不发生。表-12-1要求招标人能将暂列金额与拟用项目列出明细,但如确实不能详列也可只列暂定金额总额,见表7.3.19,投标人应将上述暂列金额计入投标总价中。

暂列金额明细表(表-12-1)　　表7.3.19

工程名称:××大学综合实验楼建筑工程　　标段:　　第1页　共1页

序　号	项目名称	计量单位	暂定金额(元)	备　注
1	工程量清单中漏项或非承包人原因工程变更引起的新增清单项目	项	200000	
2	工程量清单工程量偏差或非承包人原因引起的工程量变化	项	200000	
3	政策性调整或价格风险	项	200000	
4	其他		200000	
暂列金额合计			800000	
说明:投标人应将上述暂列金额计入投标总价中				

注:此表由招标人填写,也可只列暂定金额总额,投标人应将上述暂列金额计入投标总价中。

对于工程量清单中给出的暂列金额及拟用项目,投标人只需要直接将工程量清单中所列的暂列金额纳入投标总价,并且不需要在工程量清单中所列的暂列金额以外再考虑任何其他费用。

上述的暂列金额,尽管包含在投标总价中(也将包含在中标人的合同总价中),但并不属于承包人所有和支配,是否属于承包人所有受合同约定的开支程序的制约。如果在合同履行过程中,暂定项目入口钢结构雨篷确定要实施,由发包人和承包人按照合同约定的共同招标操作程序和原则选择专业分包人负责完成,才能决定该项目的最终价款。

(3)材料暂估单价表(表-12-2)

暂估价是在招标阶段预见肯定要发生,只是因为标准不明确或者需要由专业承包人完成,暂时无法确定具体价格。暂估价数量和拟用项目应当在表-12-2备注栏给予补充说明。

《计价规范》要求招标人针对每一类暂估价给出相应的拟用项目,即按照材料设备的名称分别给出,这样的材料设备暂估价能够纳入到项目综合单价中。

有时招标人编制工程量清单时,只给出一个原则性的说明,编制时比较简单,能降低招标人出错的概率,但是,对投标人而言,就很难准确把握招标人的意图和目的,很难保证投标报价的质量,轻则影响合同的可执行力,极端的情况下,可能导致招标失败,最终受损失的也包括招标人自己,因此,这种处理方式并不可取。

【例7.3.1】　某实验楼工程中材料设备暂估价项目及其暂估价清单如表7.3.20所示。材料暂估价清单表中列明的材料设备的暂估价是指此类材料、工程设备本身运至施工现场内工地地面价。这些材料设备的安装以及安装所必需的辅助材料以及发生在现场内的验收、存储、保管、开箱、二次搬运、从存放地点运至安装地点以及其他任何必要的辅助工作所发生的费用应该包括在投标价格内,并固定包死。

(4)专业工程暂估价表(表-12-3)

专业工程暂估价应在表内填写工程名称、工程内容、暂估金额,投标人应将专业工程暂估金额计入投标总价。某综合实验楼专业工程暂估价表如表7.3.21所示。表中所列专业工程暂估价，是指分包人实施专业分包工程的除规费、税金外的完整价(即包含了该分包工程中所有供应、安装、完工、调试、修复缺陷等全部工作)，但不包括合同约定的承包人应承担的总包管理、协调、配合和服务责任所对应的总承包服务费用。

材料暂估单价表(表-12-2)　　表7.3.20

工程名称：××大学综合实验楼建筑工程　　标段：　　第1页　共1页

序号	名　　称	单位	数量	单价(元)	备　　注
1	HPB235 圆钢 ϕ10mm、ϕ8mm	t	200	4000	用于主体结构现浇混凝土构件钢筋(010416001001)
2	HRB335 螺纹钢 ϕ12～25mm	t	700	3800	用于主体结构现浇混凝土构件钢筋(010416001002、010416001003)

注：(1)此表由招标人填写，并在备注栏说明暂估价的材料拟用在哪些清单项目上，投标人应将上述材料暂估单价计入工程量清单综合单价报价中。

(2)材料包括原材料、燃料、构配件以及按规定应计入建筑安装工程造价的设备。

本表说明：本例假设表中两种类型的钢筋为甲供，给出暂估单价。

专业工程暂估价表(表-12-3)　　表7.3.21

工程名称：××大学综合实验楼建筑工程　　标段：　　第1页　共1页

序　　号	工程名称	工程内容	金额(元)	备　　注
1	大厅钢网架	合同图纸中标明的钢网架的制作、运输、安装	160000	
合计			160000	

注：此表由招标人填写，投标人应将上述专业工程暂估价计入投标总价中。

(5)计日工表(表-12-4)

①编制工程量清单时，“项目名称”、“计量单位”、“暂估数量”由招标人填写。

②编制招标控制价时，人工、材料、机械台班单价由招标人按有关计价规定填写并计算合价。

③编制投标报价时，人工、材料、机械台班单价由投标人自主确定，按已给暂估数量计算合价计入投标总价中，见表7.3.22。

(6)总承包服务费计价表(表-12-5)

①编制工程量清单时，招标人应将拟定进行专业分包的专业工程、自行采购的材料设备等确定清楚，填写项目名称、服务内容，以便投标人确定报价，见表7.3.23。

②编制招标控制价时，招标人按有关计价规定计价。

③编制投标报价时，由投标人根据工程量清单中的总承包服务内容，自主确定报价。

计日工表(表-12-4)　　表 7.3.22

工程名称:××大学综合实验楼建筑工程　　标段:　　第1页　共1页

编号	项目名称	单位	暂定数量	综合单价	合价
一	人工				
1	普工	工日	150	43.8	6570
2	技工(综合)	工日	100	58.4	5840
人工小计					12410
二	材料				
1	钢筋(规格、型号综合)	t	1	4000	4000
2	水泥 42.5	t	4	230	920
3	中砂	t	10	26	260
4	碎石(5~40mm)	t	15	36	540
5	标准砖(240mm×115mm×53mm)	千块	1	200	200
材料小计					5920
三	施工机械				
1	滚筒式混凝土搅拌机 500L 以内	台班	3	170	510
2	灰浆搅拌机(200L)	台班	2	110	220
4	混凝土振捣器平板式	台班	2	20	40
施工机械小计					770
总计					19100

注:此表项目名称、数量由招标人填写,编制招标控制价时,单价由招标人按有关计价规定确定;投标时,单价由投标人自主报价,计入投标总价中。

总承包服务费计价表(表-12-5)　　表 7.3.23

工程名称:××大学综合实验楼建筑工程　　标段:　　第1页　共1页

序号	项目名称	项目价值(元)	服务内容	费率(%)	金额(元)
1	发包人发包专业工程	160000	1. 按专业工程承包人的要求提供施工工作面并对施工现场进行统一管理,对竣工资料进行统一整理汇总。 2. 为专业工程承包人提供垂直运输机械和焊接电源接入点,并承担垂直运输费和电费。	5%	8000
2	发包人供应材料	3460000	对发包人供应的材料进行验收及保管和使用发放。	1%	34600
合计					42600

(7)索赔与现场签证计价汇总表(表-12-6)

表-12-6 是对发、承包双方签证认可的“费用索赔申请(核准)表”和“现场签证表”的汇总,见表 7.3.24。

索赔与现场签证计价汇总表(表-12-6)　　表 7.3.24

工程名称:××大学综合实验楼工程　　标段:　　第 1 页　共 1 页

序号	签证及索赔项目名称	计量单位	数量	单价(元)	合价(元)	索赔及签证依据
1	暂停施工				6500	001
2	整修道路	m^2	50	100	5000	002
	(其他略)					
—	本页小计	—	—	—	11500	—
—	合计	—	—	—	11500	—

注:签证及索赔依据是指经双方认可的签证单和索赔依据的编号。

(8)费用索赔申请(核准)表(表-12-7)

表-12-7 将费用索赔申请与核准设置于一个表,非常直观,见表 7.3.25。使用本表时,承包人代表应按合同条款的约定,阐述原因,附上索赔证据、费用计算报发包人,经监理工程师复核(按照发包人的授权不论是监理工程师或发包人现场代表均可),经造价工程师(此处造价工程师可以是发包人现场管理人员,也可以是发包人委托的工程造价咨询企业的人员)复核具体费用,经发包人审核后生效,该表以在选择栏中"□"内作标识"√"表示。

费用索赔申请(标准)**表**(表-12-7)　　表 7.3.25

工程名称:××大学综合实验楼工程　　标段:　　编号:001

<table>
<tr><td colspan="2">致:××大学基建处
根据施工合同条款第 12 条的约定,由于你方工作需要的原因,我方要求索赔金额(大写)陆仟伍佰元(小写6500.00元),请予核准。
附:1. 费用索赔的详细理由和依据:根据发包人"关于暂停施工的通知"(略)
2. 索赔金额的计算:(略)
3. 证明材料:监理工程师确认的现场工人、机械、周转材料数量及租赁合同(略)

承包人(章)(略)
承包人代表　×××
日　　期××××年×月×日</td></tr>
<tr><td>复核意见:
根据施工合同条款第 12 条的约定,你方提出的费用索赔申请经复核:
□不同意此项索赔,具体意见见附件。
☑同意此项索赔,索赔金额的计算,由造价工程师复核。

监理工程师　×××
日　　期××××年×月×日</td><td>复核意见:
根据施工合同条款第 12 条的约定,你方提出的费用索赔申请经复核,索赔金额为(大写)陆仟伍佰元(小写6500.00元)。

造价工程师　×××
日　　期××××年×月×日</td></tr>
<tr><td colspan="2">审核意见:
□不同意此项索赔
☑同意此项索赔,与本期进度款同期支付。

发包人(章)(略)
发包人代表　×××
日　　期××××年×月×日</td></tr>
</table>

注:(1)在选择栏中的"□"内作标识"√";

(2)本表一式四份,由承包人填报,发包人、监理人、造价咨询人、承包人各存一份。

(9)现场签证表(表-12-8)

表-12-8 是对"计日工"的具体化,考虑到招标时,招标人对计日工项目的预估难免会有遗漏,带来实际施工发生后,无相应的计日工单价时,现场签证只能包括单价一并处理,见表 7.3.26,因此,在汇总时,有计日工单价的,可归并于计日工,如无计日工单价,归并于现场签证,以示区别。当然,现场签证全部汇总于计日工也是一种可行的处理方式。

现场签证表(表-12-8) 表 7.3.26

工程名称:××大学综合实验楼工程 标段: 编号:002

<table>
<tr><td>施工部位</td><td>综合实验楼东侧道路</td><td>日期</td><td>××××年×月×日</td></tr>
<tr><td colspan="4">致:××大学基建处
根据×××2009 年 2 月 15 日的口头指令,我方要求完成此项工作应支付价款金额为(大写)伍仟元(小写5000.00元),请予核准。
附:1. 签证事由及原因:为优化学校内部交通,整修综合实验楼东侧道路 50m²。
2. 附图及计算式:(略)
承包人(章)(略)
承包人代表 ×××
日期××××年×月×日</td></tr>
<tr><td colspan="2">复核意见:
你方提出的此项签证申请经复核:
□不同意此项签证,具体意见见附件
☑同意此项签证,签证金额的计算,由造价工程师复核
监理工程师 ×××
日期××××年×月×日</td><td colspan="2">复核意见:
☑此项签证按承包人中标的计日工单价计算,金额为(大写)伍仟元,(小写5000.00 元)
□此项签证因无计日工单价,金额为(大写)______元,(小写______)。
造价工程师 ×××
日 期××××年×月×日</td></tr>
<tr><td colspan="4">审核意见:
□不同意此项签证
☑同意此项签证,价款与本期进度款同期支付。
发包人(章)(略)
发包人代表 ×××
日 期××××年×月×日</td></tr>
</table>

注:(1)在选择栏中的"□"内作标识"√";

(2)本表一式四份,由承包人在收到发包人(监理人)的口头或书面通知后填写,发包人、监理人、造价咨询人、承包人各存一份。

7. 规费、税金项目清单与计价表(表-13)

表-13 按建设部、财政部印发的《建筑安装工程费用项目组成》(建标[2003]206 号)列举的规费项目列项,见表 7.3.27。在施工实践中,有的规费项目,如工程排污费,并非每个工程所在地都要征收,实践中可作为按实计算的费用处理。此外,按照国务院《工伤保险条例》,工伤保险建议列入,与"危险作业意外伤害保险"一并考虑。

8. 工程款支付申请(核准)表(表-14)

表-14 将工程款支付申请和核准设置于一表,表达直观,由承包人代表在每个计量周期结束后,向发包人提出,由发包人授权的现场代表复核工程量(本表中设置为监理工程师),由发包人授权的造价工程师(可以是委托的造价咨询企业)复核应付款项,经发包人批准实施,见表 7.3.28。

规费、税金项目清单与计价表(表-13)　　　　表7.3.27

工程名称:××大学综合实验楼建筑工程　　　　标段:　　　　第1页　共1页

序　号	项目名称	计算基础	费率(%)	金额(元)
1	规费	人工费+机械费(3048988元)	16.6	506132
1.1	工程排污费			
1.2	社会保障费			
(1)	养老保险费			
(2)	失业保险费			
(3)	医疗保险费			
1.3	住房公积金			
1.4	危险作业意外伤害保险			
1.5	工程定额测定费			
2	税金	分部分项工程费+措施项目费+其他项目费+规费	3.45	434930
合计				941062

注:根据建设部、财政部发布的《建筑安装工程费用组成》(建标[2003]206号)的规定,“计算基础”可为“直接费”,“人工费”或“人工费+机械费”。

本表说明:(1)投标时和结算时规费均以人工费+机械费为基数,建筑工程部分基数为3048988元;

(2)税金综合税率考虑了地方教育税附加取3.45%,上表中计算的是投标时应计入的税金。

(3)规费计算内容、基数、费率可按照省级政府和省级有关权力部门的规定确定。

工程款支付申请表(表-14)　　　　表7.3.28

工程名称:××大学综合实验楼工程　　　　标段:　　　　编号:××

致:××大学基建处

我方于××××年×月×日至××××年×月×日期间已完成了主体5层的混凝土柱梁板浇筑工作,根据施工合同的约定,现申请支付本期的工程款额为(大写)壹佰叁拾壹万肆仟元(小写1314000.00元),请予核准。

序　号	名　称	金额(元)	备　注
1	累计已完成的工程价款	13440000	(包括甲供钢材款)
2	累计已实际支付的工程价款	10800000	(包括甲供钢材款)
3	本周期已完成的工程价款	1448500	(包括甲供钢材款)
4	本周期完成的计日工金额	5000	
5	本周期应增加和扣减的变更金额		
6	本周期应增加和扣减的索赔金额	6500	
7	本周期应抵扣的预付款		
8	本周期应扣减的质保金		
9	本周期应增加或扣减的其他金额		
10	本周期实际应支付的工程价款	1314000	

承包人(章)(略)

承包人代表　×××

日　　期××××年×月×日

续上表

<table>
<tr><td>复核意见：
□与实际施工情况不相符，修改意见见附件：
☑与实际施工情况相符，具体金额由造价工程师复核。

监理工程师 ×××
日　　期：××××年×月×日</td><td>复核意见：
你方提出的支付申请经复核，本期间已完成工程款额为（大写）壹佰肆拾陆万元（小写1460000元），本期间应支付金额为（大写）壹佰叁拾壹万肆仟元（小写1314000元）。

造价工程师 ×××
日　　期××××年×月×日</td></tr>
<tr><td colspan="2">审核意见：
□不同意
☑同意，支付时间为本表签发后的15天内。

发包人（章）（略）
发包人代表 ×××
日　　期××××年×月×日</td></tr>
</table>

注：（1）在选择栏中的"□"内作标识"√"。

（2）本表一式四份，由承包人填报，发包人、监理人、造价咨询人、承包人各存一份。

本表说明：按照合同约定，工程进度款支付额为当期计量工程价款的90%。

二、计价表格使用规定

1. 工程量清单与计价宜采用统一格式

各省、自治区、直辖市建设行政主管部门和行业建设主管部门可根据本地区、本行业的实际情况，在《计价规范》计价表格的基础上补充完善。

2. 工程量清单的编制应符合的规定

（1）工程量清单编制使用表格包括：封-1、表-01、表-08、表-10、表-11、表-12（不含表-12-6～表-12-8）、表-13。

（2）封面应按规定的内容填写、签字、盖章，造价员编制的工程量清单应有负责审核的造价工程师签字、盖章。

（3）总说明应按下列内容填写。

①工程概况：建设规模、工程特征、计划工期、施工现场实际情况、自然地理条件、环境保护要求等；②工程招标和分包范围；③工程量清单编制依据；④工程质量、材料、施工等的特殊要求；⑤其他需要说明的问题。

3. 招标控制价、投标报价、竣工结算的编制应符合的规定

（1）使用表格

①招标控制价使用表格包括：封-2、表-01、表-02、表-03、表-04、表-08、表-09、表-10、表-11、表-12（不含表-12-6～表-12-8）、表-13。

②投标报价使用的表格包括：封-3、表-01、表-02、表-03、表-04、表-08、表-09、表-10、表-11、表-12（不含表-12-6～表-12-8）、表-13。投标总价汇总时，各表格之间的逻辑关系如图7.3.1。

③竣工结算使用的表格包括：封-4、表-01、表-05、表-06、表-07、表-08、表-09、表-10、表-11、表-12、表-13、表-14。

（2）封面应按规定的内容填写、签字、盖章，除承包人自行编制的投标报价和竣工结算外，

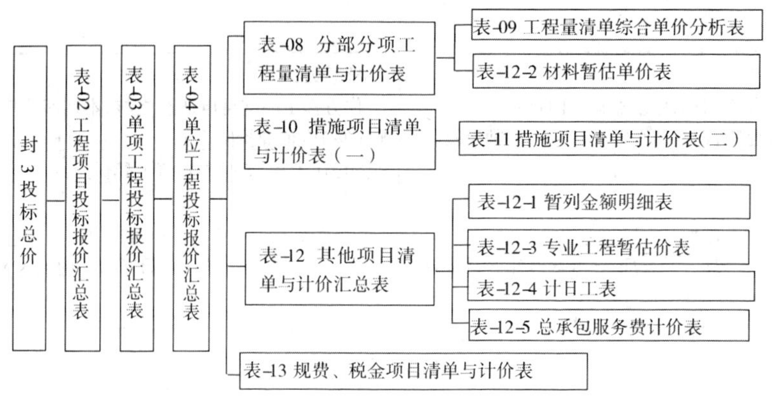

图7.3.1　投标报价表格逻辑关系图

受委托编制的招标控制价、投标报价、竣工结算若为造价员编制的，应有负责审核的造价工程师签字、盖章以及工程造价咨询人盖章。

(3)总说明应按下列内容填写：

①工程概况：建设规模、工程特征、计划工期、合同工期、实际工期、施工现场及变化情况、施工组织设计的特点、自然地理条件、环境保护要求等；②编制依据等。

4．投标人应按招标文件的要求，附工程量清单综合单价分析表

第八章　建筑工程清单编制与计价

《计价规范》附录A中,建筑工程清单项目包括土石方工程;地基与桩基础工程;砌筑工程;混凝土及钢筋混凝土工程;厂库房大门工程、特种门、木结构工程;金属结构工程;屋面及防水工程;防腐、隔热保温工程。共计8章45节,178个项目。附录A清单项目适用于采用工程量清单计价的工业与民用建筑物和构筑物的建筑工程。本章主要解释《计价规范》附录A建筑工程清单项目划分及工程量计量规则,并结合典型的工程实例阐述工程量清单编制及综合单价的计算方法。

第一节　A.1 土石方工程

一、A.1.1 土方工程(010101)

1. 平整场地(010101001)

"平整场地"项目,适用于建筑物场地厚度在±30cm以内的挖、填、运、找平。其项目特征包括土壤类别、弃土运距、取土运距;项目内容包括土方挖填、场地找平和运输。

平整场地清单工程量按设计图示尺寸以建筑物首层面积计算,计量单位为m^2。"首层面积"和"首层建筑面积"不同,"首层面积"应按建筑物外墙外边线计算。落地阳台计算全面积;悬挑阳台不计算面积。设地下室和半地下室的采光井等不计算建筑面积的部位,也应计入平整场地的工程量。地上无建筑物的地下停车场,按地下停车场外墙外边线外围面积计算,包括出入口、通风竖井和采光井均计算平整场地的面积。

编制工程量清单时,可能出现±30cm以内全部是挖方或全部是填方的情况。需外运土方或借土回填时,在项目特征描述中招标人应说明弃土运距(或弃土地点)或取土运距(或取土地点),也可以要求投标人自行考虑。在清单计价时,投标人应结合实际情况将外运土方或借土回填的运输费用计入平整场地项目报价内。

【例8.1.1】　已知某传达室一层平面图如图8.1.1所示(内外墙厚均为240mm,轴线居中,图示尺寸为轴线尺寸)。某投标人施工组织设计规定平整场地范围为外墙外边线以内,其企业定额平整场地子项(A1-42)人工消耗为综合用工三类3.04工日/100m^2,三类工30元/工日。该投标人确定的企业管理费率4%、利润率3%,计费基数为"人工费+机械费",不考虑风险费率。(1)试计算平整场地的清单工程量。(2)试计算该投标人平整场地的综合单价。

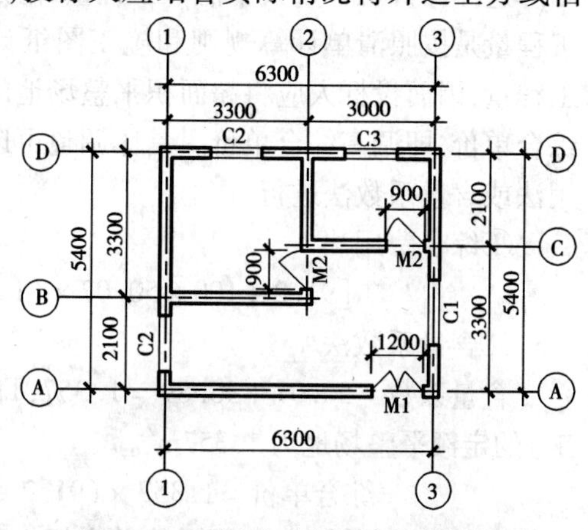

图8.1.1　一层平面图(尺寸单位:mm)

解:(1)$S_{清} = (6.3 + 0.24) \times (5.4 + 0.24) = 36.89\text{m}^2$。

(2)由于清单项目"平整场地"对应一项定额子项 A1-42,企业定额平整场地计算规则与清单计算规则相同,投标人根据施工组织设计施工,其计价工程量(实际施工量)和清单工程量相等,这时可以直接套用定额的资源消耗量或基价来分析综合单价。综合单价可按综合费用法或含量系数法进行计算:

①综合费用法

完成清单上 36.89m^2 平整场地需要完成 0.3689 个 100m^2 的定额平整场地子项(A1-42)。

定额工料机单价 $= 3.04 \times 30 = 91.2$ 元/100m^2

完成清单上 36.89m^2 平整场地需要的工料机费用 $= 0.3689 \times 91.2 = 33.64$ 元(实际只为人工费)

完成清单上 36.89m^2 平整场地需要的管理费和利润 $= 33.64 \times (4\% + 3\%) = 2.35$ 元

完成清单上 36.89m^2 平整场地需要的综合费用 $= 33.64 + 2.35 = 35.99$ 元

平整场地综合单价 $= 35.99 \div 36.89 = 0.98$ 元/m^2

②含量系数法

含量系数 = 平整场地计价工程量 ÷ 平整场地清单工程量 $= 36.89 \div 36.89 = 1$

平整场地综合单价 $= 1 \times 91.2 \div 100 \times (1 + 4\% + 3\%) = 0.98$ 元/m^2

工程实际中,可能会出现投标人施工组织设计规定的平整场地施工范围大于清单工程量($S_{清}$)计算范围,而投标人实际施工的工程量就是计价工程量($S_{计}$),计价工程量大于清单工程量的超面积平整的价值应按照清单工程量分摊进入综合单价。对于外形规则的房屋建筑外墙外边线以外的超面积平整,如图 8.1.2 所示。平整场地的计价工程量可按照下式计算:

$$S_{计} = S_{清} + L_{外} d + 4d^2$$

式中:$L_{外}$——外墙外边线长;

d——超面积平整场地加宽宽度。

【例 8.1.2】 某投标人对于【例 8.1.1】中的工程投标,若其施工组织设计规定实际施工时平整范围为从外墙外边线每边加 0.5m,其他条件不变。试求投标人综合单价。

解:按照施工组织设计施工的计价工程量为:

$$(6.3 + 0.24 + 0.5 \times 2) \times (5.4 + 0.24 + 0.5 \times 2) = 50.07\text{m}^2$$

或 $36.89 + (6.3 + 0.24 + 5.4 + 0.24) \times 2 \times 0.5 + 4 \times 0.5^2 = 50.07\text{m}^2$

这样计价工程量大于清单工程量,但是实际结算的工程量是按照清单计算规则和施工图纸计算出的清单工程量,因而投标人应将超面积平整场地的价值分摊进综合单价,即调高综合单价。具体调整可以按照综合费用法或含量系数法进行:

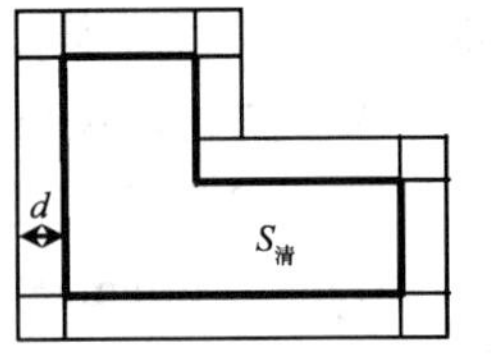

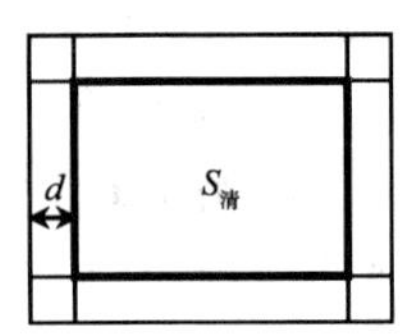

图 8.1.2　超面积平整示意图

①综合费用法

$$[91.2 \div 100 \times 50.07 \times (1 + 4\% + 3\%)] \div 36.89 = 1.32 \text{ 元/m}^2$$

②含量系数法

含量系数 $= 50.07 \div 36.89 = 1.357$,即每完成清单上 1m^2 的平整场地实际需要计价(施工)的定额平整场地为 1.357m^2。

$$综合单价 = 1.357 \times (91.2 \div 100) \times (1 + 4\% + 3\%) = 1.32 \text{ 元/m}^2$$

清单计价模式下,工程量清单由招标人统一提供,招标人要对工程量清单的准确性和完备性负责，招标时工程量清单上的工程量是暂定量，而结算时按照实际完成的工程量结算，即工程数量变化的风险由招标人承担。因此，投标人报价时，通常不用核算工程量，这可以减少重复劳动，提高工作效率。但是这并不是绝对的，对于有些项目清单工程量准确与否直接影响报价的项目，还是要进行核算，减少综合单价的计算失误。

【例8.1.3】 若【例8.1.2】中平整场地工程量有误，给定清单工程量为33.89m^2，其他条件不变，试计算合理的综合单价。

解：(1)不核算清单工程量：

$$综合单价=\frac{50.07}{33.89}\times\frac{3.04\times30}{100}\times(1+4\%+3\%)=1.44\ 元/m^2$$

此时该清单项所报合价：1.44×33.89=48.80元；无工程变更情况下，该清单项实际结算：1.44×36.89=53.12元。

(2)核算清单工程量：

经核算正确的清单工程量为36.89m^2，按照核算后得到的36.89m^{2}计算，综合单价为1.32元/m^2。该清单项所报合价：1.32×33.89=44.73元；无工程变更情况下，该清单项实际结算：1.32×36.89=48.69元（结算时按照实际完成的工程量结算）。

比较以上计算结果，不核算清单工程量计算的综合单价偏高，该清单项报价合价高，不利于中标；核算清单工程量后计算的综合单价正常，该清单项报价合价低，有利于中标。中标后，无工程变更条件下，工程结算是依据正确的工程量36.89m^{2}进行的，也就是说，按照1.32元/m^{2}报价就能够保证投标人获得目标利润，因此，投标人应该依据核实后的清单工程量来确定综合单价，并按此单价（1.32元/m^2）报价。当然，投标人发现对于自己有利的清单工程量错误时，可以适当应用不平衡报价等投标技巧，调整相应综合单价，以期中标后获得额外利润。

2. 挖土方(010101002)

“挖土方”项目适用于±30cm以外的竖向布置的挖土或山坡切土，是指设计室外地坪标高以上的挖土，并包括指定范围内的土方运输。设计标高以下的填土应按“土石方回填”项目编码列项。“挖土方”项目特征包括土壤类别、挖土平均厚度、弃土运距。其工程内容包括排地表水、土方开挖、挡土板支拆、截桩头、基底钎探、运输。

“挖土方”清单工程量按设计图示尺寸以体积计算，计量单位为m^3。挖土方平均厚度，应按自然地面测量标高至设计地坪标高间的平均厚度确定。需要指出的是，由于地形起伏变化大，不能提供平均挖土厚度时，应提供方格网法或断面法施工的设计文件。

3. 挖基础土方(010101003)

“挖基础土方”项目适用于带型基础、独立基础、满堂基础（包括地下室基础）、设备基础及人工挖孔桩等的挖方，并包括指定范围内的土方运输。带形基础应按不同底宽和挖土深度，独立基础和满堂基础应按不同底面积和挖土深度分别编码列项。项目特征包括土壤类别，基础类型，垫层底宽、底面积，挖土深度，弃土运距；项目内容同挖土方。

“挖基础土方”清单工程量，按设计图示尺寸以基础垫层底面积乘以挖土深度计算，计量单位为m^3。基础土方（石方）开挖深度，应按基础垫层底表面标高至交付施工场地标高确定，无交付施工场地标高时，应按自然地面标高确定。

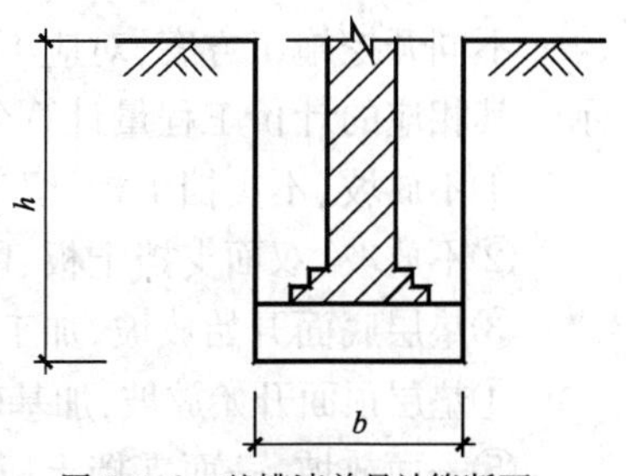

图8.1.3 基槽清单量计算断面

基槽清单工程量计算断面，如图8.1.3所示。其工程量计算公式如下：

$$V_{清}=b\times h\times L \text{ 或 } b\times L\times h$$

基坑清单工程量计算公式：

$$V_{清}=a\cdot b\cdot h$$

式中：a——坑底垫层长(m)；

b——坑底垫层宽(m)；

h——基坑开挖深度(m)。

挖基础土方清单计价：

(1)根据施工方案规定的放坡、操作工作面和机械挖土进出施工工作面的坡道等增加的施工量的费用，应包括在挖基础土方报价内。

投标人计算挖基础土方计价工程量(施工工程量)，应根据具体的施工组织设计或施工方案计算。由于存在计价规范计算规则中未考虑的放坡、工作面等增加的土方量，所以计价工程量往往大于清单工程量。

挖沟槽、基坑、土方时边坡放坡示意，如图8.1.4所示。其坡度可用坡度系数($k=b/h$)或边坡坡度($1:k=h/b$)表示。施工方案中坡度系数，可以参考表8.1.1规定的放坡起点及放坡系数结合施工经验自主确定。沟槽、基坑中土壤类别不同时，分别按其放坡起点、放坡系数、依不同土壤厚度加权平均计算。计算放坡时，在交接处的重复工程量不予扣除，原槽、坑作基础垫层时，放坡自垫层上表面开始计算；混凝土垫层需要支模时，放坡自垫层下表面开始。

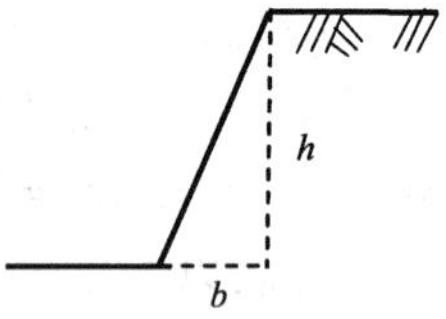

h

b

图8.1.4 坡度系数示意图

土方工程放坡系数表 表8.1.1

土壤类别	放坡起点	人工挖土	机械挖土	
			在坑内作业	在坑上作业
一、二类土	1.20	1:0.5	1:0.33	1:0.75
三类土	1.50	1:0.33	1:0.25	1:0.67
四类土	2.00	1:0.25	1:0.10	1:0.33

基础施工所需工作面，可以参考表8.1.2规定并结合本企业施工操作经验确定。

基础施工所需工作面宽度参考表 表8.1.2

基础材料	每边各增加工作面宽度(mm)
砖基础	200
浆砌毛石、条石基础	150
混凝土基础垫层、混凝土基础支模板	300
基础垂直面做防水层	800(防水面层)

另外，挖沟槽、基坑需支挡土板时，其宽度可按图示沟槽、基坑底宽，单面加10cm，双面加20cm或按照施工经验值计算。挡土板面积，按槽、坑垂直支撑面积计算。

不同开挖施工方案，对应不同的形状开挖断面，典型的几种开挖断面如图8.1.5a)～f)所示。其相应的计价工程量计算公式如下：

①不放坡、不支挡土板、留工作面[图8.1.5a)]：$V=(b+2c)\times h\times L$。

②不放坡、双面支挡土板、留工作面[图8.1.5b)]：$V=(b+2c+0.2)\times h\times L$。

③垫层底面开始放坡，加工作面[图8.1.5c)]：$V=(b+2c+kh)\times h\times L$。

④垫层顶面开始放坡，加基础工作面[图8.1.5d)]：$V=[b\times h_2+(a+2c+kh_1)\times h_1]\times L$。

⑤一面放坡、一面支挡土板、留工作面[图8.1.5e)]：$V=(b+2c+0.1+0.5kh)\times h\times L$。

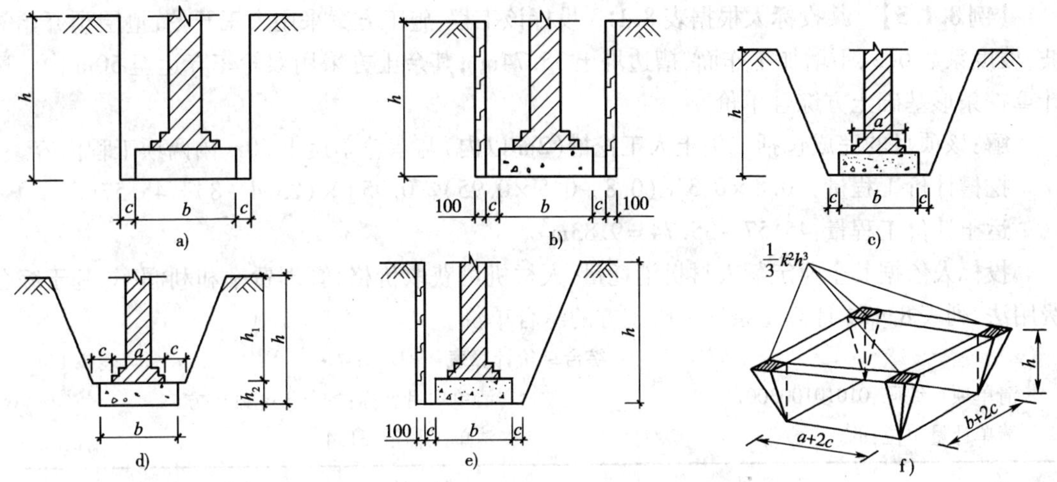

图 8.1.5　不同形状的开挖断面(尺寸单位:mm)

⑥基坑土方体积计算[图 8.1.5f)]:

$$V_{计价} = (a + 2c + kh)(b + 2c + kh)h + \frac{1}{3}k^2h^3$$

⑦放坡圆形基坑体积计算:

$$V_{计价} = \frac{1}{3}\pi h(r_1^2 + r_2^2 + r_1 r_2)$$

(2)无论项目特征描述是指定了弃土运距还是要求投标人自行考虑,弃土(包括施工增量)的运输应包括在报价内。

(3)截桩头包括剔打混凝土、钢筋清理、调直弯钩及清运弃碴、桩头。

(4)深基础的支护结构:如钢板桩、H 型钢桩、预制钢筋混凝土板桩、钻孔灌注混凝土排桩挡墙、预制钢筋混凝土排桩挡墙、人工挖孔灌注混凝土排桩挡墙、旋喷桩、地下连续墙和基坑内的水平钢支撑、水平钢筋混凝土支撑、锚杆拉固、基坑外拉锚、排桩的圈梁、H 型钢桩之间的木挡土板以及施工降水等,应列入工程量清单措施项目费内。

【例 8.1.4】　如【例 8.1.1】中工程设计采用砖条形基础,3:7灰土垫层厚 300mm,垫层宽 800mm,室外地坪标高 -0.300m,垫层底标高 -1.55m,场地为二类土。试编制挖基础土方工程量清单。

解:外墙中心线:$(6.3 + 5.4) \times 2 = 23.4$m

内墙基槽净长线:$3.3 + 3.3 + 3.0 - 0.4 \times 4 = 8$m

挖基础土方清单工程量:$0.8 \times (1.55 - 0.3) \times (23.4 + 8) = 31.4\text{m}^3$

编制工程量清单,如表 8.1.3 所示。

分部分项工程量清单与计价表　　　　表 8.1.3

序号	项目编码	项目名称	项目特征描述	计量单位	金额(元)		
					工程量	综合单价	合价
	010101003001	挖条形基础土方	①土壤类别:二类土; ②基础类型:砖条基; ③垫层底宽:800mm; ④挖土深度:2m 以内; ⑤弃土运距:投标人自行考虑	m^3	31.4		

【**例 8.1.5**】 某投标人根据表 8.1.3 投标该工程，施工方案采用人工开挖，垫层顶开始放坡，坡度系数 0.5，不增加工作面，槽边堆土 35.74m^3，其余土方采用双轮车弃运至 50m 内。试计算挖条形基础土方综合单价。

解：该项目的完成包括二类土人工挖槽(2m 以内)与双轮车运土 50m 内两项工程内容。

挖槽计价工程量：$[0.8\times0.3+(0.8+0.5\times0.95)\times0.95]\times(23.4+8)=45.57m^3$

运土计价工程量：$45.57-35.74=9.83m^3$

投标人依据其企业定额人材机消耗量、人材机可获取价格、管理费率和利润率，基于综合费用法，列表 8.1.4 计算挖条形基础土方的综合单价。

综合单价计算表 表 8.1.4

清单项目编码：010101003001　　清单项目名称：挖条形基础土方

清单计量单位：m^3　　清单工程量：31.4

定额编号				A1－11		A1－100		合计	
定额项目名称				人工挖沟槽，一、二类土，深 2m 以内		单(双)轮车运土方运距 50m 以内			
定额计量单位				$100m^3$		$100m^3$			
数量(计价工程量/定额计量单位)				0.4557		0.0983			
工料机名称		单位	单价(元)	定额消耗	小计	定额消耗	小计	总耗量	金额
人工	综合用工三类	工日	30.00	34.350	15.653	15.850	1.558	17.211	516.33
								人工费	516.33
机械	电动夯实机 20～62N·m	台班	23.50	0.180	0.082			0.082	1.93
								机械费	1.93
工料机合计									518.26
其中，人工费＋机械费									518.26
管理费				(人工费＋机械费)×4%					20.73
利润				(人工费＋机械费)×3%					15.55
综合费用				工料机合计＋管理费＋利润					554.54
综合单价				综合费用÷清单工程量					17.66

4. 冻土开挖(010101004)

"冻土开挖"项目特征包括冻土厚度、弃土运距；工程内容包括打眼、装药、爆破、开挖、清理、运输。其清单工程量按设计图示尺寸开挖面积乘以厚度以体积计算，计量单位为 m^3。

5. 挖淤泥、流砂(010101005)

"挖淤泥、流砂"项目特征包括挖掘深度和弃淤泥、流砂距离；工程内容包括挖、弃淤泥或流砂。淤泥是指一种稀软状，不易成形的灰黑色、有臭味、含有半腐朽的植物遗体(占 60% 以上)，置于水中有动植物残体浮于水面，并常有气泡由水中冒出的泥土。流砂现象是指土方挖到地下水位以下时，坑底部或侧部的土形成流动状态，随地下水一起涌出的现象。这种土称为流砂，流砂无承载力，边挖边冒，无法深挖，强挖会掏空临近地基。

淤泥、流砂清单工程量按设计图示位置、界限以体积计算，计量单位为 m^3。

6. 管沟土方(010101006)

"管沟土方"项目适用于管沟土方开挖、回填。管沟土方应按不同土壤类别、管外径、挖沟平均深度、弃土运距(如有)、回填要求分别编码列项。采用单管直埋和多管同一管沟直埋,招标人应在清单项目中进行描述。采用多管同一管沟直埋时,管间距离必须符合有关规范的要求。管沟土方项目的工程内容,包括排地表水、土方开挖、挡土板支拆、运输、回填。

管沟土方清单工程量按设计图示以管道中心线长度计算,计量单位为m。挖沟平均深度:有管沟设计时,以沟垫层底表面标高至交付施工场地标高计算;无管沟设计时,直埋管的管沟宽度和深度应为:单管直埋宽度按管外径计算,管沟深度应按管底外表面标高至交付施工场地标高的平均高度计算;多管道同一管沟直埋宽度按多管水平投影最大宽度计算,深度按管底外表面标高至交付施工场地标高的平均高度计算。

管沟土方工程量不论有无管沟设计均按长度计算。管沟开挖加宽工作面、放坡和接口处加宽工作面及其他措施(如支挡土板等),应由投标人根据施工方案考虑在综合单价中。

二、A.1.2 石方工程(010102)

1. 预裂爆破(010102001)

预裂爆破是指为降低爆震波对周围已有建筑物或构筑物的影响,按照设计的开挖边线,钻一排预裂炮眼,炮眼均需按设计规定药量装炸药,在开挖区炮爆破前,预先炸裂一条缝,在开挖炮爆破时,这条缝能够反射、阻隔爆震波。其项目特征包括岩石类别;单孔深度;单孔装药量;炸药品种、规格;雷管品种、规格。其工程内容包括打眼、装药、放炮;处理渗水、积水;安全防护、警卫。如设计要求采用减震孔方式减弱爆破震动波时,应该按照预裂爆破项目编码列项。

预裂爆破清单工程量按设计图示以钻孔总长度计算,计量单位为m。如设计要求某一坡面采用光面爆破或爆破石块有直径要求时,投标人应在预裂爆破综合单价中给予考虑。

2. 石方开挖(010102002)

石方开挖项目适用于人工凿石、人工打眼爆破、机械打眼爆破等,并包括指定范围内的石方清除运输。石方开挖应该按照岩石类别、开凿深度、弃碴运距(如有)、基底摊座要求、爆破石块直径要求分别编码列项。其工程内容包括打眼、装药、放炮;处理渗水、积水;解小;岩石开凿;摊座;清理;运输;安全防护、警卫。

石方开挖清单工程量按设计图示尺寸以体积计算,计量单位为m^3。如设计规定需光面爆破的坡面、需摊座的基底,应在工程量清单中进行描述。计价时,石方爆破的超挖量,应包括在综合单价内。

3. 管沟石方(010102003)

管沟石方应该按照岩石类别、管外径、开凿深度、弃碴运距(如有)、基底摊座要求、爆破石块直径要求分别编码列项。该项目工程内容包括石方开凿、爆破;处理渗水、积水;解小;摊座;清理、运输、回填;安全防护、警卫。管沟石方清单工程量按设计图示以管道中心线长度计算,计量单位为m。

三、A.1.3 土石方回填(010103)

1. 土(石)方回填(010103001)

"土(石)方回填"项目适用于场地回填、室内回填和基础回填,并包括指定范围内的运输以及借土回填的土方开挖。土（石）方回填工程内容：挖土（石）方；装卸、运输；回填；分层碾压、夯实。土（石）方回填项目特征：土质要求；密实度要求；粒径要求；夯填（碾压）；松填；运输距离。

土（石）方回填清单工程量按设计图示尺寸以体积计算，计量单位为 m^3。

场地回填：回填面积乘以平均回填厚度。

室内回填：主墙间净面积乘以回填厚度。“主墙”指结构厚度在 120mm 以上（不含 120mm）各类墙体。

基础回填（见图 8.1.6）：挖方体积减去设计室外地坪以下埋设的基础体积（包括基础垫层及其他构筑物）。

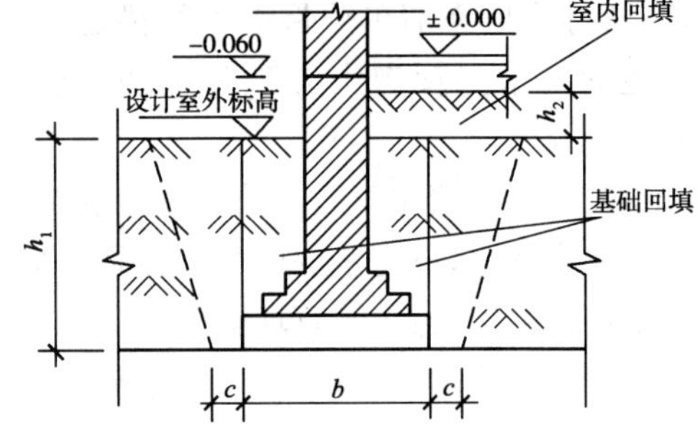

图 8.1.6　基础回填与室内回填

土（石）方回填项目计价时，土方的运输、借土回填的土方开挖及基础土方放坡等施工增加量，均应在综合单价中给予考虑。

【例 8.1.6】 某工程柱下独立基础，如图 8.1.7 和图 8.1.8 所示，共 18 个。已知：土壤类别为四类土，室外地坪标高 -0.30m，垫层底面标高 -3.7m；设计基础垫层为 C15 混凝土，独立基础及独立柱为 C30 混凝土。混凝土使用商品混凝土，基础回填土为夯填，土方挖、填计算均按天然密实土考虑。

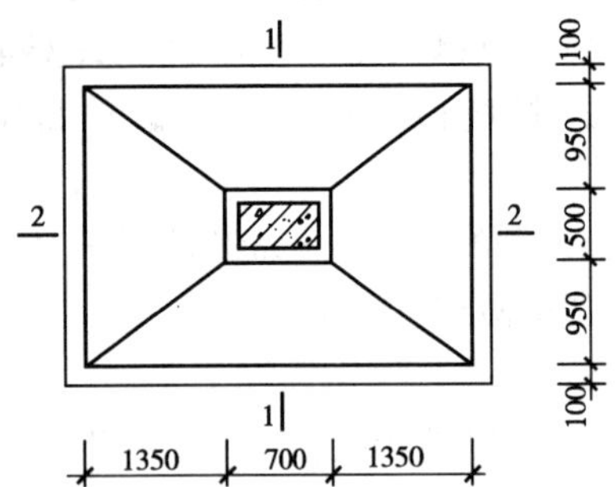

图 8.1.7　独立基础平面图（尺寸单位：mm）

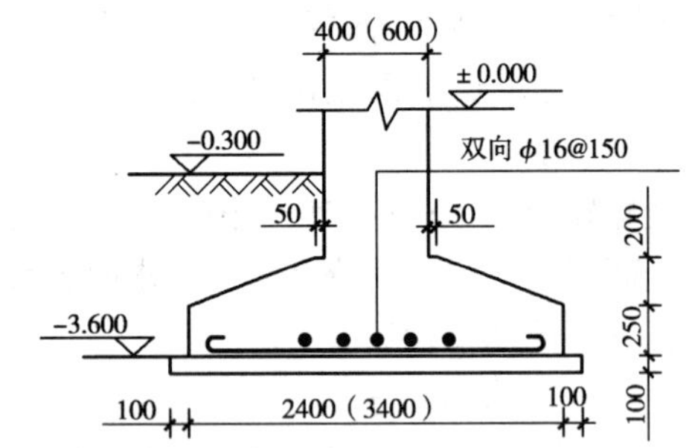

图 8.1.8　独立基础 1-1（2-2）断面图（尺寸单位：mm）

（1）试编制 ±0.000 以下的土石方工程工程量清单。

（2）某承包商拟投标该工程，根据地质资料，确定柱基础为机械放坡开挖，垫层支模工作面每边增加 0.3m；自垫层上表面开始放坡，放坡系数 0.33；基坑边可以堆土 494.71m^3，余土用自卸汽车运至距离挖土中心 700m 处堆置。企业管理费费率为 4%，利润率 3%，计费基数为“人工费 + 机械费”。根据土石方工程工程量清单，计算承包人填报的综合单价。

解：（1）挖独立基础土方清单工程量：

$V_{挖清单} = 3.6 \times 2.6 \times 3.4 \times 18 = 572.83m^3$

$V_{独基} = 3.4 \times 2.4 \times 0.25 \times 18 + 0.2 \div 6 \times [3.4 \times 2.4 + (3.4 + 0.7) \times (2.4 + 0.5) + 0.7 \times 0.5] \times 18 = 48.96m^3$

$V_{垫层} = 3.6 \times 2.6 \times 0.1 \times 18 = 16.85m^3$

基础土方回填：

$V_{填清单} = V_{挖清单} - V_{独基} - V_{垫层} - V_{埋柱}$

$= 572.83 - 48.96 - 16.85 - 0.4 \times 0.6 \times (3.6 - 0.3 - 0.45)$（室外地坪以下）$\times 18$

$=494.71m^3$

该项目土石方工程包括挖独立基础土方和基础土方回填两项，工程量清单编制如表8.1.5所示。

分部分项工程量清单与计价表 表8.1.5

序号	项目编码	项目名称	项目特征描述	计量单位	工程量	金额(元)	
						综合单价	合价
1	010101003001	挖独立基础土方	①土壤类别:四类土; ②基础类型:独立基础; ③垫层底面积:3.6m×2.6m; ④挖土深度:3.4m; ⑤弃土运距:投标人自行考虑	m^3	572.83		
2	010103001001	基础土方回填	①土质要求:一般土壤; ②密实度要求:按规范要求夯填; ③运距:投标人自行考虑	m^3	494.71		

(2)承包商根据企业定额消耗量和人材机市场价计算出定额工料机单价，如表8.1.6所示。

工料机单价计算表 表8.1.6

计量单位				$100m^3$	$1000m^3$	$1000m^3$	$1000m^3$
项目编号				A1-44	A1-116	A1-122	A1-123
项目名称				回填土夯填	挖掘机挖土方四类土	机械运土方	
						500m	每增加100m
	工料机单价			1038.03	4171.29	7762.11	355.82
其中	人工费			850.50	2055.90	1380.60	
	材料费						
	机械费			187.53	2115.39	6381.51	355.82
	名称	单位	单价(元)	数量			
人工	综合用工三类	工日	30.00	28.35	68.530	46.020	
机械	挖掘机(综合)	台班	804.33		2.630		
	土方综合机械(一)	台班	129.39			49.32	2.75
	土方综合机械(二)	台班	578.63				
	夯实机(电动)夯击能力20~60N·m	台班	23.50	7.98			

①根据工程量清单和投标人施工方案，可知挖独立基础土方(010101003001)对应机械挖土(A1-116)和机械运土(A1-122+2×A1-122)两项工程内容。

机械挖独立柱基土方计价工程量 $=[(3.6+0.3\times2)(2.6+0.3\times2)\times0.1+(3.6+0.3\times2+3.3\times0.33)(2.6+0.3\times2+3.3\times0.33)\times3.3+1/3\times0.33^2\times3.3^3]\times18=1395.14m^3$

含量系数 $=1395.14\div572.83=2.436$

余土外运计价工程量 $=1395.14-494.71=900.43m^3$

含量系数 = 900.43 ÷ 572.83 = 1.572

综合单价可以按照含量系数法，采用《计价规范》给定的工程量清单综合单价分析表格进行计算，其过程如表 8.1.7 所示。

工程量清单综合单价分析表 表 8.1.7

工程名称： 第 页 共 页

项目编码	010101003001		项目名称		挖独立基础土方		计量单位			m³
清单综合单价组成明细										
定额编号	定额单位	数量	单价				合价			
			人工费	材料费	机械费	管理费和利润	人工费	材料费	机械费	管理费和利润
A1 - 116	1000m³	0.002436	2055.90		2115.39	291.99	5.01		5.15	0.71
A1 - 122 + 2 × A1 - 123	1000m³	0.001572	1380.60		7093.15	593.16	2.17		11.15	0.93
人工单价	小计						7.18		16.30	1.64
30 元/工日	未计价材料费									
清单项目综合单价							25.12			

注：表中数量 =（计价工程量 ÷ 清单工程量）÷ 定额计量单位

②基础土方回填（010103001001）对应基础回填（A1 - 44）和土方运输（A1 - 122 + 2 × A1 - 122）两项工程内容。

基础回填计价量 = 1395.14（挖方计价量）- 3.6 × 2.6 × 0.1 × 18 - 48.96 - 0.4 × 0.6 ×（3.6 - 0.3 - 0.45）× 18 = 1317.02m³

回填土含量系数 = 1317.02 ÷ 494.71 = 2.662

取土（运回）计价量 = 1317.02 - 494.71 = 822.31m³

取土含量系数 = 822.31 ÷ 494.71 = 1.662

我们可以采用相对简化一些的计算表格来计算综合单价，过程如表 8.1.8 所示。

综合单价计算表 表 8.1.8

项目编码		010103001001		项目名称	基础土方回填		计量单位	m³
定额编号		定额单位	数量	清单综合单价组成明细				合价
				人工费	材料费	机械费	管理费和利润	小计
A1 - 44	定额	100m³		850.50		187.53		
	实际	m³	2.662	22.64		4.99	1.93	29.56
A1 - 122 + 2 × A1 - 123	定额	1000m³		1380.60		7093.15		
	实际	m³	1.662	2.29		11.79	0.99	15.07
综合单价				24.93		16.78	2.92	44.63

注：数量 = 含量系数 = 计价工程量 ÷ 清单工程量。

四、A.1 清单计价实务说明

（1）土石方体积应按照挖掘前天然密实体积计算。如需按照天然密实体积折算时，应按

表 8.1.9 系数计算。

土石方体积(m^3)折算系数表　表 8.1.9

天然密实体积	虚方体积	夯实后体积	松散体积
1.00	1.30	0.87	1.08
0.77	1.00	0.67	0.83
1.15	1.49	1.00	1.24
0.93	1.20	0.81	1.00

(2)“指定范围内的运输”是指由招标人指定的弃土地点或取土地点的运距,应在工程量清单中给予描述。一般情况下,弃土地点或取土地点可由投标人自行确定,招标人应在工程量清单中说明运距由投标人自行考虑。

(3)桩间挖土方工程量不扣除桩所占体积。

(4)湿土的划分应按地质资料提供的地下常水位为界,地下常水位以下为湿土。

(5)土石方清单项目综合单价,应包括指定范围内的土石一次或多次运输、装卸以及基底夯实、修理边坡、清理现场等全部施工工序。

(6)因地质情况变化或设计变更引起的土(石)方工程量的变更,由发包人与承包人双方现场认证,依据合同条件进行调整。

(7)挖方出现流砂、淤泥时,可根据实际情况由发包人与承包人双方认证。

第二节　A.2 地基与桩基础工程

一、A.2.1 混凝土桩(010201)

1. 预制钢筋混凝土桩(010201001)

预制钢筋混凝土桩项目适用于预制混凝土方桩、管桩和板桩等,桩断面如图 8.2.1 所示。预制钢筋混凝土方桩应描述土壤级别、单桩长度、根数、桩截面、桩倾斜度、混凝土强度等级、防护材料种类等项目特征。预制混凝土管桩和预制混凝土板桩(留滞原位、不拔出的板桩),还应增加描述管桩填充材料种类和板桩单桩垂直投影面积。预制钢筋混凝土桩项目包括的工程内容:桩制作、运输;打桩、试验桩、斜桩;送桩;管桩填充材料、刷防护材料;清理、运输。另外,需注意的是试桩应按“预制钢筋混凝土桩”项目编码单独列项。

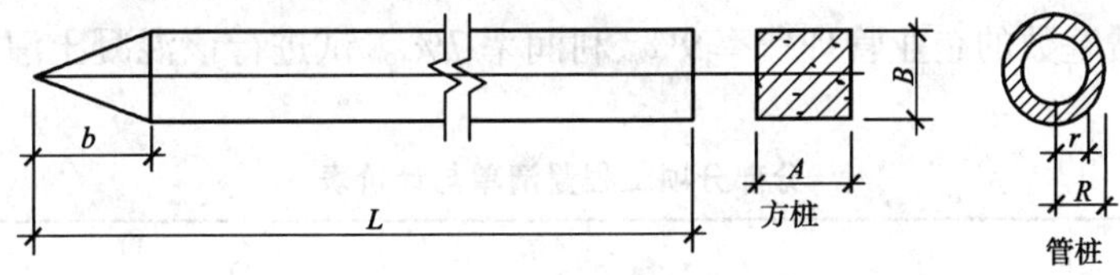

图 8.2.1　预制混凝土桩示意图

预制钢筋混凝土桩清单工程量按设计图示尺寸以桩长(包括桩尖)或根数计算,计量单位 m 或根。以“m”为计量单位时,单桩长度可以按照范围值进行描述,并注明根数;以“根”为计量单位时,单根长度应为确定值,只描述单桩长度即可。

清单计价实务中应注意:

(1)如果按照桩长计算,在编制招标控制价和投标报价时,按照设计图示尺寸计算,但结算时，按照桩实际入土长度计算。

(2)试桩与打桩之间间歇时间，机械在现场的停滞，应包括在打试桩综合单价内。

(3)预制桩刷防护材料应包括在综合单价内。

2. 接桩(010201002)

接桩项目适用于预制钢筋混凝土方桩、管桩和板桩的接桩。接桩应在工程量清单中描述接桩材料、桩截面、接头长度等特征项目。

接桩清单工程量按设计图示规定以接头数量(板桩按接头长度)计算，计量单位个或m。通常方桩、管桩接桩按接头数量以"个"计算；板桩按接头长度以"m"计算。

图8.2.2为硫磺胶泥接桩。

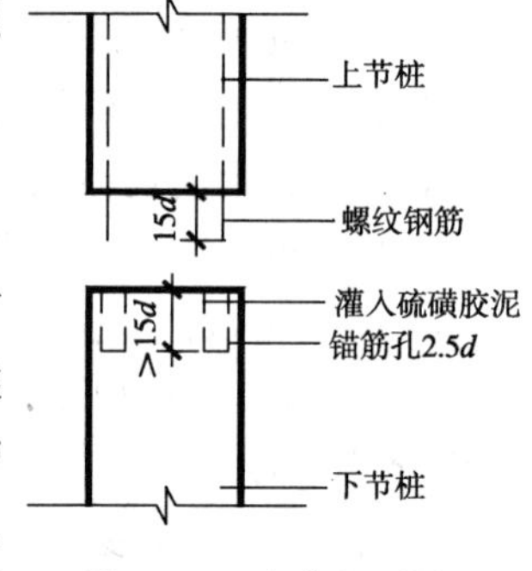

图8.2.2 硫磺胶泥接桩

3. 混凝土灌注桩(010201003)

混凝土灌注桩项目适用于人工挖孔灌注桩、钻孔灌注桩、爆扩灌注桩、打管灌注桩、振动管灌注桩等。在工程量清单中，应描述混凝土灌注桩的成孔方法。采用回旋钻机、冲击成孔及振动(冲击)沉管时，应描述土壤级别、单桩长度、根数、桩截面、成孔方法、混凝土强度等级。当采用人工挖孔时，除上述特征项目外，还应明确护壁材料、厚度。

混凝土灌注桩项目包括成孔及桩身混凝土灌注。其具体工程内容有：成孔、固壁；混凝土制作、运输、灌注、振捣、养护；泥浆池及沟槽砌筑、拆除；泥浆制作、运输；清理、运输。

混凝土灌注桩清单工程量按设计图示尺寸以桩长(包括桩尖)或根数计算，计量单位m或根。

清单计价应注意：

(1)人工挖孔时采用的护壁(如砖砌护壁、预制钢筋混凝土护壁、现浇钢筋混凝土护壁、钢模周转护壁、竹笼护壁等)，应包括在综合单价内。

(2)钻孔固壁泥浆的搅拌运输，泥浆池、泥浆沟槽的砌筑、拆除，应包括在综合单价内。

(3)爆扩桩扩大的混凝土量，应包括在综合单价内。

【例8.2.1】 某工程设计采用打管灌注桩，桩直径为480mm，设计单桩长度10m，计240根。桩身混凝土强度等级C20，据工程地质勘探资料得知土壤为二类土。计算灌注桩清单工程量，并编制工程量清单如表8.2.1所示。已知企业定额资料如表8.2.2所示，以"人工费+机械费"为计费基数的企业管理费率9%、利润率7%。试进行该混凝土灌注桩的综合单价分析。

分部分项工程量清单与计价表 表8.2.1

序号	项目编码	项目名称	项目特征描述	计量单位	工程量	金额(元)	
						综合单价	合价
1	010201003001	混凝土灌注桩	①土壤级别：二级土； ②单桩长度、根数：10m、240根； ③桩截面：直径480mm； ④成孔方法：打管成孔； ⑤混凝土强度等级：C20	m	2400		

定额项目表 表 8.2.2

工程内容:①打管成孔:准备打桩机具、移动打桩机具、安放桩尖、沉管打孔;②灌注混凝土桩:准备机具、混凝土搅拌、运送混凝土、砂石料,灌注、拔管、振捣、养护等全部操作过程。 单位:$10m^3$

项目编码				A2-155	A2-203
项目名称				打桩管成孔	灌注混凝土
				10m 以内	套管成孔
				二级土	
工料机单价				1759.49	2591.33
其中	人工费			470.40	502.40
	材料费			208.14	1721.17
	机械费			1 080.95	367.76
名称		单位	单价(元)	数量	
人工	综合用工二类	工日	40.00	11.760	12.560
材料	现浇混凝土(中砂碎石)C20~C40	m^3			(12.550)
	水泥 32.5 级	t	220.00		4.079
	中砂	t	25.16		8.396
	碎石	t	33.78		17.143
	水	m^3	3.03		11.040
	二等方木	m^3	2174.37	0.015	
	硬木	m^3	3761.49	0.029	
	桩管摊销	kg	9.86	6.350	
	其他材料费	元	1.00	3.830	
机械	滚筒式混凝土搅拌机 500L 以内	台班	120.35		0.970
	机动翻斗车 1t	台班	129.39		1.940
	打桩综合机械(二)	台班	725.47	1.490	

解:(1)综合费用法

根据工程量清单项目特征描述,该清单项目包括成孔和灌注混凝土两项工程内容,分别计算成孔和灌注混凝土的计价工程量。

成孔计价工程量:$\frac{3.14\times0.48^2}{4}\times10\times240=434.07m^3$。查 2A-155,成孔工料机单价 1759.49 元/$10m^3$。

灌注混凝土计价工程量等于成孔计价工程量,为 $434.07m^3$。查定额 2A-203,灌注混凝土工料机单价 2591.33 元/$10m^3$。

人工费:434.07 ÷ 10 ×(470.40 + 502.40)= 42 226.33 元

材料费:434.07 ÷ 10 ×(208.14 + 1 721.17)= 83 745.56 元

机械费:434.07 ÷ 10 ×(1 080.95 + 367.76)= 62 884.15 元

管理费和利润:(42 226.33 + 62 884.15)×(9% + 7%)= 16 817.68 元

综合费用:42 226.33 + 83 745.56 + 62 884.15 + 16 817.68 = 205 673.72 元

综合单价:205 673.72 ÷ 2 400 = 85.70 元/m

也可以列表进行综合单价分析,如表 8.2.3 所示。

分部分项工程量清单综合单价计算表 表 8.2.3

项目编码:010201003001 计量单位:m

项目名称:混凝土灌注桩 工程数量:2400

序号	定额编号		单位	数量	综合单价组成,其中:(元)				小计
					人工费	材料费	机械费	管理费和利润	
1	A2-155	定额	$10m^3$		470.40	208.14	1 080.95		
		实际	m^3	434.07	20 418.65	9 034.73	46 920.80	10 774.31	87 148.49
2	A2-203	定额	$10m^3$		502.40	1 721.17	367.76		
		实际	m^3	434.07	21 807.68	74 710.83	15 963.36	6 043.37	118 524.24
小计					42 226.33	83 745.56	62 884.16	16 817.68	205 673.73
综合单价									85.70

注:表中数量=计价工程量。

(2)含量系数法

$$工料机单价=\frac{434.07}{2\ 400}\times(1\ 759.49+2\ 591.32)\div10=78.69\ 元/m$$

$$综合单价=78.69+\frac{434.07}{2\ 400}\times(470+502.4+1\ 080.95+367.76)\div10\times(9\%+7\%)$$

$$=85.70\ 元/m$$

含量系数法也可列表计算,如表 8.2.4 所示。

分部分项工程量清单综合单价计算表 表 8.2.4

项目编码:010201003001 项目名称:混凝土灌注桩 计量单位:m

序号	定额编号	工程内容		单位	数量 m^3/m	综合单价组成,其中:(元)				小计
						人工费	材料费	机械费	管理费及利润	
1	A2-155	打桩管成孔	定额	$10m^3$		470.40	208.14	1080.95		
			实际	m^3	0.181	8.51	3.77	19.57	4.49	36.34
2	A2-203	灌注混凝土	定额	$10m^3$		502.40	1721.17	367.76		
			实际	m^3	0.181	9.09	31.15	6.66	2.52	49.42
小计						17.60	34.89	26.23	7.01	85.76

注:此表中的计价数量=含量系数=计价工程量÷清单工程量。

二、A.2.2 其他桩(010202)

1.工程量清单项目设置及其适用范围

其他桩的工程量清单项目设置及其适用范围,应按表 8.2.5 的规定执行。

A.2.2 其他桩(010202) 表 8.2.5

项目编码	项目名称	项目特征	工程内容	适用范围
010202001	砂石灌注桩	①土壤级别;②桩长;③桩截面;④成孔方法;⑤砂石级配	①成孔;②砂石运输;③填充;④振实	各种成孔方式(振动沉管、锤击沉管等)的砂石灌注桩
010202002	灰土挤密桩	①~④同砂石灌注桩;⑤灰土级配	①成孔;②灰土拌和、运输;③填充;④夯实	各种成孔方式的灰土、石灰、水泥粉、煤灰、碎石等挤密桩

续上表

项目编码	项目名称	项目特征	工程内容	适用范围
010202003	旋喷桩	①桩长;②桩截面;③水泥强度等级	①成孔;②水泥浆制作、运输;③水泥浆旋喷	水泥浆旋喷桩
010202004	喷粉桩	①桩长;②桩截面;③粉体种类;④水泥强度等级;⑤石灰粉要求	①成孔;②粉体运输;③喷粉固化	水泥、生石灰粉等喷粉桩

2. 工程量计算规则

砂石灌注桩、灰土挤密桩、旋喷桩、喷粉桩清单工程量按设计图示尺寸以桩长(包括桩尖)计算,计量单位 m。

清单计价应注意:灌注桩的砂石级配、密实系数和挤密桩的灰土级配、密实系数均应包括在综合单价内。

三、A.2.3 地基与边坡处理(010203)

1. 地下连续墙(010203001)

"地下连续墙"项目适用于各种导墙施工的复合型地下连续墙工程。工程量清单中应描述墙体厚度、成槽深度、混凝土强度等级。地下连续墙项目包括挖土成槽、余土运输;导墙制作、安装;锁口管吊拔;浇筑混凝土连续墙;材料运输等工程内容。

地下连续墙清单工程量,按设计图示墙中心线长乘以厚度乘以槽深以体积计算,计量单位 m^3;计算公式为:$V = L \times B \times H$。

清单计价时,应将完成地下连续墙实体需要完成的各项工程内容的人材机费用、管理费和利润按照清单工程量向综合单价内分摊。

2. 振冲灌注碎石(010203002)

工程量清单中,振冲碎石桩项目应描述振冲深度、成孔直径、碎石级配等项目特征。振冲碎石桩工程内容包括:成孔、碎石运输、灌注、振实。

振冲碎石桩清单工程量,按设计图示孔深乘以孔截面积以体积计算,计量单位 m^3,如图8.2.3所示。

$$V = \frac{\pi D^2}{4} H$$

3. 地基强夯(010203003)

地基强夯在工程量清单中应描述夯击能量、夯击遍数、地耐力要求、夯填材料种类。地基强夯工程内容包括铺夯填材料、强夯、夯填材料运输。

地基强夯清单工程量按设计图示尺寸以面积计算,计量单位 m^2,如图 8.2.4 所示。

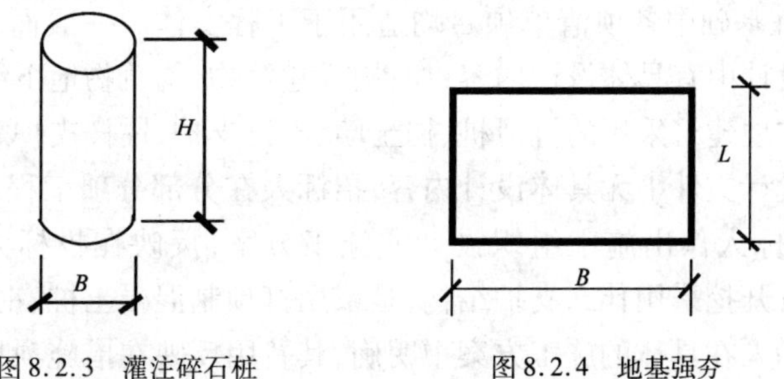

图8.2.3 灌注碎石桩　　图8.2.4 地基强夯

$$S = B \times L$$

4. 锚杆支护(010203004)

锚杆支护项目适用于岩石高削坡混凝土支护挡墙和风化岩石混凝土、砂浆护坡,但锚杆土钉应按混凝土及钢筋混凝土相关项目编码列项。锚杆支护在清单中需描述的项目特征,包括锚孔直径;锚孔平均深度;锚固方法、浆液种类;支护厚度、材料种类;混凝土强度等级;砂浆强度等级。其工程内容包括:钻孔;浆液制作、运输、压浆;张拉锚固;混凝土制作、运输、喷射、养护;砂浆制作、运输、喷射、养护。

锚杆支护清单工程量,按设计图示尺寸以支护面积计算,计量单位 m^2。

清单计价应注意:钻孔、布筋、锚杆安装、灌浆、张拉等搭设的脚手架,应列入措施项目费内。

5. 土钉支护(010203005)

土钉支护项目适用于土层的锚固,其注意事项同锚杆支护。土钉支护在清单中需描述的项目特征,包括支护厚度、材料种类;混凝土强度等级;砂浆强度等级。其工作内容包括:钉土钉;挂网;混凝土制作、运输、喷射、养护;砂浆制作、运输、喷射、养护。

土钉支护清单工程量,按设计图示尺寸以支护面积计算,计量单位 m^2。

四、A.2 清单计价实务说明

(1)土壤级别的划分应根据工程地质资料中的土层构造和土壤物理、力学性能的有关指标,参考纯沉桩时间确定。土壤级别鉴别,如表 8.2.6 所示。

土质鉴别表 表 8.2.6

内容		土壤级别	
		一级土	二级土
砂夹层	砂层连续厚度	<1m	>1m
	砂层中卵石含量	—	<15%
物理性能	压缩系数	>0.02	<0.02
	孔隙比	>0.7	<0.7
力学性能	静力触探值	<50	>50
	动力触探系数	<12	>12
每米纯沉桩时间平均值		<2min	>2min
说明		桩经外力作用较易沉入的土,土壤中夹有较薄的砂层	桩经外力作用较难沉入的土,土壤中夹有不超过 3m 的连续厚度砂层

(2)地基与桩基础中各项清单项目均适用于工程实体。一般而言,构成建筑物或构筑物实体的,必然在设计中有具体设计内容,如:构成建筑物、构筑物地下结构部分的永久性的复合型地下连续墙;坡地建筑采用的抗滑桩、挡土墙、土钉支护、锚杆支护等。若是属于施工中采取的技术措施,在设计文件中无具体设计内容,招标人在分部分项工程量清单中不列项(也无法列项),而是由投标人作出施工组织设计或施工方案,反映在投标人报价的措施项目费内。如:深基础土石方开挖采用什么支护结构,是采用打预制混凝土桩、钢板桩、人工挖孔桩或是地下连续墙,由投标人在具体的施工方案中明确,其费用反映在措施项目费内。

(3)各种桩(除预制钢筋混凝土桩)的充盈量,应包括在综合单价内。

(4)振动沉管、锤击沉管若使用预制钢筋混凝土桩尖时,应包括在综合单价内。

(5)灌注桩的钢筋笼、地下连续墙的钢筋网、锚杆支护、土钉支护的钢筋网及预制桩头钢筋等,应按 A.4 混凝土及钢筋混凝土有关项目编码列项。

第三节 A.3 砌筑工程

一、A.3.1 砖基础(010301)

1.砖基础(010301001)

砖基础项目适用于各种类型砖基础:柱基础、墙基础、烟囱基础、水塔基础、管道基础等。在工程量清单中,砖品种、规格、强度等级和砂浆强度等级项目特征必须进行描述;基础类型一般结合设计图纸进行描述;基础深度的描述与否不作要求。砖基础项目包括的工程内容有:砂浆制作、运输;砌砖;防潮层铺设和材料运输。基础垫层不包括在各类基础项目内,按照相应项目单独编码列项。垫层的材料种类、厚度、材料的强度等级、配合比,应在工程量清单中进行描述。

砖基础清单工程量按设计图示尺寸以体积计算,计量单位 m^3。其包括附墙垛基础宽出部分体积;扣除地梁(圈梁)、构造柱所占体积;不扣除基础大放脚 T 形接头处的重叠部分及嵌入基础内的钢筋、铁件、管道、基础砂浆防潮层和单个面积 0.3m^2 以内的孔洞所占体积;靠墙暖气沟的挑檐不增加。

基础与墙(柱)身划分:砖基础与砖墙(柱)身使用同一种材料时,以设计室内地坪为界(有地下室的以地下室室内设计地坪为界)。基础与墙身使用不同材料时,位于设计室内地坪 ±300mm以内时,以不同材料为界;超过 ±300mm 时,应以设计室内地坪为界。砖围墙,以设计室外地坪为界线,以下为基础,以上为墙身。

砖基础的逐步放阶形式称为大放脚,大放脚分为等高式和不等高式两种,如图 8.3.1a)和 8.3.1b)所示。等高式:每层厚度为两皮砖加两道灰缝,即 53×2+10×2=126mm,每放出一层放出宽度为砖长加灰缝的 1/4,即(240+10)÷4=62.5mm;不等高式:每层厚度变化规律依次是两皮砖、一皮砖、两皮砖,每放出一层,放出宽度依然是 62.5mm。由于等高式和不等高式大放脚的砌筑有规律,据此,可以先将不同形式和层次的大放脚部分增加面积计算出来,并换算成折加高度,形成方便查用的工具表格,如表 8.3.1所示。

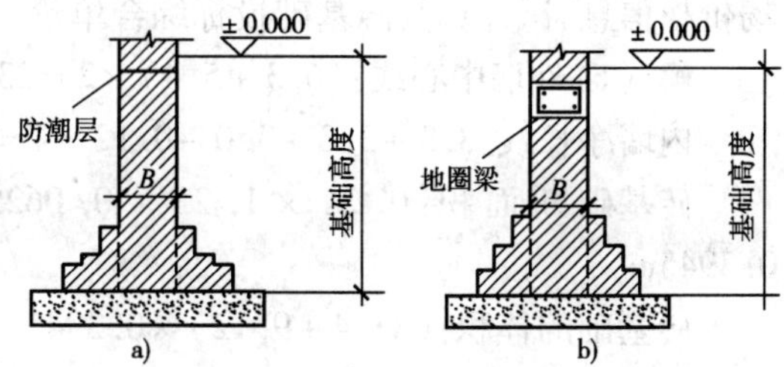

图 8.3.1 砖基础大放脚

a)不等高式大放脚;b)等高式大放脚

标准砖墙基础大放脚折加高度和增加断面面积表 表 8.3.1

放脚层数	折加高度(m)										增加断面面积(m^2)	
	1/2 砖		1 砖		3/2 砖		2 砖		5/2 砖			
	等高	不等	等高	不等	等高	不等	等高	不等	等高	不等	等高	不等
一	0.137	0.137	0.066	0.066	0.043	0.043	0.032	0.032	0.026	0.026	0.01575	0.01575
二	0.411	0.342	0.197	0.164	0.129	0.108	0.096	0.08	0.077	0.064	0.04725	0.03938
三			0.394	0.328	0.259	0.216	0.193	0.161	0.154	0.128	0.0945	0.07875

续上表

放脚层数	折加高度(m)										增加断面面积(m^2)	
	1/2 砖		1 砖		3/2 砖		2 砖		5/2 砖			
	等高	不等	等高	不等	等高	不等	等高	不等	等高	不等	等高	不等
四			0.656	0.525	0.432	0.345	0.321	0.253	0.256	0.205	0.1575	0.126
五			0.984	0.788	0.647	0.518	0.482	0.38	0.384	0.307	0.2363	0.189
六			1.378	1.083	0.906	0.712	0.672	0.58	0.538	0.419	0.3308	0.2599
七			1.838	1.444	1.208	0.949	0.90	0.707	0.717	0.563	0.441	0.3465
八			2.363	1.838	1.553	1.208	1.157	0.90	0.922	0.717	0.567	0.4411

条形砖基础体积，可按砖基础断面积乘以砖基础长度计算，即：

$$V_{砖基} = S_{断面} \times L$$

上式中砖基础断面积 $S_{断面}$，可按照下列两式之一计算：

$$S_{断面} = 基础深度 \times 墙厚 + 大放脚断面积$$

或

$$S_{断面} = (基础深度 + 大放脚折加高度) \times 墙厚$$

砖基础长度 L：外墙按中心线，内墙按净长线计算。

【例 8.3.1】 已知【例 8.1.1】中某建筑物的平面图如图 8.1.1 所示，内、外墙基础断面如图 8.3.2 所示。其基底标高 −1.55m，室外地坪 −0.30m，基础设计采用 MU10 标准砖，M7.5 水泥砂浆砌筑，墙基防潮层 20 厚 1:2防水砂浆（防水粉 5%）。

①试依据《计价规范》计算 ±0.00 以下砖基础清单工程量。

②某投标人以"直接费中人工费 + 机械费"为计费基数，测算的企业管理费率 17%，利润率 8%，根据投标人企业定额和资源市场价格信息，试计算其砖基础投标综合单价。

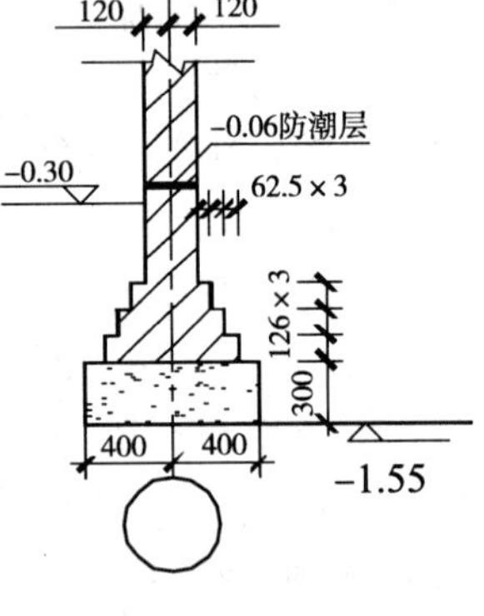

图 8.3.2　基础断面（尺寸单位：mm）

解：(1) 外墙中心线：(6.3 + 5.4) × 2 = 23.4m

内墙净长线：3.3 + 3.3 + 3.0 − 0.12 × 4 = 9.12m

砖基础断面积：0.24 × 1.25 + 0.0625 × 0.126 × 6 × 2 = 0.3945m^2

砖基础的体积：(23.4 + 9.12) × 0.3945 = 12.83m^3

根据《计价规范》，进一步编制砖基础工程量清单如表 8.3.2 所示。

分部分项工程量清单与计价表　　表 8.3.2

序号	项目编码	项目名称	项目特征描述	计量单位	工程量	金额(元)	
						综合单价	合价
1	010301001001	砖基础	①砖品种、规格、强度等级：MU10 标准砖； ②基础类型：砖条基； ③基础深度：1.55m； ④砂浆强度等级：M7.5 水泥砂浆； ⑤防潮层材料、厚度：1:2防水砂浆(5%防水粉)、20 厚	m^3	12.83		

(2)清单上的砖基础项目,对应企业定额上的砖基础(A3-1)和墙基防潮层(A7-212)两项工程内容。投标人根据企业定额确定的各项工程内容人、材、机消耗量及收集的人、材、机市场价格如表8.3.3所示。

定额消耗量及资源价格表 表8.3.3

项目编码				A3-1 换	A7-212
项目名称				砖基础(M7.5)	墙基防水砂浆
定额计量单位				$10m^3$	$100m^2$
名称		单位	市场单价	消耗数量	
人工	综合用工二类	工日	40.00	10.960	3.270
材料	标准砖	千块	200.00	5.236	
	水泥32.5	t	220.00	0.576	1.394
	中砂	t	25.16	3.783	3.684
	防水粉	kg	1.25		69.830
	水	m^3	3.03	1.760	4.560
机械	灰浆搅拌机200L以内	台班	75.03	0.390	0.320

根据表8.3.3基础数据,计算主项砖基础和1∶2防水砂浆(5%防水粉)防潮层的工料机单价,如表8.3.4所示。

工料机单价计算表 表8.3.4

				$10m^3$ 砖基础(M7.5)		$100m^2$ 防潮层	
名称		单位	市场单价	消耗量	合价	消耗量	合价
人工	综合用工二类	工日	40.00	10.960	438.40	3.270	130.80
人工费					438.40		130.80
材料	标准砖	千块	200.00	5.236	1047.20		
	水泥32.5	t	220.00	0.576	126.72	1.394	306.68
	中砂	t	25.16	3.783	95.18	3.684	92.69
	防水粉	kg	1.25			69.830	87.29
	水	m^3	3.03	1.760	5.33	4.560	13.82
材料费					1274.43		500.47
机械	灰浆搅拌机200L以内	台班	75.03	0.390	29.26	0.320	24.010
机械费					29.26		24.01
工料机单价					1742.09		655.28

主项砖基础计价工程量等于清单工程量,附项防潮层计价工程量:$(23.4+9.12)\times 0.24=7.80m^2$,含量系数$=7.8\div 12.83=0.608$,列表分析清单上砖基础综合单价,如表8.3.5所示。

砖基础综合单价分析表 表 8.3.5

项目编码:010301001001 项目名称:砖基础 计量单位:m^3

序号	定额编号	工程内容		单位	数量	综合单价组成,其中:(元)				小计
						人工费	材料费	机械费	管理费及利润	
1	A3-1 换	砖基础	定额	$10m^3$		438.40	1274.43	29.26		
			实际	m^3	1.000	43.84	127.44	2.93	11.69	185.90
2	A7-212	防潮层	定额	$100m^2$		130.80	500.47	24.01		
			实际	m^2	0.608	0.80	3.04	0.15	0.24	4.23
小计						44.64	130.48	3.08	11.93	190.13

注:数量 = 含量系数。

二、A.3.2 砖砌体(010302)

1.实心砖墙(010302001)

“实心砖墙”项目适用于各种类型实心砖墙。在工程量清单项目特征中,必须描述砖品种、规格及强度等级,如 MU15 粉煤灰砖,240×115×53;必须描述墙体类型,如双面混水墙、双面清水墙、单面清水墙、直形墙、弧形墙;必须描述墙厚,如 1 砖墙、1 砖半墙;必须描述清水墙的勾缝要求和勾缝砂浆配合比,如 1:1水泥砂浆加浆勾缝;必须描述砌筑砂浆强度等级、配合比,如 M10 水泥砂浆.(中砂)。对于《计价规范》给定的“墙体高度”这一项目特征,可按照设计施工图描述,也可不描述,因为墙体高度基本对于综合单价影响不大。“实心砖墙”对应工程内容包括砂浆制作、运输;砌砖;勾缝;砖压顶砌筑;材料运输。

“实心砖墙”清单工程量按设计图示尺寸以体积计算,计量单位为 m^3。扣除门窗洞口、过人洞、空圈和嵌入墙内的钢筋混凝土柱、梁、圈梁、挑梁、过梁,及凹进墙内的壁龛、管槽、暖气槽、消火栓箱所占体积。不扣除梁头、板头、檩头、垫木、木楞头、沿缘木、木砖、门窗走头、砖墙内加固钢筋、木筋、铁件、钢管及单个面积 0.3m^2 以内的孔洞所占体积。凸出墙面的腰线、挑檐、压顶、窗台线、虎头砖、门窗套的体积亦不增加,如图 8.3.3、图 8.3.4 所示。凸出墙面的砖垛并入墙体体积内计算。其计算思路如下面公式所示:

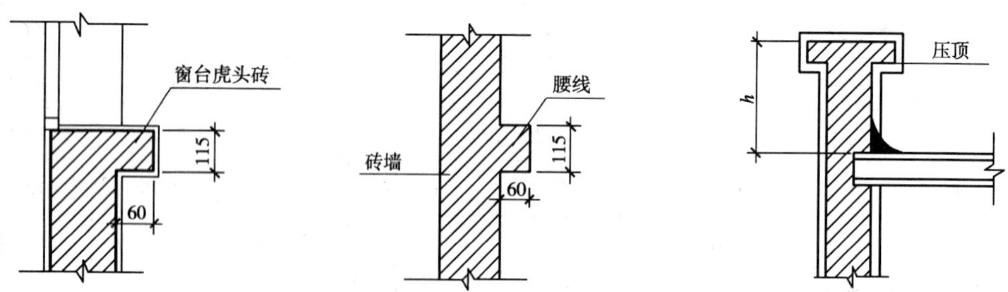

图 8.3.3 窗台虎头砖、腰线、压顶示意图(尺寸单位:mm)

$$V = (L \times H - \text{门窗洞口面积}) \times \text{墙厚} + V_{\text{并}} - V_{\text{扣}}$$

(1)墙长度 L:外墙按中心线,内墙按净长计算。

(2)墙高度 H

①外墙:斜(坡)屋面无檐口天棚者算至屋面板底;有屋架且室内外均有天棚者算至屋架下弦底另加 200mm;无天棚者算至屋架下弦底另加 300mm,出檐宽度超过 600mm 时按实砌高

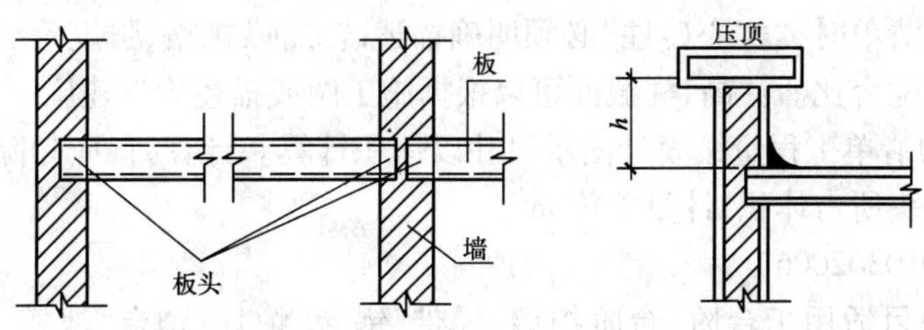

图 8.3.4　板头、混凝土压顶示意图

度计算；平屋面算至钢筋混凝土板底。

②内墙：位于屋架下弦者，算至屋架下弦底；无屋架者算至天棚底另加 100mm；有钢筋混凝土楼板隔层者算至楼板顶；有框架梁时算至梁底。

③女儿墙：从屋面板上表面算至女儿墙顶面（如有混凝土压顶时算至压顶下表面）。

④内、外山墙：按其平均高度计算。

⑤围墙：高度算至压顶上表面（如有混凝土压顶时算至压顶下表面），围墙柱并入围墙体积内计算。

（3）墙厚度：标准砖墙厚度，按照表 3.3.2 计算厚度表取定。

应注意附墙烟囱、通风道、垃圾道的工程量计算时，应按照设计图示尺寸以体积（扣除孔洞所占体积）计算，并入所依附的墙体体积内。当设计规定孔洞内需抹灰时，应按照 B.2 墙柱面工程中的相关项目编码列项。

2. 空斗墙（010302002）

"空斗墙"项目适用于各种砌法的空斗墙。空斗墙的窗间墙、窗台下、楼板下、梁头下的实砌部分，应按零星砌砖项目（010302006）编码列项，另行计算其工程量。

在编制工程量清单时，"空斗墙"应描述的项目特征包括砖品种、规格、强度等级；墙体类型；墙体厚度；勾缝要求；砂浆强度等级、配合比。"空斗墙"对应工程内容为砂浆制作、运输；砌砖；装填充料；勾缝；材料运输。

"空斗墙"清单工程量按设计图示尺寸以空斗墙外形体积计算，墙角、内外墙交接处、门窗洞口立边、窗台砖、屋檐实砌部分体积并入空斗墙体积内，计量单位为 m^3。

3. 空花墙（010302003）

"空花墙"项目适用于各种类型空花墙。"空花墙"项目特征的描述要求和"空花墙"对应的工程内容与"空斗墙"项目相同。

"空花墙"清单工程量按设计图示尺寸以空花部分外形体积计算，不扣除空洞部分体积，计量单位为 m^3。值得注意的是："空花部分的外形体积计算"应包括空花的外框；对于使用混凝土花格砌筑的空花墙，分实砌墙体与混凝土花格分别计算工程量，混凝土花格按混凝土及钢筋混凝土预制零星构件编码列项。

4. 填充墙（010302004）

"填充墙"项目适用于各种类型填充墙。"填充墙"项目特征的描述要求和"填充墙"对应的工程内容与"空斗墙"项目相同。

"填充墙"清单工程量按设计图示尺寸以填充墙外形体积计算，计量单位为 m^3。

5. 实心砖柱（010302005）

"实心砖柱"项目适用于各种类型柱，如矩形柱、异形柱、圆柱、包柱等。"实心砖柱"对应工程内容为砂浆制作、运输；砌砖；勾缝；材料运输。

在编制工程量清单时，“实心砖柱”必须明确描述砖品种、规格、强度等级；柱类型；勾缝要求；砂浆强度等级、配合比。柱高、柱截面可以根据施工图或描述为见建施—××。

“实心砖柱”的清单工程量按设计图示尺寸以体积计算。计算时，应扣除混凝土及钢筋混凝土梁垫、梁头、板头所占体积，计量单位 m^3。

6. 零星砌砖(010302006)

“零星砌砖”项目适用于台阶、台阶挡墙、梯带、锅台、炉灶、蹲台、池槽、池槽腿、花台、花池、楼梯栏板、阳台栏板、地垄墙、屋面隔热板下的砖墩、$0.3m^2$ 以内的孔洞填塞等。“零星砌砖”对应工程内容为砂浆制作、运输；砌砖；勾缝；材料运输。在编制工程量清单时，“零星砌砖”应明确描述零星砌砖名称、部位；勾缝要求；砂浆强度等级、配合比；砖品种、规格、强度等级等项目特征。

“零星砌砖”清单工程量按设计图示尺寸以体积计算，扣除混凝土及钢筋混凝土梁垫、梁头、板头所占体积，计量单位 m^3。应注意：

(1)砖砌台阶工程量可按水平投影面积以“m^2”计算(不包括梯带或台阶挡墙)。

(2)砖砌锅台、炉灶、小型池槽可按“个”计算，但应以“长×宽×高”顺序标明外形尺寸。

(3)砖砌小便槽、地垄墙等可按长度计算，计量单位 m。

三、A.3.3 砖构筑物(010303)

1. 砖烟囱、砖水塔(010303001)

“砖烟囱、水塔”项目适用于各种类型砖烟囱、水塔。编制工程量清单时，应注意：①烟囱内衬以及隔热填充材料可与烟囱外壁使用第五级编码分别编码列项。②烟囱、水塔爬梯按A.6.6相关项目编码列项。③砖水箱内外壁可按 A.3.2 相关项目编码列项。

“砖烟囱、砖水塔”项目特征包括：筒身高度；砖品种、规格、强度等级；耐火砖品种、规格；耐火泥品种；隔热材料种类；勾缝要求；砂浆强度等级、配合比。“砖烟囱、砖水塔”对应的工程内容为砂浆制作、运输；砌砖；涂隔热层；装填充料；砌内衬；勾缝；材料运输。

“砖烟囱、砖水塔”清单工程量，按设计图示筒壁平均中心线周长乘厚度乘高度以体积计算。计算时，扣除各种孔洞、钢筋混凝土圈梁、过梁等体积，计量单位为 m^3。砖烟囱应以设计室外地坪为界，以下为基础，以上为塔身；水塔以砖砌体的扩大部分顶面为界，以下为基础，以上为塔身。

砖烟囱体积可以按下式分段计算：

$$V=\sum H\times C\times \pi D$$

式中，V 表示筒身体积；H 表示每段筒身垂直高度；C 表示每段筒壁厚度；D 表示每段筒壁平均直径。

2. 砖烟道(010303002)

“砖烟道”项目适用于各种类型砖烟道。编制工程量清单时，应注意，烟道内衬以及隔热填充材料可与烟道外壁使用第五级编码分别编码列项。“砖烟道”对应工程内容与“砖烟囱、砖水塔”项目相同。“砖烟道”项目特征包括：烟道截面形状、长度；砖品种、规格、强度等级；耐火砖品种、规格；耐火泥品种；勾缝要求；砂浆强度等级、配合比。

“砖烟道”清单工程量按图示尺寸以体积计算，计量单位为 m^3。

3. 砖窨井、检查井(010303003)、砖水池、化粪池(010303004)

“砖窨井、检查井”、“砖水池、化粪池”项目，适用于各类砖砌窨井、检查井、砖水池、化粪池、沼气池、公厕生化池等。这两个项目对应的工程内容为土方挖运;砂浆制作、运输;铺设垫层;底板混凝土制作、运输、浇筑、振捣、养护;砌砖;勾缝;井池底、壁抹灰;抹防潮层;回填;材料运输。

工程量清单中,“砖窨井、检查井”项目特征必须描述井身直径及井口尺寸;垫层材料种类、厚度;底板厚度;勾缝要求;混凝土强度等级;砌筑砂浆强度等级、抹灰砂浆配合比;防潮层材料种类。“砖水池、化粪池”项目特征必须描述水池截面;垫层材料种类、厚度;底板厚度;勾缝要求;混凝土强度等级;砌筑砂浆强度等级、抹灰砂浆配合比。

“砖窨井、检查井”、“砖水池、化粪池”清单工程量按设计图示数量计算,计量单位“座”。工程量按“座”计算的项目,包括挖土、运输、回填、井池底板、池壁、井池盖板、池内隔断、隔墙、隔栅小梁、隔板、滤板等全部工程内容。井、池内爬梯按 A. 6. 6 相关项目编码列项,构件内的钢筋按混凝土及钢筋混凝土相关项目编码列项。

四、A. 3. 4 砌块砌体(010304)

1. 空心砖墙、砌块墙(010304001)

“空心砖墙、砌块墙”项目适用于各种规格的空心砖和砌块砌筑的各种类型的墙体。该项目在工程量清单中应描述墙体类型;墙体厚度;空心砖、砌块品种、规格、强度等级;勾缝要求;砂浆强度等级、配合比。该项目对应工程内容为砂浆制作、运输;砌砖、砌块;勾缝;材料运输。

“空心砖墙、砌块墙”清单工程量按设计图示尺寸以体积计算,不扣除嵌入空心砖墙、砌块墙的实心砖,计量单位 m^3。空心砖墙、砌块墙的工程量中,应扣除体积、不扣除体积、不增加体积及应增加体积同“实心砖墙”项目。空心砖墙、砌块墙的长度、宽度算法同“实心砖墙”项目。空心砖墙、砌块墙的厚度按空心砖、砌块的规格尺寸确定。

2. 空心砖柱、砌块柱(010304002)

“空心砖柱、砌块柱”项目适用于各种类型柱,如矩形柱、方柱、异形柱、圆柱、包柱等。工程量清单中,“空心砖桩、砌块柱”项目特征栏中必须明确空心砖、砌块品种、规格、强度等级,勾缝要求,砂浆强度等级及配合比;而柱高度、柱截面可按照图纸描述或不描述。该项目对应的工程内容为砂浆制作、运输,砌砖、砌块,勾缝,材料运输。

“空心砖柱、砌块柱”清单工程量按设计图示尺寸以体积计算,扣除混凝土及钢筋混凝土梁垫、梁头、板头所占体积,但不扣除梁头、板头下镶嵌的实心砖体积,计量单位 m^3。

五、A. 3. 5 石砌体(010305)

1. 石基础(010305001)

“石基础”项目适用于各种规格(条石、块石等)、各种材质(砂石、青石等)和各种类型(柱基、墙基、直形、弧形等)基础。“石基础”项目特征:石料种类、规格;基础深度;基础类型;砂浆强度等级、配合比。“石基础”对应工程内容:砂浆制作、运输;砌石;防潮层铺设;材料运输。

石基础、石勒脚、石墙身的划分:基础与勒脚应以设计室外地坪为界;勒脚与墙身以设计室内地坪为界;石围墙内外地坪标高不同时以其较低的地坪标高为界;以下为石基础,内外标高之间为挡土墙,挡土墙以上为墙身。

“石基础”清单工程量按设计图示尺寸以体积计算,计量单位 m^3。其包括附墙垛基础宽出部分体积,不扣除基础砂浆防潮层和单个面积 $0.3m^2$ 以内的孔洞所占体积。靠墙暖气沟的挑檐不增加体积。

带形石基础体积可按石基础断面积乘以石基础长度计算。基础长度:外墙按其中心线、内墙按其净长计算。

"石基础"中包括剔打石料天、地座荒包等全部工序,也包括搭、拆简易起重架。清单计价时,应在综合单价中给予考虑。

2. 石勒脚(010305002)、石墙(010305003)

"石勒脚"、"石墙"项目适用于各种规格(条石、块石等)、各种材质(砂石、青石、大理石、花岗石等)和各种类型(直形、弧形等)勒脚和墙体。

工程量清单中,"石勒脚"、"石墙"项目必须明确的项目特征有:石料种类、规格;石表面加工要求,如打钻路、钉麻石、剁斧、扁光等;勾缝要求;砂浆强度等级及配合比。

"石勒脚"、"石墙"对应的工程内容为砂浆制作、运输;砌石;石表面加工;勾缝;材料运输。

"石勒脚"清单工程量按设计图示尺寸以体积计算,扣除单个 $0.3m^2$ 以外的孔洞所占的体积,计量单位 m^3。

"石墙"清单工程量按设计图示尺寸以体积计算,计量单位 m^3。应扣除体积、不扣除体积、不增加体积和增加体积同"实心砖墙"项目。石墙的长度、宽度计算方法同"实心砖墙"。石墙厚度按实砌厚度计算。清单计价时,石料天、地座打平、拼缝打平、打扁口等工序应在综合单价中给予考虑。

3. 石挡土墙(010305004)

"石挡土墙"项目适用于各种规格(条石、块石、毛石、卵石等)、各种材质(砂石、青石、石灰石等)和各种类型(直形、弧形、台阶形等)挡土墙。石挡土墙对应工程内容为砂浆制作、运输;砌石;压顶抹灰;勾缝;材料运输。石挡土墙项目特征包括石料种类、规格;墙厚;石表面加工要求;勾缝要求;砂浆强度等级及配合比。

石挡土墙清单工程量按设计图示尺寸以体积计算,计量单位 m^3。清单计价时,如需完成附属于石挡土墙的变形缝、泄水孔、压顶抹灰、滤水层等工作及搭、拆简易起重架,应在综合单价给予考虑。

4. 石柱(010305005)、石栏杆(010305006)

"石柱"项目适用于各种规格、各种材质、各种类型的石柱。"石栏杆"项目适用于无雕饰的一般石栏杆。"石柱"、"石栏杆"项目特征包括石料种类、规格;柱截面;石表面加工要求;勾缝要求;砂浆强度等级及配合比。"石柱"、"石栏杆"对应工程内容为砂浆制作、运输;砌石;石表面加工;勾缝;材料运输。

石柱清单工程量按设计图示尺寸以体积计算,应扣除混凝土梁头、板头和梁垫所占体积,计量单位 m^3。

石栏杆清单工程量按设计图示长度计算,计量单位 m。

5. 石护坡(010305007)

"石护坡"项目适用于各种石质和各种石料(如条石、片石、毛石、块石、卵石等)的护坡。"石护坡"项目特征包括垫层材料种类、厚度;石料种类、规格;护坡厚度、高度;石表面加工要求;勾缝要求;砂浆强度等级及配合比。"石护坡"对应工程内容为砂浆制作、运输;砌石;石表面加工;勾缝;材料运输。

石护坡工程量按设计图示尺寸以体积计算,计量单位 m^3。

6. 石台阶(010305008)、石坡道(010305009)

"石台阶"、"石坡道"项目对应工程内容为铺设垫层;石料加工;砂浆制作、运输;砌石;石表面加工；勾缝；材料运输。工程量清单中应描述的项目特征有垫层材料种类、厚度；石料种类、规格；石表面加工要求；勾缝要求；砂浆强度等级及配合比。

“石台阶”项目包括石梯带（垂带），不包括石梯膀，如图8.3.5所示。石梯膀应按石挡墙项目（010305004）编码列项。石台阶清单工程量按设计图示尺寸以体积计算，计量单位 m^3。

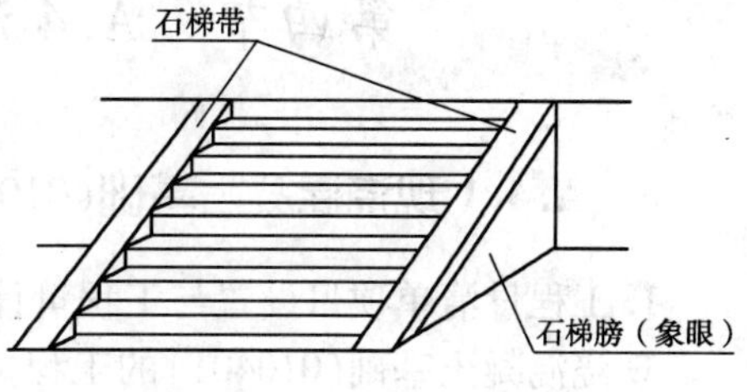

图8.3.5　石梯膀示意图

石坡道清单工程量按设计图示尺寸以水平投影面积计算，计量单位 m^2。

7. 石地沟、石明沟（010305010）

“石地沟、石明沟”项目适用于各种石质和各种石料砌筑的地沟或明沟。工程量清单中，应描述石地沟、石明沟的沟截面尺寸；垫层种类、厚度；石料种类、规格；石表面加工要求；勾缝要求；砂浆强度等级及配合比。石地沟、石明沟对应工程内容为土石挖运；砂浆制作、运输；铺设垫层；砌石；石表面加工；勾缝；回填；材料运输。

石地沟、石明沟清单工程量按照设计图示以中心线长度计算，计量单位m。

六、A.3.6 砖散水、地坪、地沟（010306）

1. 砖散水、地坪（010306001）

砖散水、地坪项目特征的描述内容，包括垫层材料种类、厚度；散水、地坪厚度；面层种类、厚度；砂浆强度等级、配合比。砖散水、地坪对应的工程内容为地基找平、夯实；铺设垫层；砌砖散水、地坪；抹砂浆面层。

砖散水、地坪清单工程量按设计图示尺寸以面积计算，计量单位 m^2。

2. 砖地沟、明沟（010306002）

砖地沟、明沟项目特征的描述内容，包括沟截面尺寸；垫层材料种类、厚度；混凝土强度等级；砂浆强度等级、配合比。砖地沟、明沟对应的工程内容为挖运土石；铺设垫层；底板混凝土制作、运输、浇筑、振捣、养护；砌砖；勾缝、抹灰；材料运输。

砖地沟、明沟清单工程量按设计图示尺寸以中心线长度计算，计量单位m。

七、A.3 清单计价实务说明

（1）砌体内加筋制作、安装，按混凝土及钢筋混凝土的钢筋相关项目编码列项。

（2）加筋数量应按设计或规范的构造要求计算其质量。如构造柱与墙体拉结筋计算，应先计算拉结筋根数、每根长度，汇总出总长度，再乘以钢筋每米理论质量，就能得出总质量。需要注意两点：第一，构造柱处于不同的部位，拉结筋平面布置不相同，如图8.3.6所示；第二，相应规范要求拉结筋伸入墙内长度不小于1m，但是遇到门窗洞口时，会出现伸入墙内不足1m的情况，计算工程量时，不足1m部分应扣除。

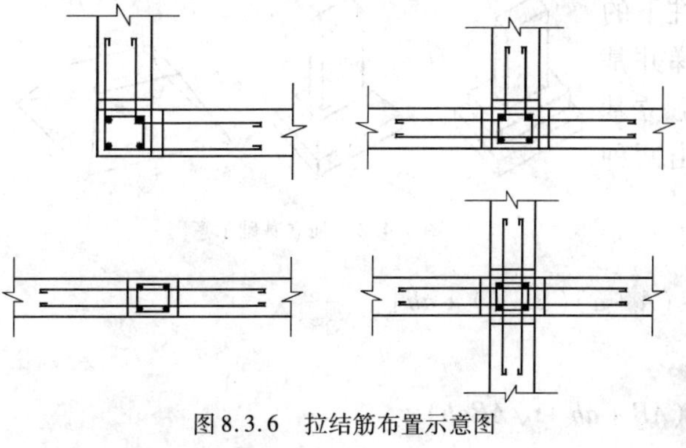
图8.3.6　拉结筋布置示意图

第四节　A.4 混凝土及钢筋混凝土工程

一、A.4.1 现浇混凝土基础(010401)

1. 工程量清单项目设置与工程量计算规则

现浇混凝土基础(010401)的工程量清单项目设置为6项,分别是带形基础(010401001)、独立基础(010401002)、满堂基础(010401003)、设备基础(010401004)、桩承台基础(010401005)、垫层(010401006)。

现浇混凝土基础的清单项目对应的工程内容为混凝土制作、运输、浇筑、振捣、养护及地脚螺栓二次灌浆。编制工程量清单时,基础或垫层的混凝土强度等级、砂浆强度等级必须描述,混凝土拌和料应按照招标人特殊要求(若有)描述或由投标人根据工程所在地砂、石情况自行考虑。

带形基础、独立基础、满堂基础、设备基础、桩承台基础、垫层的清单工程量按设计图示尺寸以体积计算,不扣除构件内钢筋、预埋铁件和伸入承台基础的桩头所占体积,计量单位m^3。

2. 带形基础

带形基础项目适用于各种带形基础,墙下的板式基础包括浇筑在一字排桩上面的带形基础,常见带型基础如图8.4.1所示。应注意:工程量不扣除浇入带形基础体积内的桩头所占体积。

$$V_{带基} = S_{断} \times L$$

有肋带形基础、无肋带形基础应利用第五级编码分别编码列项,并注明肋高。

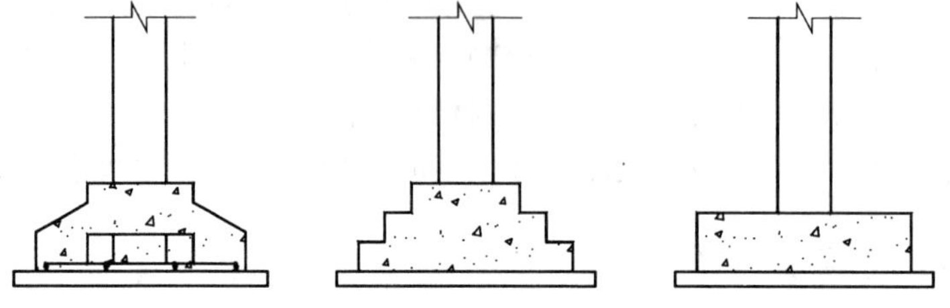

图8.4.1　常见带形基础

3. 独立基础

独立基础项目适用于块体柱基、杯基、柱下的板式基础、无筋倒圆台基础、壳体基础、电梯井基础等。常见独立基础如图8.4.2所示,计算独立基础体积时常常需要计算棱台体积,下面给出两种计算公式:

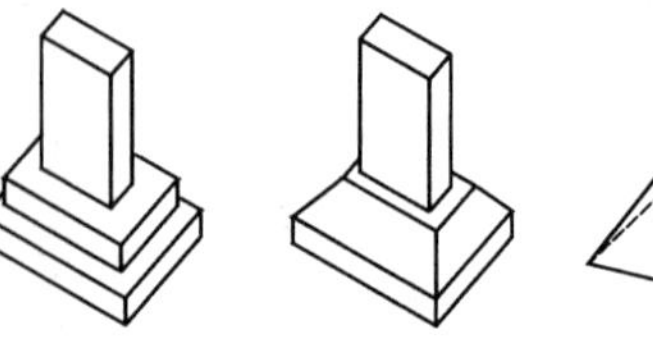

图8.4.2　独立基础示意图

$$V_{棱台} = \frac{1}{6}h[AB + (A+a)(B+b) + ab]$$

$$或\ V_{棱台} = \frac{1}{3}h(AB + ab + \sqrt{ABab})$$

【例 8.4.1】 根据【例 8.1.6】背景资料，编制独立基础和垫层工程量清单如表 8.4.1 所示。已知投标人企业定额资料如表 8.4.2 所示，招标文件给出 C30 商品混凝土暂估单价 230 元/m^3。若投标人以“直接费中人工费 + 机械费”为计算基数测算的企业管理费率为 17%、利润率为 8%。试计算独立基础的综合单价。

分部分项工程量清单与计价表 表 8.4.1

序号	项目编码	项目名称	项目特征描述	计量单位	工程量	金额(元)	
						综合单价	合价
1	010401002001	独立基础	混凝土强度等级：C30 商品混凝土，泵送	m^3	48.96		
2	010401006001	垫层	混凝土强度等级：C15 商品混凝土，泵送	m^3	16.85		

解：由表 8.4.2 可得，定额 A4－202 项商品混凝土是按照 C20 取定的，设计使用 C30 商品混凝土，需要调整换算。混凝土强度等级的变化，会引起工料机单价中材料费的变化，人工费、机械费保持不变。换算后材料费 = 2 125.86 + 10.07 ×（230 − 210）= 2 327.26 元。列表 8.4.3 进行综合单价分析。

定 额 项 目 表 表 8.4.2

工作内容：①商品混凝土基础、垫层：混凝土捣固、养护等。②泵送：将搅拌好的混凝土输送到浇灌点浇灌，清洗设备。

计量单位：$10m^3$

项目编号				A4-202	A4-204	A4-321
项目名称				混凝土独立基础	满堂基础	泵送增加费（不分高度）
工料机单价				2 380.64	2 349.50	111.02
其中	人工费(元)			246.00	209.60	8.40
	材料费(元)			2 125.86	2131.12	45.51
	机械费(元)			8.78	8.78	57.11
名称		单位	单价	数量		
人工	综合用工二类	工日	40.00	6.150	5.240	0.210
材料	商品混凝土 C20	m^3	210.00	10.07	10.070	
	塑料薄膜	m^2	0.60	13.04	19.840	
	水	m^3	3.03	1.100	1.490	
	泵管 $\phi150$	m	100.00			0.130
	软管 $\phi150$	根	1 200.00			0.016
	混凝土输送卡 $\phi150$	套	15.00			0.445
	其他材料费	元	1.00			6.630
机械	混凝土振捣器（插入式）	台班	11.40	0.770	0.770	
	混凝土输送泵输送量 $60m^3/h$	台班	1 125.45			0.050
	对讲机	台班	20.92			0.040

工程量清单综合单价分析表 表 8.4.3

项目编码	010401002001			项目名称		独立基础		计量单位		m³
定额编号	定额单位	数量	单价(元)				合价(元)			
			人工费	材料费	机械费	管理费和利润	人工费	材料费	机械费	管理费和利润
A4-202 换	$10m^3$	0.1	246.00	2327.26	8.78	63.69	24.60	232.73	0.88	6.37
A4-321	$10m^3$	0.1	8.40	45.51	57.11	16.38	0.84	4.55	5.71	1.64
人工单价	小计						25.44	237.28	6.59	8.01
40 元/工日	未计价材料费									
清单项目综合单价(元)							277.32			
材料费明细	主要材料名称、规格、型号			单位	数量		单价(元)	合价(元)	暂估单价(元)	暂估总价(元)
	商品混凝土 C30			m^3	1.007				230	231.61
	塑料薄膜			m^2	1.304		0.60	0.78		
	水			m^3	0.110		3.03	0.33		
	泵管 ϕ150			m	0.013		100.00	1.30		
	软管 ϕ150			根	0.0016		1200.0	1.92		
	混凝土输送卡 ϕ150			套	0.0445		15.00	0.67		
	其他材料费							0.66		
	材料费小计							5.66		231.61

4. 满堂基础

满堂基础项目适用于地下室的箱式、筏式基础等。箱式满堂基础,可按 A.4.1、A.4.2、A.4.3、A.4.4、A.4.5 中满堂基础、柱、梁、墙、板分别编码列项;也可以利用 A.4.1 的第五级编码分别列项。

【例 8.4.2】 混凝土满堂基础如图 8.4.3 所示,试计算满堂基础清单工程量。

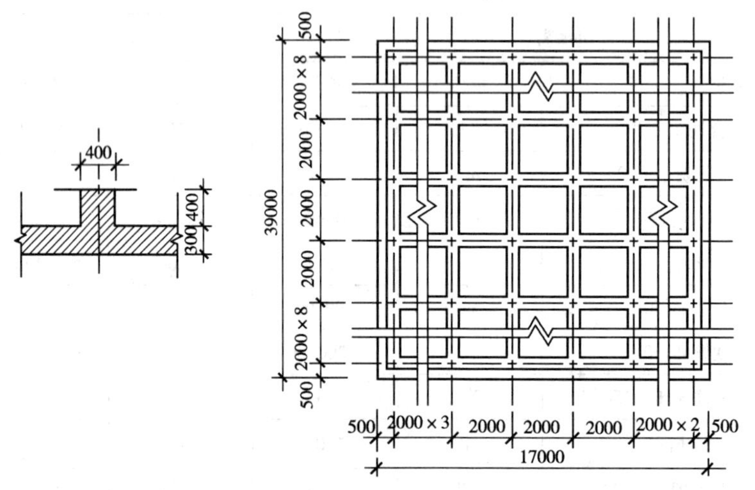

图 8.4.3 满堂基础示意图(尺寸单位:mm)

解:基础体积包括底板体积和梁体积,应分别计算。

底板体积：$17 \times 39 \times 0.3 = 198.90\text{m}^3$

计算梁体积时，梁与梁交接处体积不能重复计算，具体计算方法很多，此处介绍两种思路：

①面积扣减法：$[(16+0.2\times2)\times(38+0.2\times2)-1.6\times1.6\times8\times19]\times0.4=96.26\ \text{m}^3$

②梁长扣减法：$0.4\times0.4\times38.4\times9+0.4\times0.4\times1.6\times8\times20=96.26\ \text{m}^3$

$$满堂基础清单工程量 = 198.90 + 96.26 = 295.16\ \text{m}^3$$

5. 设备基础

设备基础项目适用于设备的块体基础、框架基础等。框架式设备基础，可以按照 A.4.1、A.4.2、A.4.3、A.4.4、A.4.5 中设备基础、柱、梁、墙、板分别编码列项；也可利用 A.4.1 的第五级编码分别列项，如框架式设备基础可以分列成 5 项：010401004001 设备基础、010401004002 框架式设备基础柱、010401004003 框架式设备基础梁、010401004004 框架式设备基础墙、010401004005 框架式设备基础板。清单计价时，应注意将螺栓孔灌浆价值综合在设备基础综合单价内。

6. 桩承台基础

桩承台基础项目适用于浇筑在组桩（如梅花桩）上的承台。应注意：工程量不扣除浇入承台体积内的桩头所占体积。

7. 垫层

垫层项目适用于各类型的基础混凝土垫层。

二、A.4.2 现浇混凝土柱（010402）

现浇混凝土柱（010402）的工程量清单项目设置为矩形柱（010402001）和异形柱（010402002）2 项。矩形柱、异形柱项目适用于各型柱。对于单独的薄壁柱根据其截面形状，确定以异形柱或矩形柱编码列项。矩形柱、异形柱对应工程内容为混凝土制作、运输、浇筑、振捣、养护。

编制工程量清单时，必须描述矩形柱、异形柱的混凝土强度等级；柱高度、柱截面尺寸可按设计注明或不注明；混凝土拌和料要求按招标人要求描述或由投标人自行考虑。

矩形柱、异形柱清单工程量按设计图示尺寸以体积计算，不扣除构件内钢筋、预埋铁件所占体积，计量单位 m^3，用公式表示为：

$$V_{柱} = S_{柱断面} \times h$$

式中，h 表示柱高。柱高除无梁板柱的高度计算至柱帽下表面，其他柱都计算全高。具体柱高计算如下：

（1）有梁板柱高，应自柱基上表面（或楼板上表面）至上一层楼板上表面之间的高度计算，如图 8.4.4 所示。

（2）无梁板的柱高，应自柱基上表面（或楼板上表面）至柱帽下表面之间的高度计算，如图 8.4.5 所示。

（3）框架柱的柱高，应自柱基上表面至柱顶高度计算，如图 8.4.6 所示。

（4）构造柱按全高计算，嵌接墙体部分的体积并入柱身体积，如图 8.4.7 所示。

（5）依附柱上的牛腿和升板的柱帽，并入柱身体积计算，若是混凝土柱上的钢牛腿则按规范附录 A.6.6 零星钢构件编码列项。

构造柱按照矩形柱编码列项，对于截面 240mm × 240mm 的构造柱，柱身及并入的咬口总体积计算公式如下：

$$V_{构造柱} = (0.24 \times 0.24 + 0.03 \times 0.24 \times 咬口面数) \times h$$

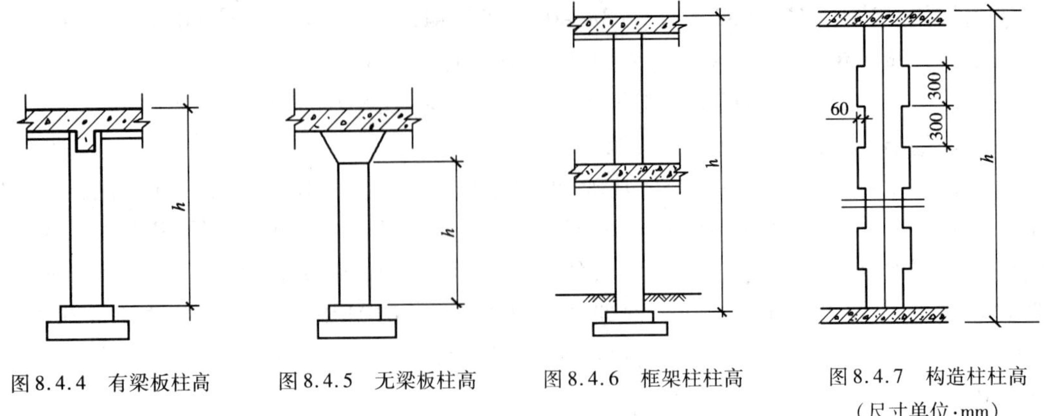

图 8.4.4　有梁板柱高　　图 8.4.5　无梁板柱高　　图 8.4.6　框架柱柱高　　图 8.4.7　构造柱柱高（尺寸单位：mm）

三、A.4.3 现浇混凝土梁(010403)

1.工程量清单项目设置

现浇混凝土梁(010403)的工程量清单项目设置为6项，分别是基础梁(010403001)，矩形梁(010403002)，异形梁(010403003)，圈梁(010403004)，过梁(010403005)，弧形、拱形梁(010403006)。各项目对应的工程内容均为混凝土制作、运输、浇筑、振捣、养护。

编制工程量清单时，必须描述清单项目的混凝土强度等级；梁底标高、梁截面可按设计注明或不注明；混凝土拌和料要求按招标人要求描述或由投标人自行考虑。

2.工程量计算规则

基础梁、矩形梁、异形梁、圈梁、过梁、弧形和拱形梁的清单工程量，均按设计图示尺寸以体积计算，不扣除构件内钢筋、预埋铁件所占体积，伸入墙内的梁头、梁垫体积并入梁体积内计算，计量单位 m^3。用公式表示为：

$$V_{梁} = b \times h \times l + V_{并}$$

式中：b——梁宽；

h——梁高；

l——梁长。

梁长按下列规定计算：

①梁与柱连接时，梁长算至柱侧面；

②主梁与次梁连接时，次梁长算至主梁侧面(简而言之：截面小的梁长度计算至截面大的梁侧面)，如图 8.4.8 所示。

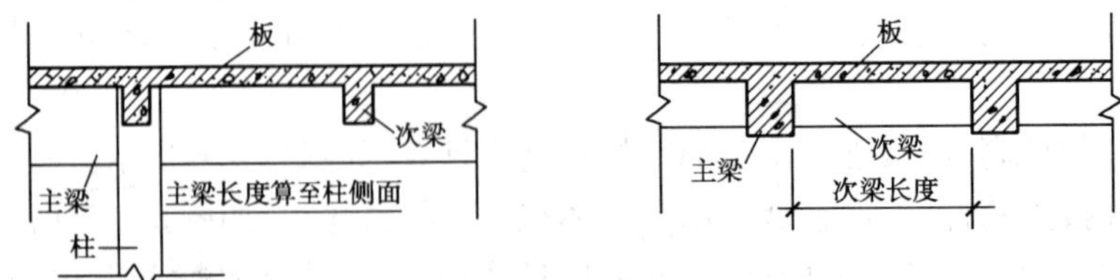

图 8.4.8　梁长计算范围示意图

四、A.4.4 现浇混凝土墙(010404)

1. 工程量清单项目设置

现浇混凝土墙(010404)的工程量清单项目划分为直形墙(010404001)和弧形墙(010404002)。直形墙、弧形墙项目适用于各种类型、厚度的现浇混凝土墙,也适用于电梯井以及与墙相连接的薄壁柱。直形墙、弧形墙对应的工程内容为混凝土制作、运输、浇筑、振捣和养护。

编制工程量清单时,直形墙、弧形墙必须描述墙厚度和混凝土强度等级;墙类型按设计描述或不描述;混凝土拌和料应按照招标人要求描述或由投标人自行考虑。

2. 工程量计算规则

直形墙、弧形墙的清单工程量按设计图示尺寸以体积计算,计量单位为 m^3。不扣除构件内钢筋、预埋铁件所占体积,应扣除门窗洞口及单个 $0.3m^2$ 以外孔洞所占的体积,墙垛及突出墙面部分并入墙体积内计算。

五、A.4.5 现浇混凝土板(010405)

1. 有梁板(010405001)、无梁板(010405002)、平板(010405003)、拱板(010405004)、薄壳板(010405005)、栏板(010405006)

有梁板、无梁板、平板、拱板、薄壳板、栏板的项目特征为:板底标高;板厚度;混凝土强度等级;混凝土拌和料要求。

有梁板、无梁板、平板、拱板、薄壳板、栏板的清单工程量,按设计图示尺寸以体积计算。不扣除构件内钢筋、预埋铁件所占体积及单个面积 $0.3m^2$ 以内的孔洞所占的体积。其中:有梁板(包括主、次梁与板)按梁、板体积之和计算;无梁板按板和柱帽体积之和计算;各类板伸入墙内的板头并入板体积内计算;薄壳板的肋、基梁并入薄壳体积内计算,计量单位 m^3。

混凝土板采用浇筑复合高强薄型空心管时,其工程量应扣除管所占体积。复合高强薄型空心管应包括在综合单价内。采用轻质材料浇筑在有梁板内,轻质材料应包括在综合单价内。

【例 8.4.3】 计算图 8.4.9 所示的有梁板清单工程量(已知板厚 120mm)。

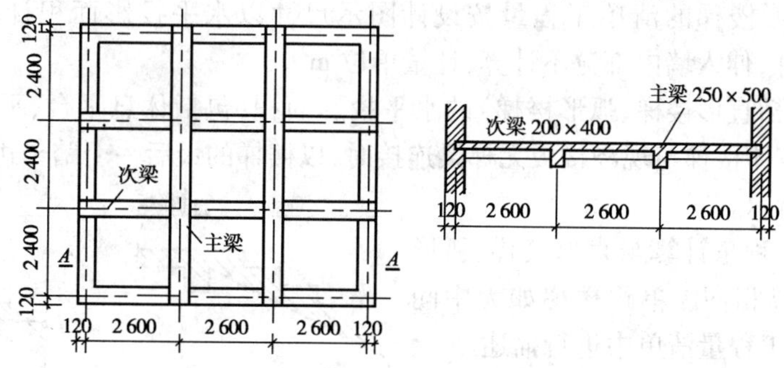

图 8.4.9 有梁板示意图(尺寸单位:mm)

解:

$$V_{板} = 2.6 \times 3 \times (2.4 \times 3) \times 0.12 = 6.74m^3$$

$$V_{主梁} = 0.25 \times (0.5 - 0.12) \times (2.4 \times 3 + 0.12 \times 2) \times 2 = 1.41m^3$$

$$V_{次梁} = 0.2 \times (0.4 - 0.12) \times (2.6 \times 3 + 0.12 \times 2 - 0.25 \times 2) \times 2 = 0.84m^3$$

$$V_{有梁板} = V_{板} + V_{主梁} + V_{次梁} = 6.74 + 1.41 + 0.84 = 8.99\text{m}^3$$

2. 天沟、挑檐板(010405007)、其他板(010405009)

清单工程量按设计图示尺寸以体积计算,计量单位 m^3。

现浇挑檐天沟与板(包括屋面板、楼板)连接时,以外墙边线为分界线;与圈梁(包括其他梁)连接时,以梁外边线为分界线。外墙外边线或梁外边线以外为挑檐天沟,如图 8.4.10 所示。

$$V_{天沟、挑檐板} = (L_{外} \times d + 4d^2)h_1 + \left[L_{外} + 8\left(d - \frac{b}{2}\right)\right]bh_2$$

式中:d——天沟、挑檐板挑出水平宽度(m);

h_1——天沟、挑檐板底板厚度(m);

h_2——天沟、挑檐板上弯部分高度(m);

b——天沟、挑檐板上弯部分厚度(m)。

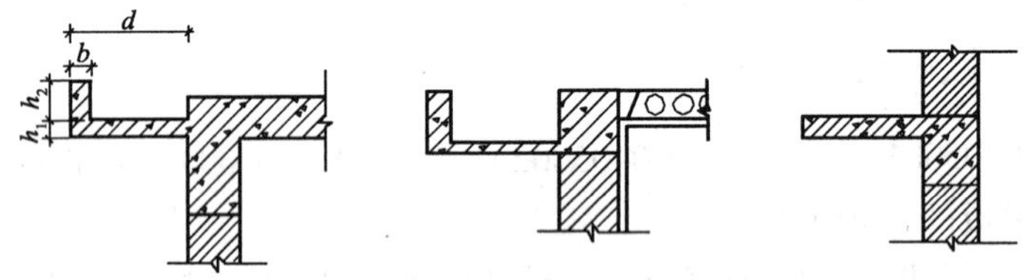

图 8.4.10　挑檐天沟、雨篷示意图

3. 雨篷、阳台板(010405008)

雨篷、阳台板清单工程量按设计图示尺寸以墙外部分体积计算,包括伸出墙外的牛腿和雨篷反挑檐的体积,计量单位 m^3。

雨篷、阳台板与板(包括屋面板、楼板)连接时,以外墙边线为分界线;与圈梁(包括其他梁)连接时,以梁外边线为分界线:外墙外边线或梁外边线以外为雨篷、阳台板。

六、A.4.6 现浇混凝土楼梯(010406)

现浇混凝土楼梯的工程量清单项目划分为直形楼梯(010406001)、弧形楼梯(010406002)。

直形楼梯、弧形楼梯的清单工程量按设计图示尺寸以水平投影面积计算,不扣除宽度 <500mm 的楼梯井,伸入墙内部分不计算,计量单位 m^2。

整体楼梯(包括直形楼梯、弧形楼梯)的水平投影面积,包括休息平台、平台梁、斜梁和楼梯的连接梁。当整体楼梯与现浇楼板无梯梁连接时,以楼梯的最后一个踏步边缘加 300mm 为界,如图 8.4.11 所示。

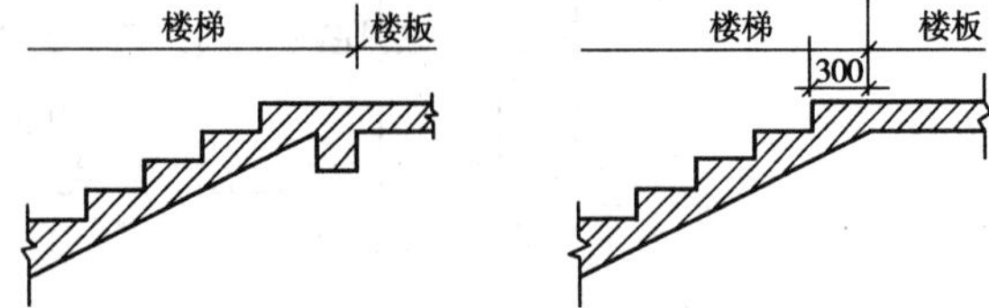

图 8.4.11　楼梯与楼板分界示意图(尺寸单位:mm)

单跑楼梯的工程量计算与直形楼梯、弧形楼梯的工程量计算相同。单跑楼梯如无中间休息平台时,应在工程量清单中进行描述。

【例 8.4.4】 某 6 层住宅楼,4 个单元,每单元楼梯平面及剖面如图 8.4.12 所示。试计算该工程楼梯清单工程量。

$$楼梯工程量 = (3.3 - 0.12 + 0.12) \times (2.7 - 0.24) \times 5 \times 4 = 162.4\text{m}^2$$

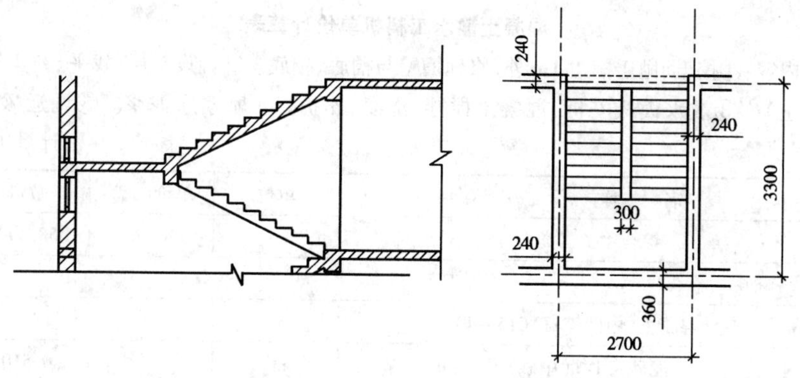

图 8.4.12　楼梯示意图(尺寸单位:mm)

七、A.4.7 现浇混凝土其他构件(010407)

1. 其他构件(010407001)

其他构件的项目特征应描述构件的类型,如女儿墙压顶;构件的规格,如断面 60mm × 300mm;混凝土强度等级,如 C25;混凝土拌和料要求,如中砂碎石。

其他构件的清单工程量按设计图示尺寸以体积计算,不扣除构件内钢筋、预埋铁件所占体积,计量单位 m^3。其中,压顶、扶手工程量可按长度计算,计量单位 m;台阶工程量可按水平投影面积计算,计量单位 m^2。

2. 散水、坡道(010407002)

散水、坡道对应的工程内容为地基夯实;铺设垫层;混凝土制作、运输、浇筑、振捣、养护;变形缝填塞。

散水、坡道的项目特征包括:垫层材料种类、厚度;面层厚度;混凝土强度等级;混凝土拌和料要求;填塞材料种类。

散水、坡道的清单工程量按设计图示尺寸以面积计算,扣除单个面积 0.3m^2 以外的孔洞所占的面积,计量单位 m^2。

散水工程量:

(外墙外边线长 - 台阶、坡道宽) × 散水宽 +4 × 散水宽 × 散水宽

【例 8.4.5】 图 8.1.1 所示传达室散水 800mm 宽,门口台阶宽 1.8m,

散水清单工程量 = [(6.3 +0.24 +5.4 +0.24) ×2 -1.8] ×0.8 +4 ×0.8 ×0.8 =20.61m^2。

列工程量清单如表 8.4.4 所示。

分部分项工程量清单与计价表　　表 8.4.4

序号	项目编码	项目名称	项目特征描述	计量单位	工程量	金额(元)	
						综合单价	合价
1	010407002002	散水	①垫层材料种类、厚度:3:7灰土、150 厚; ②面层厚度:50 厚; ③混凝土强度等级:C15; ④混凝土拌和料要求:中砂碎石; ⑤填塞材料要求:沥青砂浆 1:2:7	m^2	20.61		

某投标人根据企业定额(A4 -59)消耗量和市场价格信息列表 8.4.5 计算 100m^2 混凝土散水工料机单价,并列表 8.4.6 计算清单项目散水综合单价。

混凝土散水工料机单价计算表 表 8.4.5

定额工作内容:①挖土、抛于槽边 1m 外,修理槽壁与槽底、拍底。②铺设垫层、找平、夯实灰土垫层(包括焖灰、筛灰、筛土)。③散水模板安拆、混凝土搅拌、浇灌、养护。④刷素水泥浆。⑤调运砂浆、一次抹光。⑥灌缝、基础回填等。

计量单位:$100m^2$

名称		单位	单价(元)	数量	合价(元)
人工	综合用工二类	工日	40.00	58.340	2333.60
人工费					
材料	现浇混凝土(中砂碎石)C15－40	m^3		(7.110)	
	水泥砂浆 1:1(中砂)	m^3		(0.510)	
	普通沥青砂浆 1:2:7(中砂)	m^3		(0.490)	
	灰土 3:7	m^3		(16.160)	
	水泥 32.5 级	t	220.00	2.235	491.70
	中砂	t	25.16	6.700	168.57
	碎石	t	33.78	9.577	323.51
	生石灰	t	85.00	4.008	340.68
	粘土	m^3		(18.907)	
	石油沥青(30 号)	t	3300.00	0.120	396.00
	滑石粉	kg	0.32	229.320	73.38
	烟煤	t	500.00	0.094	47.00
	木模板	m^3	1539.15	0.053	81.57
	水	m^3	3.03	4.665	14.13
	其他材料费	元	1.00	10.740	10.74
材料费					1947.30
机械	滚筒式混凝土搅拌机 500L 以内	台班	120.35	0.440	52.95
	混凝土振捣器(平板式)	台班	13.46	0.370	4.98
	灰浆搅拌机 200L 以内	台班	75.03	0.125	9.38
	夯实机(电动)夯击能力 20～60N·m	台班	23.50	0.711	16.71
机械费					84.02

工程量清单综合单价分析表 表 8.4.6

项目编码	010407002002			项目名称	散水		计量单位	m^2		
清单综合单价组成明细										
定额编号	定额单位	数量	单价(元)				合价(元)			
			人工费	材料费	机械费	管理费和利润	人工费	材料费	机械费	管理费和利润
A4－59	$100m^2$	0.01	2333.60	1947.30	84.02	604.41	23.34	19.47	0.84	6.04
人工单价			小计				23.34	19.47	0.84	6.04
40 元/工日			未计价材料费							
清单项目综合单价							49.69			

清单计价时,应注意如散水、坡道需要抹灰时,其价值应包括在综合单价内。

3. 电缆沟、地沟(010407003)

电缆沟、地沟对应的工程内容为挖运土石;铺设垫层;混凝土制作、运输、浇筑、振捣、养护;刷防护材料。

电缆沟、地沟的项目特征:沟截面;垫层材料种类、厚度;混凝土强度等级;混凝土拌和料要求;防护材料种类。

电缆沟、地沟的清单工程量,按设计图示以中心线长度计算,计量单位 m。

清单计价时,电缆沟、地沟需抹灰时,其价值应包括在综合单价内。

八、A.4.8 后浇带(010408)

后浇带(010408001)项目,适用于梁、墙、板的后浇带。后浇带的项目特征描述要求:部位应描述,如现浇板后浇带;混凝土强度等级必须描述,如 C30;混凝土拌和料要求可按招标人要求描述或由投标人自行考虑。

后浇带的清单工程量按设计图示尺寸以体积计算,不扣除构件内钢筋、预埋铁件所占体积,计量单位 m^3。

九、A.4.9 预制混凝土柱(010409)

预制混凝土柱(010409)的工程量清单项目,划分为矩形柱(010409001)、异形柱(010409002)。

矩形柱、异形柱对应的工程内容为混凝土制作、运输、浇筑、振捣、养护;构件制作、运输;构件安装;砂浆制作、运输;接头灌缝、养护。

矩形柱、异形柱的项目特征描述要求:柱类型应注明,如矩形柱;梁以 m^3 为计量单位时,应描述总根数,梁以根为计量单位时,应描述单件体积;安装高度应描述,如 3.6m;混凝土强度等级必须描述,如 C30;砂浆强度等级必须描述,如 1∶3水泥砂浆。

矩形柱、异形柱清单工程量按设计图示尺寸以体积计算,不扣除构件内钢筋、铁件所占体积,计量单位 m^3。对于有相同截面、长度的预制混凝土柱的清单工程量,可按设计图示尺寸以“数量”计算,计量单位为“根”。

十、A.4.10 预制混凝土梁(010410)

预制混凝土梁(010410)的工程量清单项目设有 6 项,分别是矩形梁(010410001)、异形梁(010410002)、过梁(010410003)、拱形梁(010410004)、鱼腹式吊车梁(010410005)、风道梁(010410006)。各清单项目对应的工程内容为混凝土制作、运输、浇筑、振捣、养护;构件制作、运输;构件安装;砂浆制作、运输;接头灌缝、养护。

矩形梁、异形梁、过梁、拱形梁、鱼腹式吊车梁、风道梁的项目特征:单件体积;安装高度;混凝土强度等级;砂浆强度等级。梁安装高度应注明,以 m^3 为计量单位时,可不注明单件体积,但应注明总根数;以根为计量单位时,应注明单件体积。

矩形梁、异形梁、过梁、拱形梁、鱼腹式吊车梁、风道梁的清单工程量按设计图示尺寸以体积计算,不扣除构件内钢筋、铁件所占体积,计量单位 m^3。有相同截面、长度的预制混凝土梁的工程量可按根数计算,计量单位为“根”。

【例 8.4.6】 某 6 层砖混办公楼,层高 3.2m,预制过梁断面尺寸 240mm × 240mm,单根长度 2.3m,共计 76 根,混凝土强度等级为 C30 – 40。安装采用 1∶3水泥砂浆。①计算预制过梁清单工程量并填入工程量清单。②若根据某投标人施工方案,过梁预制场预制,运距在 1km

以内,安装损耗率1.5%。该投标人企业定额资料及资源市场价格如表8.4.7所示,以“直接费中人工费+机械费”为计费基数测算的企业管理费率17%、利润率8%。试计算预制过梁的综合单价。

定额项目表 表8.4.7

工程内容:①过梁:混凝土搅拌、浇捣、养护等全部操作过程;②构件运输:预制混凝土构件运输:设置一般支架(垫木条)、装车绑扎、运输,按规定地点卸车堆放、支垫稳固;③过梁安装:构件吊装、校正、固定等。

计量单位:$10m^3$

项目编号				A4－72	A9－22	A9－95
项目名称				过梁	4类预制混凝土构件运距1km以内	过梁 塔式起重机
工料机单价				2250.14	1324.64	1913.02
其中	人工费			524.00	109.20	1689.60
	材料费			1460.99	142.24	206.82
	机械费			265.15	1073.19	16.60
名称		单位	单价	数量		
人工	综合用工二类	工日	40.00	13.100		42.240
	综合用工三类	工日	30.00		3.640	
材料	预制混凝土(中砂碎石)C30	m^3		(10.000)		
	预制构件	m^3				(10.150)
	水泥砂浆1:3(中砂)	m^3				(0.520)
	水泥32.5级	t	220.00			0.210
	水泥42.5级	t	230.00	3.170		
	中砂	t	25.16	6.140		0.834
	碎石	t	33.78	14.390		
	草袋	m^2	0.60	28.840		
	水	m^3	3.03	13.660		0.520
	二等板方材	m^3	2174.37	0.015		
	二等方木	m^3	2174.37		0.050	0.063
	钢丝绳	kg	11.25		0.530	
	镀锌铁丝(8号)	kg	5.25		5.250	
	其他材料费	元	1.00			1.080
机械	滚筒式混凝土搅拌机500L以内	台班	120.35	0.250		
	混凝土振捣器(插入式)	台班	11.40	0.490		
	皮带运输机15×0.5m	台班	162.15	0.250		
	机动翻斗车1t	台班	129.39	0.620		
	塔式起重机(起重力矩60kN·m)	台班	434.87	0.250		
	载货汽车8t	台班	477.42		1.370	
	汽车起重机5t	台班	460.58		0.910	
	载货汽车(综合)	台班	414.90			0.040

解:(1)单根过梁体积 $=0.24\times0.24\times2.3=0.132\text{m}^3$

预制过梁清单工程量 $=0.132\times76=10.07\ \text{m}^3$,编制工程量清单如表 8.4.8 所示。

分部分项工程量清单与计价表　　表 8.4.8

序号	项目编码	项目名称	项目特征描述	计量单位	工程量	金额(元)	
						综合单价	合价
1	010410003001	预制过梁	①根数:76 根; ②安装高度:2.4m; ③混凝土强度等级:C30 ~ C40; ④砂浆强度等级:1:3水泥砂浆	m^3	10.07		

(2)根据清单,清单项目对应过梁制作、运输、安装 3 项工程内容。各工程内容计价工程量为:

安装计价量 = 按图计算实体积 = 清单量;

制作计价量 = 运输计价量 = 安装计价量 + 相应安装项目中规定的安装损耗量;

安装计价量/清单量 = 1.000;

运输计价量 = 安装计价量 ×1.015,运输计价量/清单量 = 1.015;

制作计价量/清单量 = 1.015;

列表分析预制过梁综合单价,如表 8.4.9 所示。

工程量清单综合单价分析表　　表 8.4.9

项目编码	010410003001			项目名称		过梁	计量单位			m^3
清单综合单价组成明细										
定额编号	定额单位	数量	单价(元)				合价(元)			
			人工费	材料费	机械费	管理费和利润	人工费	材料费	机械费	管理费和利润
A4 - 72	10m^3	0.1015	524.00	1 460.99	265.15	197.29	53.19	148.29	26.91	20.02
A9 - 22	10m^3	0.1015	109.20	142.24	1 073.19	295.60	11.08	14.44	108.93	30.00
A9 - 95	10m^3	0.1	1 689.60	206.82	16.60	426.55	168.96	20.68	1.66	42.66
人工单价			小计				233.23	183.41	137.50	92.68
二类:40 元/工日			未计价材料费							
三类:30 元/工日			清单项目综合单价				646.82			

十一、A.4.11 预制混凝土屋架(010411)

预制混凝土屋架(010411)的工程量清单项目,设置为折线形屋架(010411001)、组合屋架(010411002)、薄腹屋架(010411003)、门式刚架屋架(010411004)、天窗架屋架(010411005)。以上各清单项目对应的工程内容为:混凝土制作、运输、浇筑、振捣、养护;构件制作、运输;构件安装;砂浆制作、运输;接头灌缝、养护。

各清单项目的项目特征包括:屋架的类型、跨度;单件体积;安装高度;混凝土强度等级;砂浆强度等级。屋架跨度应注明,以 m^3 为计量单位时,可不注明单件体积,但应注明总榀数;以榀为计量单位时,应注明单件体积。

折线形屋架、组合屋架、薄腹屋架、门式刚架屋架、天窗架屋架的清单工程量,按设计图示尺寸以体积计算,不扣除构件内钢筋、预埋铁件所占体积,计量单位 m^3。同类型相同跨度的预制混凝土屋架的工程量可按榀数计算。

应注意,三角形屋架应按折线形屋架项目编码列项。

十二、A.4.12 预制混凝土板(010412)

1. 平板(010412001)、空心板(010412002)、槽形板(010412003)、网架板(010412004)、折线板(010412005)、带肋板(010412006)、大型板(010412007)

工程内容:混凝土制作、运输、浇筑、振捣、养护;构件制作、运输;构件安装;升板提升;砂浆制作、运输;接头灌缝、养护。

项目特征:构件尺寸;安装高度;混凝土强度等级;砂浆强度等级。

清单工程量按设计图示尺寸以体积计算。不扣除构件内钢筋、预埋铁件及单个尺寸300mm×300mm以内的孔洞所占体积,扣除空心板空洞体积,计量单位为 m^3。同类型相同构件尺寸的预制混凝土板工程可按块数计算,计量单位为“块”。

不带肋的预制遮阳板、雨篷板、挑檐板、栏板等,应按平板(010412001)项目编码列项。预制F形板、双T形板、单肋板和带反挑檐的雨篷板、挑檐板、遮阳板等,应按带肋板(010412006)项目编码列项。预制大型墙板、大型楼板、大型屋面板等,应按大型板(010412007)项目编码列项。

2. 沟盖板、井盖板、井圈(010412008)

工程内容:混凝土制作、运输、浇筑、振捣、养护;构件制作、运输;构件安装;砂浆制作、运输;接头灌缝、养护。

项目特征:构件尺寸;安装高度;混凝土强度等级;砂浆强度等级。

沟盖板、井盖板、井圈的清单工程量,按设计图示尺寸以体积计算。计算时,不扣除构件内钢筋、预埋铁件所占体积,计量单位 m^3;同类型相同构件尺寸的预制混凝土沟盖板的工程量可按块数计算,计量单位为“块”;混凝土井圈、井盖板工程量可按套数计算,计量单位为“套”。

十三、A.4.13 预制混凝土楼梯(010413)

. 楼梯(010413001)项目,对应的工程内容为:混凝土制作、运输、浇筑、振捣、养护;构件制作、运输;构件安装;砂浆制作、运输;接头灌缝、养护。

编制工程量清单时,应描述楼梯类型,如梯段式;混凝土强度等级;砂浆强度等级;单件体积根据设计可描述,也可以不描述。

楼梯清单工程量按设计图示尺寸以体积计算,不扣除构件内钢筋、预埋铁件所占体积,扣除空心踏步板空洞体积,计量单位 m^3。

预制钢筋混凝土楼梯,可按斜梁、踏步用第五级编码分别编码列项。

十四、A.4.14 其他预制构件(010414)

1. 工程量清单项目设置

其他预制构件的工程量清单项目设置为3项,分别是烟道、垃圾道、通风道(010414001);其他构件(010414002);水磨石构件(010414003)。各清单项目对应的工程内容为混凝土制作、运输、浇筑、振捣、养护;(水磨石)构件制作、运输;构件安装;砂浆制作、运输;接头灌缝、养护;酸洗、打蜡。

烟道、垃圾道、通风道的项目特征:构件类型、单件体积、安装高度、混凝土强度等级、砂浆强度等级。

其他构件、水磨石构件的项目特征：构件类型；单件体积；水磨石面层厚度；安装高度；混凝土强度等级；水泥石子浆配合比；石子品种、规格、颜色；酸洗、打蜡要求。

其他构件适用于预制钢筋混凝土小型池槽、压顶、扶手、垫块、隔热板、花格等。

2. 工程量计量规则

烟道、垃圾道、通风道(010414001)、其他构件(010414002)、水磨石构件(010414003)的清单工程量，按设计图示尺寸以体积计算。计算时，不扣除构件内钢筋、预埋铁件及单个尺寸300mm × 300mm以内的孔洞所占体积；扣除烟道、垃圾道、通风道的孔洞所占体积，计量单位 m^3。

清单计价时，水磨石构件需要打蜡抛光时，应包括在综合单价中。

十五、A. 4. 15 混凝土构筑物(010415)

1. 贮水(油)池(010415001)

贮水(油)池对应的工程内容为：混凝土制作、运输、浇筑、振捣、养护。

贮水(油)池的项目特征：池类型，如矩形水池；池部位，如池底；池规格，如 8000mm × 6400mm × 300mm；混凝土强度等级；混凝土拌和料要求。

贮水(油)池的池底、池壁、池盖可分别编码(第五级编码)列项。有壁基梁的，应以壁基梁底为界，以上为池壁，以下为池底；无壁基梁的，锥形坡底应算至其上口，池壁下部的八字靴脚应并入池底体积内。无梁池盖的柱高应从池底上表面算至池盖下表面，柱帽和柱座应并在柱体积内。肋形池盖应包括主、次梁体积；球形池盖应以池壁顶面为界，边侧梁应并入球形池盖体积内。

2. 贮仓(010415002)

贮仓对应的工程内容为：混凝土制作、运输、浇筑、振捣、养护。

贮仓的项目特征：类型、高度；混凝土强度等级；混凝土拌和料要求。

贮仓的立壁、漏斗可分别编码(第五级编码)列项。立壁与漏斗应以相互交点水平线为界，壁上圈梁应并入漏斗体积内。

滑模筒仓应按“贮仓”项目编码列项。

3. 水塔(010415003)

水塔对应的工程内容为：混凝土制作、运输、浇筑、振捣、养护；预制倒圆锥形罐壳、组装、提升、就位；砂浆制作、运输；接头灌缝、养护。

水塔的项目特征：类型；支筒高度、水箱容积；倒圆锥形罐壳厚度、直径；混凝土强度等级；混凝土拌和料要求；砂浆强度等级。

水塔的基础、塔身、水箱可分别编码(第五级编码)列项。筒式塔身应以筒座上表面或基础底板上表面为界；柱式(框架式)塔身应以柱脚与基础底板或梁顶为界，以上为塔身，以下为基础。与基础板连接的梁应并入基础体积内。

塔身与水箱应以箱底相连接的圈梁下表面为界，以上为水箱，以下为塔身。

依附于塔身的过梁、雨篷、挑檐等，应并入塔身体积内。柱式塔身应不分柱、梁，合并计算。依附于水箱的柱、梁应并入水箱壁体积内。

4. 烟囱(010415004)

烟囱对应的工程内容为：混凝土制作、运输、浇筑、振捣、养护。

烟囱的项目特征：高度、混凝土强度等级、混凝土拌和料要求。

烟囱的基础、筒身应分别计算工程量。基础与筒身应以基础底板顶面为界，以上为筒身，以下为基础。

滑模烟囱应按“烟囱”项目编码列项。

5. 工程量计算规则

贮水（油）池、贮仓、水塔、烟囱的清单工程量，均按设计图示尺寸以体积计算。计算时，不扣除构件内钢筋、预埋铁件及 0.3m^2 以内孔洞所占体积，计量单位 m^3。

十六、A.4.16 钢筋工程（010416）

1. 现浇混凝土钢筋（010416001）、预制构件钢筋（010416002）、钢筋网片（010416003）、钢筋笼（010416004）

现浇混凝土钢筋、预制构件钢筋、钢筋网片、钢筋笼对应工程内容为钢筋（网、笼）制作、运输、安装。编制工程量清单时，应描述钢筋种类规格，如 HRB335 螺纹钢筋ϕ18。

现浇混凝土钢筋、预制构件钢筋、钢筋网片、钢筋笼清单工程量，按设计图示钢筋（网）长度（面积）乘以单位理论质量计算，计量单位 t。

钢筋计算时应注意：①现浇构件中固定位置的支撑钢筋、双层钢筋用的“铁马”、伸出构件的锚固钢筋、预制构件吊钩等，并入钢筋工程量。②钢筋质量按理论质量计算，投标人应考虑实际质量与理论质量的误差。钢筋消耗量由投标人考虑在报价内。③钢筋清单工程量按设计图示和规定的长度、弯钩和搭接方式计算净量，设计图示和未规定弯钩、搭接方式的不计算。④钢筋电渣压力焊接、套筒挤压接头等，设计有规定时，按设计规定计算。

1）钢筋单位理论质量（见表 8.4.10）

设钢筋直径为 d（mm），则钢筋单位长度理论质量计算公式：

$$钢筋单位长度理论质量 = 7.85\times10^3(kg/m^3)\times\frac{\pi}{4}d^2\times10^{-6}(m^2)\times1(m) = 0.006\ 165d^2(kg)$$

每米钢筋质量表 表 8.4.10

直径（mm）	断面（mm^2）	每米质量（kg）	直径（mm）	断面（mm^2）	每米质量（kg）
4	12.57	0.099	16	201.06	1.578
5	19.64	0.154	18	254.47	1.998
6	28.27	0.222	20	314.16	2.466
6.5	33.18	0.260	22	380.13	2.984
8	50.27	0.395	25	490.88	3.853
10	78.54	0.617	28	615.75	4.834
12	113.10	0.888	30	706.86	5.549
14	153.94	1.208	32	804.25	6.313

2）钢筋长度计算

两端不带弯钩钢筋长度 = 构件长度 - 钢筋保护层厚度；

带弯钩钢筋长度 = 构件长度 - 钢筋保护层厚度 + 弯钩增加值；

带弯起钢筋长度 = 构件长度 - 钢筋保护层厚度 + 弯起钢筋增加长度 + 弯钩增加值。

（1）钢筋混凝土保护层

钢筋混凝土保护层可以保护钢筋不受大气的侵蚀，其厚度与构件形式和构件所处的环境条件有关。常用保护层厚度，如表 8.4.11 所示。

受力钢筋混凝土保护层最小厚度(mm) 表 8.4.11

环境类别		构件名称								
		墙			梁			柱		
		≤C20	C25～C45	≥C50	≤C20	C25～C45	≥C50	≤C20	C25～C45	≥C50
一		20	15	15	30	25	25	30	30	30
二	1	—	20	20	—	30	30	—	30	30
	2	—	25	20	—	35	30	—	35	30
三		—	30	25	—	40	35	—	40	35

注:①受力钢筋外边缘至混凝土表面的距离(即保护层),除符合表中规定外,不应小于钢筋的公称直径。

②机械连接接头连接件的混凝土保护层厚度,应满足受力钢筋保护层最小厚度的要求;连接件之间的横向净距不宜小于 25mm。

③设计使用年限为 100 年的结构,一类环境中,混凝土保护层厚度应按表中规定增加 40%;二类和三类环境中,混凝土保护层厚度应采取专门有效措施。

④环境类别(见表 8.4.12):

环境类别 表 8.4.12

环境类别		混凝土结构环境类别
一		室内正常环境
二	1	室内潮湿环境;非严寒和非寒冷地区的露天环境、与无侵蚀性的水或土壤直接接触的环境
	2	严寒和寒冷地区的露天环境、与无侵蚀性的水或土壤直接接触的环境
三		使用除冰盐的环境;严寒和寒冷地区冬季水位变动的环境;滨海室外环境
四		海水环境
五		受人为或自然的侵蚀性物质影响的环境

⑤三类环境中的结构构件,其受力钢筋宜采用环氧树脂涂层带肋钢筋。

⑥板、墙、壳中分布钢筋的保护层厚度不应小于表中相应数值减 10mm,且不应小于 10mm;梁、柱中箍筋和构造钢筋的保护层厚度不应小于 15mm。

(2)钢筋弯钩增加值的计算

钢筋在弯曲过程中长度会发生变化:外皮伸长、内皮缩短、中心线长度不变。计算钢筋预算长度时,应按照中心线长度(实际长度)计算,这就需要考虑钢筋弯曲调整值。计算钢筋弯曲调整值需要用到弧度和角度换算公式 $1° = 2 \times 3.14/360\text{rad}$,即一度角对应的弧长是 $0.01745r$。另外《混凝土结构工程施工质量验收规范》(GB 50204—2002)规定 180°弯钩的弯曲直径不得小于 $2.5d$,在下面的推导中钢筋直径为 d,弯曲直径 D 取 $2.5d$。

①90°弯折

如图 8.4.13 所示钢筋,按照外包尺寸计算钢筋的长度:

$$
\begin{aligned}
L_1 &= AB\text{段水平长} + BE\text{段水平长} + EC\text{段水平长} + CD\text{段水平长} \\
&= AB + (2.5d/2 + d) + (2.5d/2 + d) + CD \\
&= AB + 4.5d + CD
\end{aligned}
$$

按照中轴线计算钢筋的长度:

$$
\begin{aligned}
L_2 &= AB\text{段水平长} + BC\text{段中轴线弧长} + CD\text{段水平长} \\
&= AB + 0.01745 \times (2.5d/2 + d/2) \times 90 + CD \\
&= AB + 2.75d + CD
\end{aligned}
$$

弯曲调整值:$L_2 - L_1 = -1.75d$

对于 CD 段取 $3d$ 的 90°弯钩,一个弯钩增加值 $\Delta L = 2.75d - (2.5d/2 + d) + 3d = 0.5d + 3d = 3.5d$。

②180°弯钩

如图 8.4.14 所示钢筋，按照外包尺寸计算钢筋的长度：

$$L_1 = AB\text{ 水平段长度} + BE\text{ 水平段长度} + CD\text{ 水平段长度}$$
$$= AB + 2.5d/2 + d + CD = AB + 2.25d + CD$$

按照中心线计算钢筋的长度：

$$L_2 = AB\text{ 水平段长度} + BEC\text{ 段轴线弧长} + CD\text{ 段水平长度}$$
$$= AB + 0.01745 \times (2.5d/2 + d/2) \times 180 + CD = AB + 5.5d + CD$$

弯曲调整值： $L_2 - L_1 = 3.25d$

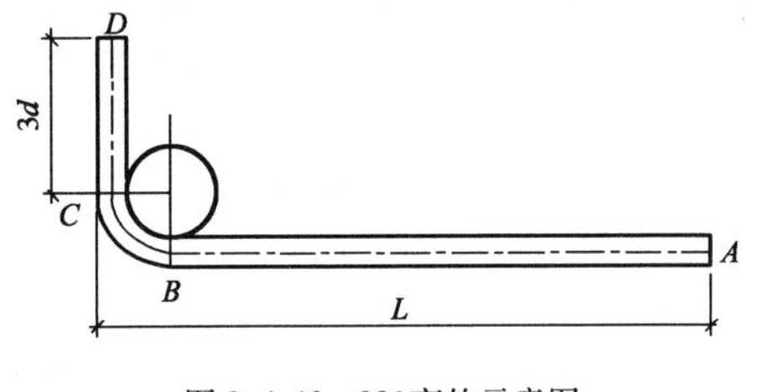

图 8.4.13　90°弯钩示意图

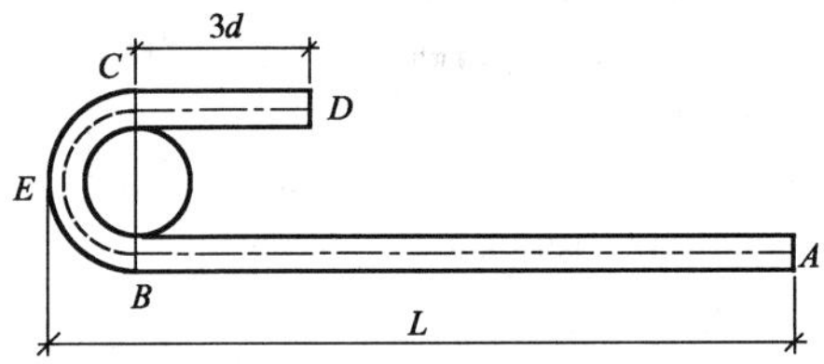

图 8.4.14　180°弯钩示意图

若钢筋弯钩 CD 水平段长度取 $3d$，一个 180°弯钩增加值 $\Delta L = 3.25d + 3d = 6.25d$。也就是说，实际钢筋下料时应在 AE 水平投影长基础上增加 $6.25d$，才能正好加工一个弯心直径 $2.5d$，水平钩长 $3d$ 的 180°弯钩。

③135°弯钩

如图 8.4.15 所示钢筋，按照上述原理推导，可得到弯曲调整值：$L_2 - L_1 = 1.87d \approx 1.9d$。

箍筋、拉筋末端均为 135°弯钩，规范规定平直段长度为 $10d$，计算时每个 135°弯钩增加值 ΔL 应取 11.9d。

(3)弯起钢筋增加长度的计算

弯起钢筋（见图 8.4.16）增加长度设计有规定的，按设计规定计算；增加长度设计无规定的，可按照下列公式计算。

$$\alpha = 30°，\text{增加长度 } \Delta L = 0.268h_0$$
$$\alpha = 45°，\text{增加长度 } \Delta L = 0.414h_0$$
$$\alpha = 60°，\text{增加长度 } \Delta L = 0.578h_0$$

以上式中，h_0 = 钢筋弯起的垂直高 = 混凝土构件高度 − 2 × 钢筋保护层厚度

(4)箍筋长度计算

①双肢箍单根长度：

设梁截面尺寸 $b \times h$，保护层为 a，保护层指的是主筋外皮到构件外边缘的尺寸，箍筋形式如图 8.4.17 所示。

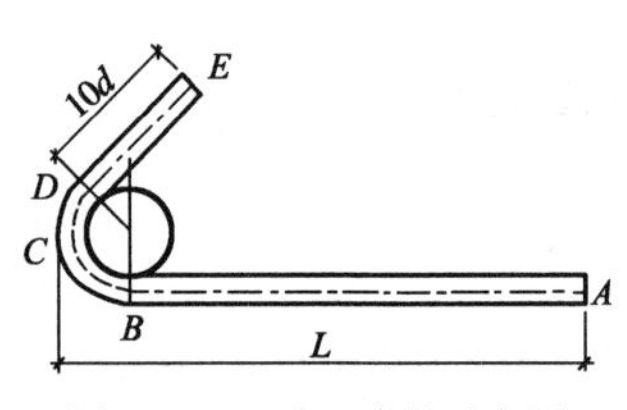

图 8.4.15　135°弯钩示意图

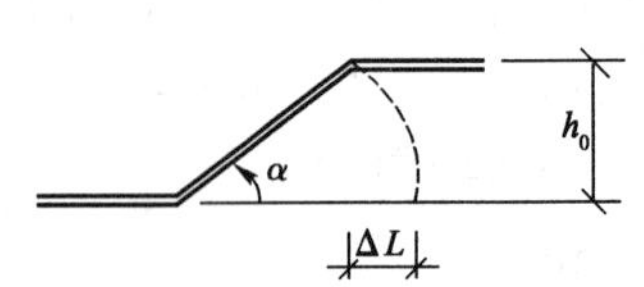

图 8.4.16　弯起钢筋示意图

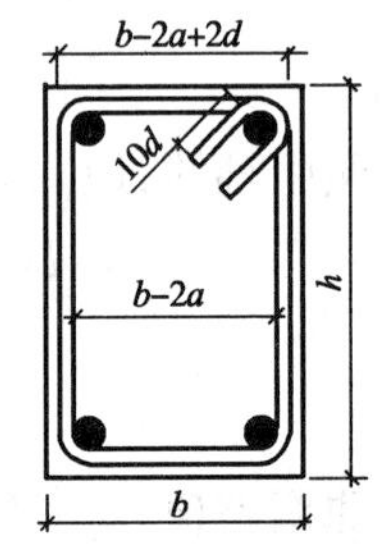

图 8.4.17　箍筋示意图

$$箍筋的外包长度 = [(b-2a)+(h-2a)]\times 2+8d$$

箍筋有三个 90°弯钩,应该减去"$3\times 1.75d$"

$$箍筋中轴线长度 = [(b-2a)+(h-2a)]\times 2+8d+2\times 11.9d-3\times 1.75d$$
$$= [(b-2a)+(h-2a)]\times 2+26.5d$$

②箍筋根数:

$$箍筋根数 = \frac{箍筋配置长度}{箍筋间距}+1$$

③螺旋箍筋长度:

$$L=\sqrt{\pi^2(D-2a+d)^2+S^2}\cdot N+2\Delta L_g$$

式中:d——钢筋直径;

D——柱直径;

a——钢筋保护层厚度;

S——箍筋螺距;

N——螺旋箍筋圈数,$N=\frac{柱高-保护层厚度}{箍筋螺距}$;

ΔL_g——弯钩增加长度。

【例 8.4.7】 某办公楼雨篷施工,有圆形钢筋混凝土柱 2 根,柱直径 $D=400$mm,高度$H=$ 4 200mm,保护层取 25mm,螺旋箍筋ϕ10@150,箍筋两端设 180°标准弯钩,计算柱的螺旋箍筋长度。

解:

$$N=\frac{4.2-0.025\times 2}{0.15}=27.7\text{ 圈}$$

$$L=[\sqrt{3.14^2\times(0.4-2\times 0.025+0.01)^2+0.15^2}\times 27.7+2\times 6.25\times 0.01]\times 2$$
$$=(1.1403\times 27.7+0.125)\times 2=63.42\text{m}$$

(5)钢筋锚固增加长度

受力钢筋受拉钢筋的最小锚固长度 l_a、受拉钢筋抗震锚固长度 l_{aE}、纵向受拉钢筋绑扎搭接长度 l_{lE},l_l 均参照国家建筑标准设计图集《混凝土结构施工图平面整体表示方法制图规则和构造详图》(03G101-1),如表 8.4.13 ~8.4.16 所示。

受拉钢筋的最小锚固长度 l_a 表 8.4.13

钢筋种类		混凝土强度等级									
		C20		C25		C30		C35		C40	
		$d\le 25$	$d>25$	$d\le 25$	$d>25$	$d\le 25$	$d>25$	$d\le 25$	$d>25$	$d\le 25$	$d>25$
HPB235	普通钢筋	31d	31d	27d	27d	24d	24d	22d	22d	20d	20d
HRB335	普通钢筋	39d	42d	34d	37d	30d	33d	27d	30d	25d	27d
	环氧树脂涂层钢筋	48d	53d	42d	46d	37d	41d	34d	37d	31d	34d
HRB400	普通钢筋	46d	51d	40d	44d	36d	39d	33d	36d	30d	33d
RRB400	环氧树脂涂层钢筋	58d	63d	50d	55d	45d	49d	41d	45d	37d	41d

注:①当弯锚时,有些部位的锚固长度为$\ge 0.4l_a+15d$,见各类构件的标准构造详图。

②当钢筋在混凝土施工过程中易受扰动(如滑模施工)时,其锚固长度应乘以修正系数 1.1。

③在任何情况下,锚固长度不得小于 250mm。

④HPB235 钢筋为受拉时,其末端应做成 180°弯钩,弯钩平直段长度不应小于 3d;当其受压时,可不做弯钩

【例 8.4.8】 某工程共有 10 根现浇钢筋混凝土梁 L_1，如图 8.4.18 所示，梁钢筋保护层厚度取 25mm，第一排钢筋与第二排钢筋间距 50mm，钢筋弯起角度 45°。梁箍筋弯钩 135°，180°弯钩一个增加 6.25d。试计算梁钢筋的质量，将相关内容填入钢筋计算表，如表 8.4.17 所示。

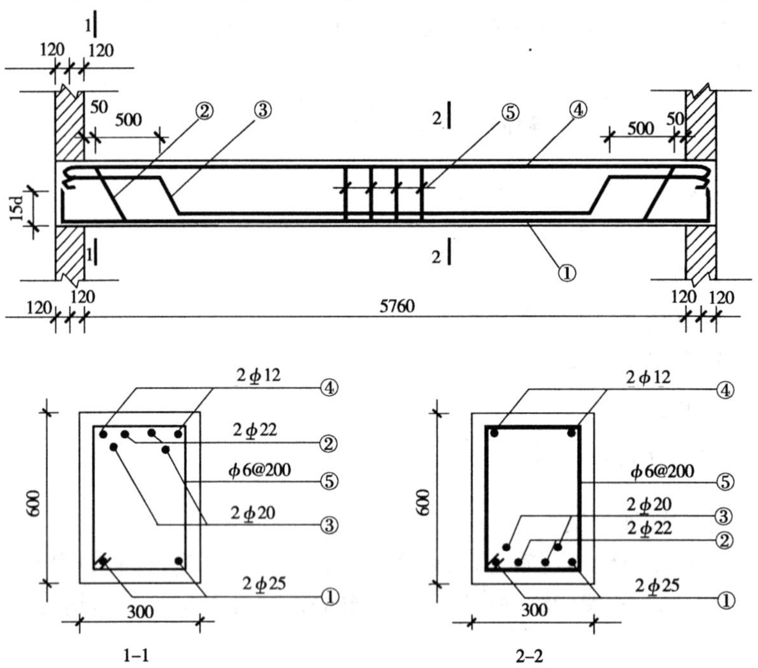

图 8.4.18 梁配筋图(尺寸单位:mm)

受拉钢筋抗震锚固长度 l_{aE} 表 8.4.14

钢筋种类			C20		C25		C30		C35		C40	
			一、二级抗震等级	三级抗震等级	一、二级抗震等级	三级抗震等级	一、二级抗震等级	三级抗震等级	一、二级抗震等级	三级抗震等级	一、二级抗震等级	三级抗震等级
HPB235	普通钢筋		36d	33d	31d	28d	27d	25d	25d	23d	23d	21d
HRB335	普通钢筋	$d \leqslant 25$	44d	41d	38d	35d	34d	31d	31d	29d	29d	26d
		$d>25$	49d	45d	42d	39d	38d	34d	34d	31d	32d	29d
	环氧树脂涂层钢筋	$d \leqslant 25$	55d	51d	48d	44d	43d	39d	39d	36d	36d	33d
		$d>25$	61d	56d	53d	48d	47d	43d	43d	39d	39d	36d
HRB400 RRB400	普通钢筋	$d \leqslant 25$	53d	49d	46d	42d	41d	37d	37d	34d	34d	31d
		$d>25$	58d	53d	51d	46d	45d	41d	41d	38d	38d	34d
	环氧树脂涂层钢筋	$d \leqslant 25$	66d	61d	57d	53d	51d	47d	47d	43d	43d	39d
		$d>25$	73d	67d	63d	58d	56d	51d	51d	47d	47d	43d

注:①四级抗震等级，$l_{aE}=l_a$，其值见受拉钢筋的最小锚固长度 l_a 表。

②当弯锚时，有些部位的锚固长度为 $\geqslant 0.4l_{aE}+15d$，见各类构件的标准构造详图。

③当 HRB335、HRB400 和 RRB400 级纵向受拉钢筋末端采用机械锚固措施时，包括附加锚固端头在内的锚固长度可取受拉钢筋的最小锚固长度 l_a 表和本表中锚固长度的 0.7 倍。机械锚固的形式及构造要求详见 03G101-1 第 35 页。

④当钢筋在混凝土施工过程中易受扰动(如滑模施工)时，其锚固长度应乘以修正系数 1.1。

⑤在任何情况下，锚固长度不得小于 250mm

纵向受拉钢筋绑扎搭接长度 l_{lE}, l_l　表 8.4.15

抗　震	非 抗 震
$l_{lE}=\zeta l_{aE}$	$l_l=\zeta l_a$
注:①当不同直径的钢筋搭接时,其 l_{lE} 与 l_l 值按较小的直径计算。 ②在任何情况下 l_l 不得小于 300mm。 ③式中 ζ 为搭接长度修正系数	

纵向受拉钢筋搭接长度修正系数 ζ

表 8.4.16

纵向钢筋搭接街头面积百分率(%)	≤25	50	100
ζ	1.2	1.4	1.6

钢 筋 计 算 表　表 8.4.17

构件名称	钢筋编号	简图	直径(mm)	计算长度(要求列式计算)	合计根数	合计质量(kg)
L_1	①		25	6.24 −0.025 ×2 +15 ×0.025 ×2 −1.75 ×0.025 ×2 =6.85m	20	527.86
	②		22	6.24 −0.025 ×2 +6.25 ×0.022 ×2 +0.414 ×(0.6 −0.025 ×2) ×2 =6.9204m 或 6.92m	20	412.46 或 412.43
	③		20	6.24 −0.025 ×2 +6.25 ×0.02 ×2 +0.414 ×(0.6 −0.025 ×2 −0.05 ×2) ×2 =6.8126 或 6.81m	20	336.54 或 336.41
	④		12	6.24 −0.025 ×2 +6.25 ×0.012 ×2 =6.34m	20	112.60
	⑤		6	(0.6 −0.025 ×2 +0.3 −0.025 ×2) ×2 +26.5 ×0.006 =1.759m	320	124.96

【例 8.4.9】 某框架结构中梁平法施工图如图 8.4.19 所示,混凝土强度等级 C25,三级抗震。试计算钢筋工程量。

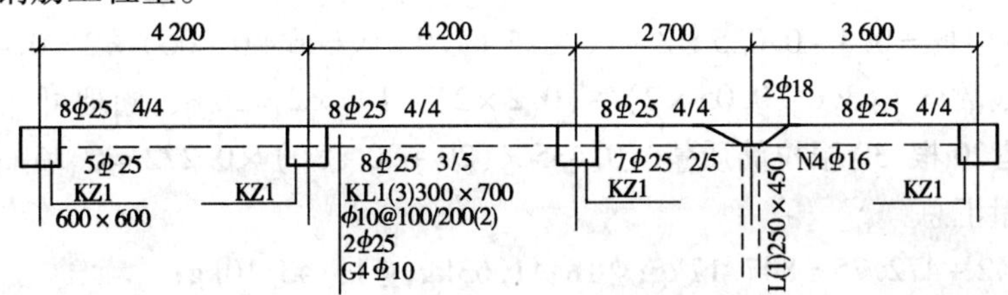

图 8.4.19　梁平法施工图(尺寸单位 mm)

解: 左第 1 跨、第 2 跨梁净跨 $L_{n1}=L_{n2}=4.2-0.6=3.6$m;第 3 跨梁净跨 $L_{n3}=2.7+3.6-0.6=5.7$m

梁上部通长筋 2 ϕ25 长度 =[(4.2 ×2 +2.7 +3.6 −0.6)(梁净长) +(0.6 −0.025 +15 ×0.025)(锚固长) ×2] ×2(根数) =32m

$$梁上部第一排负筋=\left[\left(\frac{3.6}{3}+0.60-0.025+15\times0.025\right)+\left(\frac{3.6}{3}\times2+0.6\right)+\left(\frac{5.7}{3}\times2+0.6\right)+\left(\frac{5.7}{3}+0.6-0.025+15\times0.025\right)\right]\times2=24.8\text{m}$$

$$梁上部第二排负筋=\left[\left(\frac{3.6}{4}+0.6-0.025+15\times0.025\right)+\left(\frac{3.6}{4}\times2+0.6\right)+\right.$$

$$\left(\frac{5.7}{4}\times 2+0.6\right)+\left(\frac{5.7}{4}+0.6-0.025+15\times 0.025\right)\Big]\times 4$$

$$=40.3\text{m}$$

梁上部钢筋质量 =（32 +24.8 +40.3）×3.856 =374.42kg

梁通长构造筋 4ϕ10 长度 =［4.2 ×2 −0.6 +（15 +6.25）×0.01 ×2 +0.15］×4 =33.5m

梁通长构造筋 4ϕ10 质量 =33.5 ×0.617 =20.67kg

梁受扭钢筋 4 ϕ16 长度 =（5.7 +35 ×0.016 ×2）×4 =6.82 ×4 =27.28m

梁受扭钢筋质量 =27.28 ×1.58 =43.10kg

梁底部受力筋的直锚长度≥l_{aE} =35 ×0.025 =0.875m，且≥0.5h_c +5d =0.5 ×0.6 +5 ×0.025 =0.425m，取 0.875m。

上排底筋ϕ25 =（5.7 +0.6 −0.025 +15 ×0.025 +0.875）×2 +（3.6 +0.875 ×2）×3 =31.1m

下排底筋ϕ25 =［3.6 +3.6 +5.7 +（0.6 −0.025 +15 ×0.025）×2 +0.875 ×4］×5 =91.5m

梁底部钢筋质量 =（31.1 +91.5）×3.856 =472.75kg

吊筋ϕ18 单根长 =（0.25 +0.05 ×2）+1.414 ×（0.7 −0.025 ×2）×2 +20 ×0.018 ×2 =2.91m

吊筋质量 =2.91 ×2 ×1.999 =11.63kg

单根箍筋长度 =（0.7 −0.025 ×2 +0.3 −0.025 ×2）×2 +26.5 ×0.01 =2.065m

箍筋加密区长度≥1.5h_b =1.5 ×0.7 =1.05m，且≥0.5m，取 1.05m

加密区箍筋根数 =［（1.05 −0.05）÷0.1 +1］×6 =66 根

非加密区箍筋根数 =（3.6 −1.05 ×2）÷0.2 ×2 −2 +（5.7 −1.05 ×2）÷0.2 −1 =31 根

箍筋质量 =2.065 ×（66 +31）×0.617 =123.59kg

拉筋 ϕ6 单根长 =0.3 −0.025 ×2 +（0.075 +1.9 ×0.006 +0.006）×2 =0.435m

左第 1 跨根数 = ［（3.6 −0.05 ×2）÷（0.2 ×2）+1］ ×2 =20 根，同理可计算第 2 跨和第 3 跨根数分别是 20 根、30 根拉筋质量 =0.435 ×（20 +20 +30）×0.222 =6.76 kg

钢筋工程量汇总：

ϕ25：374.42 +472.75 =847.17kg；ϕ18：11.63kg；ϕ16：43.10kg；

ϕ10：20.67 +123.59 =144.26kg；ϕ6：6.76 kg

2. 先张法预应力钢筋（010416005）

先张法预应力钢筋对应的工程内容为钢筋制作、运输和钢筋张拉。编制工程量清单时，应描述钢筋种类、规格，如冷拔丝 ϕ5；锚具种类，如墩头锚具。

先张法预应力钢筋的清单工程量按设计图示钢筋长度乘以单位理论质量计算，计量单位 t。

3. 后张法预应力钢筋（010416006）、预应力钢丝（010416007）、预应力钢绞线（010416008）

后张法预应力钢筋、预应力钢丝、预应力钢绞线对应的工程内容为钢筋、钢丝束、钢绞线制作、运输、安装；预埋管（孔）道铺设；锚具安装；砂浆制作、运输；孔道压浆、养护。

编制工程量清单时，后张法预应力钢筋、预应力钢丝、预应力钢绞线应描述钢筋/钢丝束/钢绞线种类、规格，如Ⅳ级螺纹钢筋 ϕ28/碳素钢丝 16ϕ5/碳素钢丝 7ϕ5；锚具种类，如螺丝端杆锚具/钢制锥形锚具/JM15-4 锚具；砂浆强度等级，如 M20 素水泥浆。

预应力钢丝束应按钢丝束、有粘结预应力钢绞线和无粘预应力钢丝束分别列项。

后张法预应力钢筋、预应力钢丝、预应力钢绞线的清单工程量，按设计图示钢筋(丝束、绞线)长度乘以单位理论质量计算，计量单位 t。

(1)低合金钢筋两端均采用螺杆锚具时，钢筋长度按孔道长度减 0.35m 计算，螺杆另行计算。

(2)低合金钢筋一端采用墩头插片、另一端采用螺杆锚具时，钢筋长度按孔道长度计算，螺杆另行计算。

(3) 低合金钢筋一端采用墩头插片、另一端采用帮条锚具时，钢筋长度按孔道长度增加 0.15m 计算；两端均采用帮条锚具时，钢筋长度按孔道长度增加 0.3m 计算。

(4)低合金钢筋采用后张混凝土自锚时，钢筋长度按孔道长度增加 0.35m 计算。

(5)低合金钢筋(钢绞线)采用 JM、XM、QM 型锚具，孔道长度在 20m 以内时、钢筋长度按孔道长度增加 1m 计算；孔道长度在 20m 以外时，钢筋(钢绞线)长度按孔道长度增加 1.8m 计算。

(6)碳素钢丝采用锥形锚具，孔道长度在 20m 以内时，钢丝束长度按孔道长度增加 1m 计算；孔道长度在 20m 以上时，钢丝束长度按孔道长度增加 1.8m 计算。

(7)碳素钢丝束采用墩头锚具时，钢丝束长度按孔道长度增加 0.35m 计算。

十七、A.4.17 螺栓、铁件(010417)

1. 螺栓(010417001)

螺栓项目对应的工程内容为螺栓制作、运输、安装。编制工程量清单时，螺栓的项目特征应描述钢材种类、规格，如六角螺栓 $\phi12$；螺栓长度，如 35mm。

螺栓清单工程量按设计图示尺寸以质量计算，计量单位 t。

2. 预埋铁件(010417002)

预埋铁件项目对应的工程内容为铁件制作、运输、安装。编制工程量清单时，预埋铁件的项目特征应描述钢材种类、规格，如 HPB235$\phi6$ 钢筋；铁件尺寸，如钢板 50mm × 50mm、厚 8mm。

预埋铁件清单工程量按设计图示尺寸以质量计算，计量单位 t。

预埋钢板质量可以用钢板面积乘以单位面积钢板质量计算，其中每 m^2(厚 δmm)钢板质量 $=7.85\delta\ kg/m^2$。

十八、A.4 清单计价实务说明

(1)混凝土的供应方式(现场搅拌混凝土、商品混凝土)以招标文件确定。

(2)购入的商品构配件以商品价进入综合单价。

(3)预制构件的吊装机械(如履带式起重机、轮胎式起重机、汽车式起重机、塔式起重机等)不包括在项目内，应列入措施项目费。

(4)滑模的提升设备(如千斤顶、液压操作台等)，应列在模板及支撑费内。

(5)钢网架在地面组装后的整体提升、倒锥壳水箱在地面就位预制后的提升设备(如液压千斤顶及操作台等)，应列在垂直运输费内。

(6)项目特征内的构件标高(如梁底标高、板底标高等)、安装高度，不需要每个构件都注上标高和高度，而是要求选择关键部件注明，以便投标人选择吊装机械和垂直运输机械。

第五节　A.5 厂库房大门、特种门、木结构工程

一、A.5.1 厂库房大门、特种门(010501)

1. 工程量清单项目设置及工程量计算规则

A.5.1 厂库房大门、特种门工程的工程量清单项目设置及工程量计算规则，应按表 8.5.1 的规定执行。

A.5.1 厂库房大门、特种门(010501)　　表 8.5.1

项目编码	项目名称	项 目 特 征	计量单位	工程量计算规则	工程内容
010501001	木板大门	①开启方式； ②有框、无框； ③含门扇数； ④材料品种、规格； ⑤五金种类、规格； ⑥防护材料种类； ⑦油漆品种、刷漆遍数	樘/m^2	按设计图示数量或设计图示洞口尺寸以面积计算	①门(骨架)制作、运输； ②门、五金配件安装； ③刷防护材料、油漆
010501002	钢木大门				
010501003	全钢板大门				
010501004	特种门				
010501005	围墙铁丝门				

2. 工程量清单计价实务

(1)木板大门(010501001)项目，适用于厂库房的平开、推拉、带观察窗、不带观察窗等各类型木板大门。应注意：工程量清单中需描述每樘门所含门扇数和有框或无框。

(2)钢木大门(010501002)项目，适用于厂库房的平开、推拉、单面铺木板、双单铺木板、防风型、保暖型等各类型钢木大门。应注意：①钢骨架制作安装包括在该项目综合单价内；②防风型钢木门应描述防风材料或保暖材料。

(3)全钢板大门(010501003)项目，适用于厂库房的平开、推拉、折叠、单面铺钢板、双面铺钢板等各类型全钢板门。

(4)特种门(010501004)项目，适用于各种冷藏库门、冷冻间门、保温门、变电室门、隔音门、防射线门、人防门、金库门、密闭门等特殊使用功能门。

(5)围墙铁丝门(010501005)项目，适用于钢管骨架铁丝门、角钢骨架铁丝门、木骨架铁丝门等。

二、A.5.2 木屋架(010502)

1. 工程量清单项目设置及工程量计算规则

A.5.2 木屋架的工程量清单项目设置及工程量计算规则，应按表 8.5.2 的规定执行。

A.5.2 木屋架(010502)　　表 8.5.2

项目编码	项目名称	项 目 特 征	计量单位	工程量计算规则	工程内容
010502001	木屋架	①跨度； ②安装高度； ③材料品种、规格； ④刨光要求； ⑤防护材料种类； ⑥油漆品种、刷漆遍数	榀	按设计图示数量计算	①制作、运输； ②安装； ③刷防护材料、油漆
010502002	钢木屋架				

2. 工程量清单计价实务

(1)木屋架(010502001)项目,适用于各种方木、圆木屋架。应注意:①屋架跨度应以上、下弦中心线两交点之间的距离计算。②与屋架相连接的挑檐木、钢夹板构件及连接螺栓应包括在木屋架综合单价内。③带气楼的屋架和马尾、折角以及正交部分的半屋架,应按相关屋架项目编码列项。

(2)钢木屋架(010502002)项目适用于各种方木、圆木的钢木组合屋架。应注意:钢拉杆(下弦拉杆)、受拉腹杆、钢夹板、连接螺栓应包括在钢木屋架综合单价报价内。

三、A.5.3 木结构(010503)

1. 工程量清单项目设置及工程量计算规则

A.5.3 木结构的工程量清单项目设置及工程量计算规则,应按表 8.5.3 的规定执行。

A.5.3 木结构(010503) 表 8.5.3

项目编码	项目名称	项 目 特 征	计量单位	工程量计算规则	工程内容
010503001	木柱	①构件高度、长度; ②构件截面; ③木材种类; ④刨光要求; ⑤防护材料种类; ⑥油漆品种、刷漆遍数	m^3	按设计图示尺寸以体积计算	①制作; ②运输; ③安装; ④刷防护材料、油漆
010503002	木梁				
010503003	木楼梯	①木材种类; ②刨光要求; ③防护材料种类; ④油漆品种、刷漆遍数	m^2	按设计图示尺寸以水平投影面积计算。不扣除宽度<300mm 的楼梯井,伸入墙内部分不计算	
010503004	其他木构件	①~⑥同木柱项目	m^3(m)	按设计图示尺寸以体积或长度计算	

2. 工程量清单计价实务

(1)木柱(010503001)、木梁(010503002)项目适用于建筑物各部位的柱、梁。应注意:接地、嵌入墙内部分的防腐应包括在综合单价内。

(2)木楼梯(010503003)项目适用于楼梯和爬梯。应注意:①楼梯栏杆(栏板)、扶手,应按 B.1.7 中相关项目编码列项。②楼梯的防滑条应包括在木楼梯综合单价内。

(3)其他木构件(010503004)项目适用于斜撑,传统民居的垂花、花芽子、封檐板、博风板等构件。应注意:①封檐板、博风板工程量按延长米计算;②博风板带大刀头时,每个大刀头增加长度 50cm,如图 8.5.1 所示。

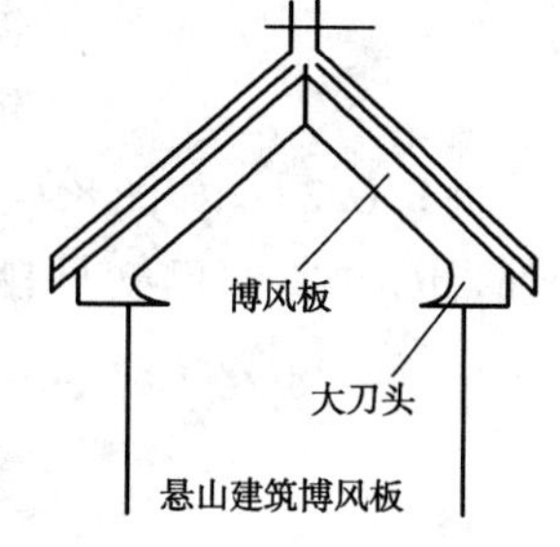

图 8.5.1 博风板、大刀头示意图

四、A.5 清单计价实务说明

(1)原木构件设计规定梢径时,应按原木体积计算表计算体积。

(2)设计规定使用干燥木材时,干燥损耗及干燥费应包括在综合单价内。

(3)木材的出材率应包括在综合单价内。

(4)木结构有防虫要求时,防虫药剂应包括在综合单价内。

第六节　A.6 金属结构工程

一、A.6.1 钢屋架、钢网架(010601)

1. 钢屋架(010601001)、钢网架(010601002)

钢屋架项目适用于一般钢屋架和轻钢屋架、冷弯薄壁型钢屋架。钢网架项目适用于一般钢网架和不锈钢网架。不论节点形式(球型节点、板式节点等)和节点连接方式(焊接、丝接)等均使用该项目。钢屋架、钢网架对应的工程内容为制作、运输、拼装、安装、探伤、刷油漆。

编制工程量清单时,钢屋架应描述:钢材品种、规格;单榀屋架的质量;屋架跨度、安装高度;探伤要求;油漆品种、刷漆遍数。钢网架应描述:钢材品种、规格;网架节点形式、连接方式;网架跨度、安装高度;探伤要求;油漆品种、刷漆遍数。

钢屋架、钢网架清单工程量按设计图示尺寸以质量计算,不扣除孔眼、切边、切肢的质量;焊条、铆钉、螺栓等不另增加质量;不规则或多边形钢板,以其外接矩形面积乘以厚度乘以单位理论质量计算,计量单位 t。

【例 8.6.1】 按照计价规范规定的计量规则,如图 8.6.1、图 8.6.2 所示钢板,厚度为 8mm,分别求 A、B 两块钢板质量。

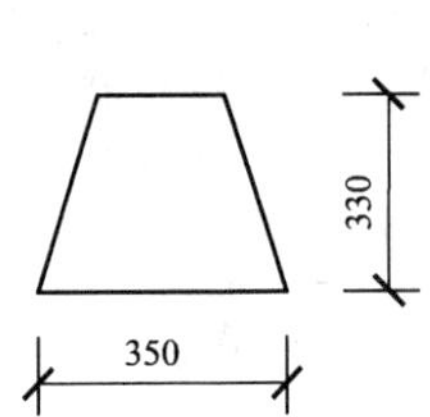

图 8.6.1　钢板 A 示意图(尺寸单位:mm)

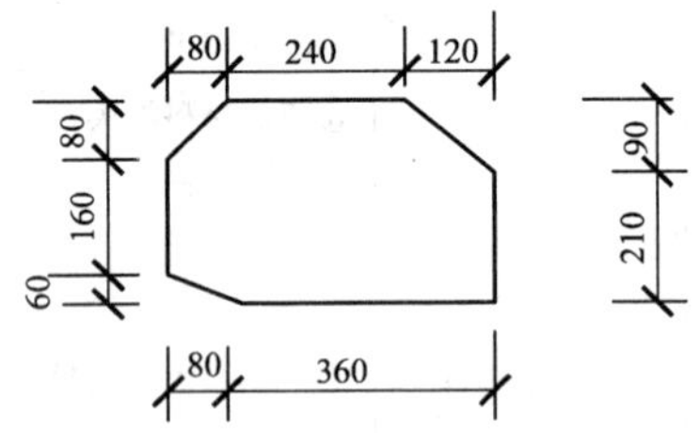

图 8.6.2　钢板 B 示意图(尺寸单位:mm)

解:

$$钢板\ A = 0.35 \times 0.33 \times 7.85 \times 8 = 7.25\text{kg}$$

$$钢板\ B = 0.44 \times 0.3 \times 7.85 \times 8 = 8.29\text{kg}$$

【例 8.6.2】 如图 8.6.3 所示简易钢屋架共 10 榀,设计要求防锈漆打底两遍,再刷防火漆两遍,运输 1km,已知材料的理论质量:∟ 50 × 5,3.77kg/m;[100 × 48 × 5.3,10kg/m,δ =

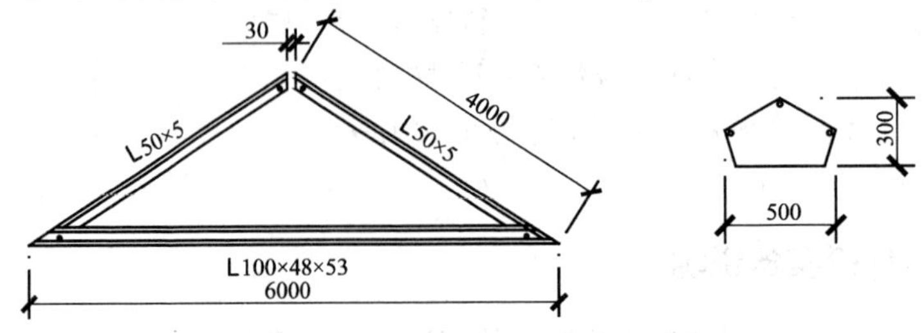

图 8.6.3　钢屋架示意图(尺寸单位:mm)

8mm 钢板 62.8kg/m^2。①试计算钢屋架的工程量并编制工程量清单。②已知某投标人企业定额如表 8.6.2～表 8.6.4 所示，以"人工费＋机械费"为计费基数测算的企业管理费率17%，利润率 8%。试计算该投标人钢屋架项目的综合单价。

解：(1)单榀屋架上弦角钢质量＝4×3.77×2＝30.16kg

单榀屋架下弦槽钢质量＝6×10＝60kg

单榀连接钢板质量＝0.5×0.3×62.8＝9.42kg

单榀钢屋架工程量＝(30.16＋60＋9.42)＝99.58kg/榀

10 榀钢屋架清单工程量＝99.58×10＝995.8kg＝0.996t

编制工程量清单如表 8.6.1 所示。

分部分项工程量清单与计价表

表 8.6.1

序号	项目编码	项目名称	项目特征描述	计量单位	工程量	金额(元)	
						综合单价	合价
1	010601001001	钢屋架	①钢材品种、规格：∟ 50×5，[100×48×5.3，钢板 δ＝8mm； ②屋架榀数：10 榀； ③屋架跨度、安装高度：6m、6.4m； ④运输距离：1km； ⑤油漆品种、刷漆遍数：防锈漆 2 遍，防火漆 2 遍	t	0.996		

(2)清单给出的钢屋架的工程内容，包括钢屋架制作、刷漆、运输、安装。

①制作的计价工程量＝0.996t，适用定额 A6-6；工料机单价 8086.01 元/t。

②使用的定额规定钢屋架油漆工程量按屋架质量乘以定额规定的工程量系数计算。

刷防锈漆、防火漆计价工程量＝0.996×1.00(定额规定工程量系数)＝0.996t。

防锈漆一遍对应定额 B5-225 项，工料机单价 115.83 元/t；防火漆两遍对应定额 B5-242 项，工料机单价 554.97 元/t。

③运输的计价工程量 0.996t，对应定额 A9-57，工料机单价 589.10 元/10t。

④安装计价工程量 0.996t，对应定额为 A9-173，工料机单价 1305.26 元/t。

下面列表分析钢屋架综合单价，如表 8.6.5 所示。

定 额 项 目 表

表 8.6.2

工作内容：放样、划线、截料、平直、钻孔、拼装、焊接、成品矫正、除浮锈、刷防锈漆一遍及成品编号堆放。

计量单位：t

项 目 编 码		A6-6	A6-26
项目名称		轻钢屋架	柱间钢支撑
工料机单价		8086.01	7454.94
其中	人工费	847.20	652.40
	材料费	6323.12	6157.48
	机械费	915.69	645.06

续上表

名　称		单位	单价	数　量	
人工	综合用工二类	工日	40.00	21.180	16.310
材料	型钢	t	5419.27	0.866	0.830
	钢板	t	5283.67	0.194	0.230
	螺栓 M16×70 带母	kg	4.60	1.740	1.740
	电焊条结 422	kg	4.00	65.180	24.990
	氧气	m^3	5.00	6.160	6.160
	乙炔气	m^3	21.67	2.680	2.680
	防锈漆	kg	13.65	11.600	11.600
	油漆溶剂油	kg	7.35	0.600	0.600
	其他材料费	元	1.00	84.650	84.650
机械	门式起重机 10t	台班	309.73	0.230	0.230
	门式起重机 20t	台班	534.49	0.090	0.090
	轨道平车 10t	台班	120.40	0.140	0.140
	板料矫平机 16×2600	台班	1676.73	0.010	0.010
	剪板机 40×3100	台班	695.59	0.010	0.010
	刨边机	台班	621.91	0.020	0.060
	剪断机(综合)	台班	164.44	0.060	0.060
	型钢矫正机	台班	253.77	0.060	0.060
	摇臂钻床	台班	108.17	0.070	0.070
	电焊条烘干箱 550×450×550	台班	18.48	0.460	0.250
	交流弧焊机 32kV·A	台班	143.66	4.550	2.520
	电动空气压缩机 $9m^3/min$	台班	350.60	0.040	0.040
	其他机械费	元	1.00	34.49	34.49

定额项目表　　表 8.6.3

工作内容:①运输:设置一般支架(垫木条)、装车绑扎、运输,按规定地点卸车堆放、支垫稳固;按技术要求装车、绑扎、运输,按指定地点卸车堆放。②安装:构件加固、安装、临时固定、校正、拧紧螺栓、电焊固定、破螺丝扣。

项目编码		A9-57	A9-173
项目名称		3 类金属构件运输	轻钢屋架安装
		1km 内	每榀 1t 以内
定额计量单位		10t	t
工料机单价		589.10	1305.26
其中	人工费	44.40	308.00
	材料费	50.58	87.24
	机械费	494.12	910.02

续上表

名　称		单位	单价	数　量	
人工	综合用工二类	工日	30.00	1.48	
	综合用工二类	工日	40.00		7.700
材料	电焊条结422	kg	4.00		2.460
	二等方木	m^3	2174.37	0.02	0.001
	镀锌铁丝(8号)	kg	5.25	0.43	2.250
	钢丝绳	kg	11.25	0.43	
	垫铁	kg	3.40		6.350
	氧气	m^3	5.00		0.500
	乙炔气	m^3	21.67		0.210
	硬木	m^3	3761.49		0.007
	支撑木	m^3	1539.15		0.003
	麻袋	条	4.50		0.260
	二等圆木	m^3	1325.79		0.002
	其他材料费	元	1.00		
机械	载货汽车8t	台班	477.42	0.560	
	汽车式起重机	台班	612.89	0.370	
	交流弧焊机32kV·A	台班	143.66		2.030
	吊装机械(综合)	台班	1508.27		0.410

定额项目表

表8.6.4

工作内容:①防锈漆:清扫、除锈、涂各遍油漆等全部操作过程。②防火漆:清扫、清除铁锈、擦除油污、磨砂纸、刷防火涂料等全部操作过程。

计量单位:t

项目编码				B5-225	B5-242
项目名称				防锈漆1遍	防火漆2遍
工料机单价				115.83	554.97
其中	人工费			46.35	386.55
	材料费			69.48	168.42
	机械费				
名　称		单位	单价	数　量	
人工	综合用工一类	工日	45.00	1.030	8.590
材料	防锈漆	kg	13.65	4.650	
	防火漆	kg	13.65		8.990
	油漆溶剂油	kg	7.35	0.240	2.420
	清油Y00—1	kg	19.90		0.990
	砂布	张	0.50	8.000	
	白布0.9m	m	2.00		0.060
	砂纸	张	0.30		2.000
	催干剂	kg	25.00		0.300
	其他材料费	元	1.00	0.240	

工程量清单那综合单价分析表　　表 8.6.5

项目编码:010601001001　　项目名称:钢屋架　　计量单位:t

定额编号	定额单位	数量	单价				合价			
			人工费	材料费	机械费	管理费和利润	人工费	材料费	机械费	管理费和利润
A6-6	t	1	847.20	6323.12	915.69	440.72	847.20	6323.12	915.69	440.72
B5-225	t	1	46.35	69.48		11.59	46.35	69.48		11.59
B5-242	t	1	386.55	168.42		96.64	386.55	168.42		96.64
A9-57	10t	0.1	44.4	50.58	494.12	134.63	4.44	5.06	49.41	13.46
A9-173	t	1	308	87.24	910.02	304.51	308.00	87.24	910.02	304.51
人工单价							1592.54	6653.32	1875.12	866.92
一类 45 元/工日			未计价材料费							
二类 40 元/工日			综合单价				10987.90			

二、A.6.2 钢托架、钢桁架(010602)

钢托架(010602001)、钢桁架(010602002)对应的工程内容为制作、运输、拼装、安装、探伤、刷油漆。

编制工程量清单时,钢托架、钢桁架应描述:钢材品种、规格;单榀质量;安装高度;探伤要求;油漆品种、刷漆遍数。

钢托架、钢桁架清单工程量按设计图示尺寸以质量计算。计算时,不扣除孔眼、切边、切肢的质量;焊条、铆钉、螺栓等不另增加质量;不规则或多边形钢板,以其外接矩形面积乘以厚度乘以单位理论质量计算。计量单位 t。

三、A.6.3 钢柱(010603)

1. 实腹柱(010603001)、空腹柱(010603002)

实腹柱项目适用于实腹钢柱和实腹型钢筋混凝土柱。空腹柱项目适用于空腹钢柱和空腹型钢筋混凝土柱。实腹柱、空腹柱对应的工程内容为制作、运输、拼装、安装、探伤、刷油漆。

编制工程量清单时,实腹柱、空腹柱的项目特征应描述:钢材品种、规格;单根柱质量;探伤要求;油漆品种、刷漆遍数。

实腹柱、空腹柱清单工程量按设计图示尺寸以质量计算。计算时,不扣除孔眼、切边、切肢的质量;焊条、铆钉、螺栓等不另增加质量;不规则或多边形钢板,以其外接矩形面积乘以厚度乘以单位理论质量计算。计量单位 t。实腹柱、空腹柱,依附在钢柱上的牛腿及悬臂梁等并入钢柱工程量内。

2. 钢管柱(010603003)

钢管柱项目适用于钢管柱和钢管混凝土柱。钢管柱对应的工程内容为制作、运输、安装、探伤、刷油漆。编制工程量清单时,钢管柱应描述:钢材品种、规格;单根柱质量;探伤要求;油漆品种、刷漆遍数。

钢管柱清单工程量计算同实腹柱、空腹柱项目。钢管柱上的节点板、加强环、内衬管、牛腿等并入钢管柱工程量内。清单计价时,钢管混凝土柱的盖板、底板、穿心板、横隔板、加强环、明牛腿、暗牛腿应包括在综合单价中。

四、A.6.4 钢梁(010604)

钢梁(010604)的工程量清单划分为钢梁(010604001)、钢吊车梁(010604002)。钢梁项目适用于钢梁和实腹式型钢混凝土梁、空腹式型钢混凝土梁。钢吊车梁项目适用于钢吊车梁及吊车梁的制动梁、制动板、制动桁架,车档应包括在项目内。

钢梁、钢吊车梁对应的工程内容为制作、运输、安装、探伤、刷油漆。

钢梁、钢吊车梁的项目特征:钢材品种、规格;单根质量;安装高度;探伤要求;油漆品种、刷漆遍数。

钢梁、钢吊车梁清单工程量按设计图示尺寸以质量计算。计算时,不扣除孔眼、切边、切肢的质量;焊条、铆钉、螺栓等不另增加质量;不规则或多边形钢板,以其外接矩形面积乘以厚度乘以单位理论质量计算;制动梁、制动板、制动桁架、车档并入钢吊车梁工程量内。计量单位t。

型钢混凝土柱、梁浇筑混凝土上浇筑钢筋混凝土,混凝土和钢筋应按 A.4 中相关项目编码列项。

五、A.6.5 压型钢板楼板、墙板(010605)

1. 压型钢板楼板(010605001)

压型钢板楼板项目适用于现浇混凝土楼板,使用压型钢板作永久性模板,并与混凝土叠合后组成共同受力的构件。压型钢板采用镀锌或经防腐处理的薄钢板。对于压型钢板楼板浇筑钢筋混凝土,混凝土和钢筋按混凝土及钢筋混凝土中的有关项目编码列项。

压型钢板楼板对应的工程内容为制作、运输、安装、刷油漆。

编制工程量清单时,压型钢板楼板的项目特征应描述:钢材品种、规格,如低波压型钢板;压型钢板厚度,如 0.8mm;油漆品种、刷漆遍数,如刷防锈漆一遍、调和漆两遍。

压型钢板楼板的清单工程量按设计图示尺寸以铺设水平投影面积计算,不扣除柱、垛及单个 0.3m^2 以内的孔洞所占面积,计量单位 m^2。

2. 压型钢板墙板(010605002)

编制工程量清单时,压型钢板墙板的项目特征应描述:钢材品种、规格,如彩色涂层压型钢板;压型钢板厚度、复合板厚度,如 0.5mm、60mm;复合板夹芯材料种类、层数、型号、规格,如聚苯乙烯板。

压型钢板墙板的清单工程量按设计图示尺寸以铺挂面积计算,不扣除单个 0.3m^2 以内的孔洞所占面积;包角、包边、窗台泛水等面积不另增加面积。计量单位 m^2。

六、A.6.6 钢构件(010606)

1. 钢支撑(010606001)、钢檩条(010606002)、钢天窗架(010606003)、钢挡风架(010606004)、钢墙架(010606005)、钢平台(010606006)、钢走道(010606007)、钢梯(010606008)、钢栏杆(010606009)

钢支撑~零星钢构件(010606001~010606012)对应的工程内容,均为制作、运输、安装、探伤、刷油漆。

钢支撑的项目特征应描述:钢材品种、规格,如角钢 63×63×6,钢板 8mm,详见结施-12;支撑高度,如 2.7m;探伤要求,如射线探伤;油漆品种、刷漆遍数,如防锈漆一遍、调和漆两遍。

钢檩条的项目特征：钢材品种、规格；型钢式、格构式；单根质量；安装高度；油漆品种、刷漆遍数。

钢天窗架的项目特征：钢材品种、规格；单榀质量；安装高度；探伤要求；油漆品种、刷漆遍数。

钢挡风架、钢墙架的项目特征：钢材品种、规格；单榀质量；探伤要求；油漆品种、刷漆遍数。钢墙架项目包括墙架柱、墙架梁和连接杆件。

钢平台、钢走道的项目特征：钢材品种、规格；油漆品种、刷漆遍数。

钢梯的项目特征：钢材品种、规格；钢梯形式；油漆品种、刷漆遍数。

钢栏杆适用于工业厂房平台钢栏杆。钢栏杆的项目特征：钢材品种、规格；油漆品种、刷漆遍数。

钢支撑～钢栏杆（010606001～010606009）的清单工程量，按设计图示尺寸以质量计算。计算时，不扣除孔眼、切边、切肢的质量；焊条、铆钉、螺栓等不另增加质量；不规则或多边形钢板，以其外接矩形面积乘以厚度乘以单位理论质量计算。计量单位 t。

【例 8.6.3】 某工程柱间钢支撑如图 8.6.4 所示，节点钢板厚 8mm，∟ 63×6 角钢，上端空位长 40mm，下端空位长 30mm，共计 18 副。试计算钢支撑的清单工程量（已知材料的理论质量：∟ 63×6 角钢，5.72kg/m；8mm 厚钢板 62.8kg/m^2）。

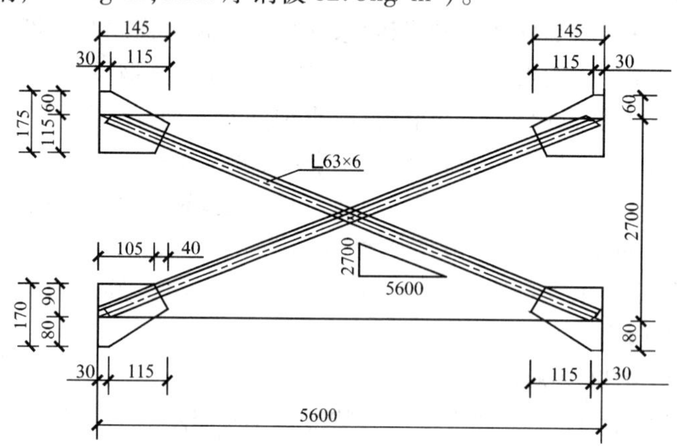

图 8.6.4　钢支撑示意图（尺寸单位：mm）

解：（1）角钢质量计算：

$$角钢长 =（斜边长 - 两端空位长）\times 2 = (\sqrt{2.7^2 + 5.6^2} - 0.03 - 0.04) \times 2 = 12.29\text{m}$$

$$角钢质量 = 12.29 \times 5.72 = 70.30\text{kg}$$

（2）节点板质量计算：

$$节点板质量 = 上节点板质量 + 下节点板质量$$
$$= (0.175 \times 0.145 + 0.170 \times 0.145) \times 2 \times 62.8 = 6.28\text{kg}$$

（3）钢支撑清单工程量计算：

$$钢支撑清单工程量 = (70.30 + 6.28) \times 18 = 1378.44\text{kg} = 1.378\text{t}$$

2. 钢漏斗（010606010）

钢漏斗的项目特征应描述：钢材品种、规格；方形、圆形；安装高度；探伤要求；油漆品种、刷漆遍数。

钢漏斗的清单工程量按设计图示尺寸以质量计算,计量单位 t。计算时,不扣除孔眼、切边、切肢的质量;焊条、铆钉、螺栓等不另增加质量;不规则或多边形钢板,以其外接矩形面积乘以厚度乘以单位理论质量计算。依附漏斗的型钢并入漏斗工程量内。

3. 钢支架(010606011)、零星钢构件(010606012)

钢支架的项目特征:钢材品种、规格;单件质量;油漆品种、刷漆遍数。

零星钢构件的项目特征:钢材品种、规格;构件名称;油漆品种、刷漆遍数。

钢支架、零星钢构件的清单工程量,按设计图示尺寸以质量计算。计算时,不扣除孔眼、切边、切肢的质量;焊条、铆钉、螺栓等不另增加质量;不规则或多边形钢板,以其外接矩形面积乘以厚度乘以单位理论质量计算。计量单位 t。

编制工程量清单时,应注意:加工铁件等小型构件,应按零星钢构件项目编码列项。

七、A.6.7 金属网(010607)

金属网(010607001)项目对应的工程内容为金属网的制作、运输、安装、刷油漆。

金属网项目特征描述应包括材料品种、规格,如 $\phi6$ 圆钢;边框及立柱型钢品种、规格,如角钢 50×50×5;油漆品种、刷漆遍数,如刷防锈漆一遍。

金属网清单工程量按设计图示尺寸以面积计算,计量单位 m^2。

八、A.6 清单计价实务说明

(1)钢构件的除锈刷漆包括在综合单价内。

(2)钢构件的拼装台的搭拆和材料摊销应列入措施项目费。

(3)钢构件需探伤(包括射线探伤、超声波探伤、磁粉探伤、金相探伤、着色探伤、荧光探伤等)应包括在综合单价内。

第七节　A.7 屋面及防水工程

一、A.7.1 瓦、型材屋面(010701)

1. 瓦屋面(010701001)、型材屋面(010701002)

瓦屋面项目适用于小青瓦、水泥平瓦、筒瓦、石棉水泥瓦、玻璃钢波形瓦、琉璃瓦等。瓦屋面对应的工程内容为檩条、椽子安装;基层铺设;铺防水层;安顺水条和挂瓦条;安瓦;刷防护材料。工程量清单中,瓦屋面的项目特征描述应包括:瓦品种、规格、品牌、颜色;防水材料种类;基层材料种类;防护材料种类。这里需要注意:①屋面基层包括檩条、椽子、木屋面板、顺水条、挂瓦条等。②木屋面板应明确企口、错口、平口接缝。

型材屋面项目适用于压型钢板、阳光板、玻璃钢、金属压型夹心板等。该项目对应的工程内容为骨架制作、运输、安装;屋面型材安装;接缝、嵌缝。工程量清单中,型材屋面的项目特征描述应包括:型材品种、规格、品牌、颜色,如 4.95mm 厚彩色压型夹芯板;骨架材料品种、规格,如 Q235B 平屋面异型曲面钢管球形网架(结施—××);接缝、嵌缝材料种类,如防水密封胶、粘结胶。清单计价时,型材屋面的钢檩条或木檩条以及骨架、螺栓、挂钩等应包括在综合单价内。

瓦屋面、型材屋面的木檩条、木椽子、木屋面板需刷防火涂料时,可按相关项目单独编码列项,也可组合在瓦屋面、型材屋面项目内。

瓦屋面、型材屋面的清单工程量,按设计图示尺寸以斜面积计算。计算时,不扣除房上烟囱、风帽底座、风道、小气窗、斜沟等所占面积;屋面小气窗的出檐部分亦不增加。计量单位 m^2。

瓦屋面、型材屋面多为坡屋面,其斜面积的计算可以按照设计图示尺寸计算;也可以按照图示水平投影面积乘以屋面延尺系数(或屋面系数),如图 8.7.1 所示。

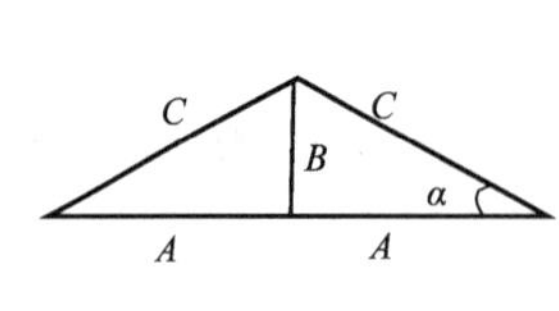

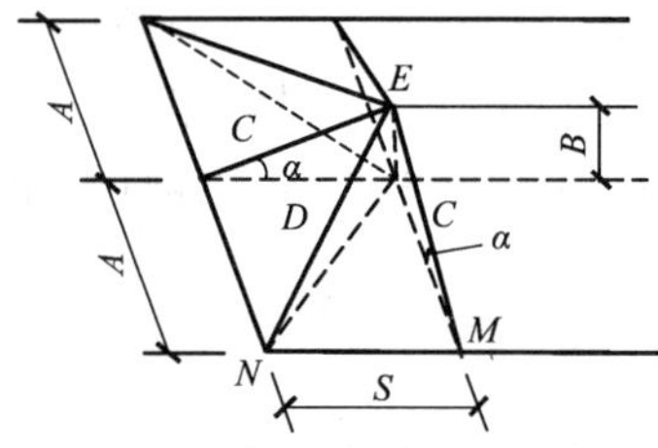

图 8.7.1　坡屋面示意图

屋面延尺系数: $$C=\frac{EM}{A}=\frac{1}{\cos\alpha}=\sec\alpha$$

式中,EM 为屋面斜长;当 $A=1$ 时,有 $C=EM=\sec\alpha$,即屋面斜长等于延尺系数。

延尺系数可以用来计算两坡水及四坡水屋面($S=A$)斜面积,$S_{斜}=S_{投影}\cdot C$。

屋面延尺系数还可以用来计算一坡水屋面或两坡水屋面沿山墙泛水长度:$L_{泛}=AC$。

隅延尺系数 D(或屋脊系数)可以用来计算四坡水屋面斜脊长度:$L_{斜脊}=AD$(当 $S=A$ 时)。

屋面延尺系数随着屋面坡度的变化而变化。屋面坡度(倾斜度)的表示方法有三种:第一种是用屋顶的高度与半跨之间的比表示(B/A);第二种是用屋顶的高度与跨度之比表示($B/2A$);第三种是以屋面的斜面于水平面的夹角(α)表示。常见的屋面坡度系数,如表8.7.1 所示。

屋面坡度系数表　　表 8.7.1

坡度 $B(A=1)$	坡度 $B/2A$	坡度角度 (α)	延尺系数 $C(A=1)$	隅延尺系数 D	坡度 $B(A=1)$	坡度 $B/2A$	坡度角度 (α)	延尺系数 $C(A=1)$	隅延尺系数 D
1.000	1/2	45°	1.4142	1.7321	0.400	1/5	21°48′	1.0770	1.4697
0.750		36°52′	1.2500	1.6008	0.350		19°47′	1.0595	1.4569
0.700		35°	1.2207	1.5780	0.300		16°42′	1.0440	1.4457
0.666	1/3	33°40′	1.2015	1.5632	0.250		14°02′	1.0308	1.4361
0.650		33°01′	1.1927	1.5564	0.200	1/10	11°19′	1.0198	1.4283
0.600		30°58′	1.1662	1.5362	0.150		8°32′	1.0112	1.4221
0.577		30°	1.1545	1.5274	0.125		7°8′	1.0078	1.4197
0.550		28°49′	1.1413	1.5174	0.100	1/20	5°42′	1.0050	1.4177
0.500	1/4	26°34′	1.1180	1.5000	0.083		4°45′	1.0034	1.4166
0.450		24°14′	1.0966	1.4841	0.066	1/30	3°49′	1.0022	1.4158

【例 8.7.1】 某工程设计为屋面带小气窗的四坡水瓦屋面，如图 8.7.2 所示[17]，试计算瓦屋面清单工程量，并编制分部分项工程量清单。

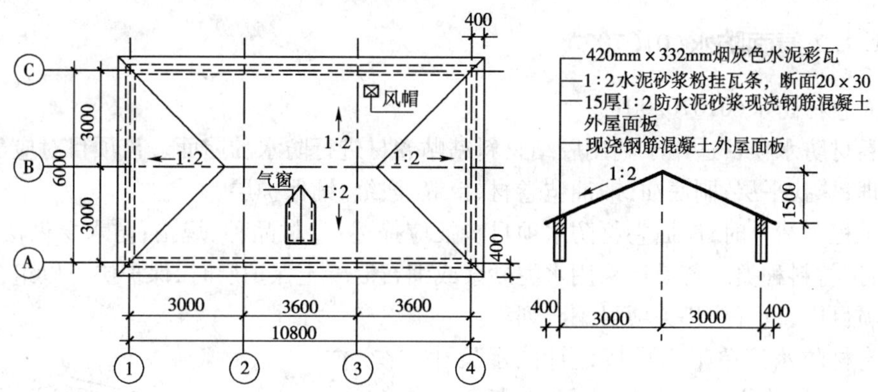

图 8.7.2 瓦屋面示意图（尺寸单位：mm）

解：计算瓦屋面清单工程量：

根据设计图纸，屋面坡度 $B/A = 0.5$，$A = S = 3.0\text{m}$，查屋面坡度系数表，延尺系数 $C = 1.118$。瓦屋面清单量 $= (10.80 + 0.4 \times 2) \times (6.00 + 0.4 \times 2) \times 1.118 = 88.19\text{m}^2$

编制瓦屋面的工程量清单，如表 8.7.2 所示。

分部分项工程量清单与计价表 表 8.7.2

序号	项目编码	项目名称	项目特征描述	计量单位	工程量	金额（元）	
						综合单价	合价
1	010701001001	瓦屋面	①瓦品种、规格、颜色：420×332 烟灰色水泥彩瓦，430×228 脊瓦；②挂瓦做法：20×30 水泥砂浆挂瓦条；③防水材料：现浇混凝土斜板上 15 厚 1:2 防水砂浆	m^2	88.19		

2. 膜结构屋面（010701003）

膜结构项目适用于膜布屋面。该项目对应的工程内容包括膜布热压胶接；支柱（网架）制作、安装；膜布安装；穿钢丝绳、锚头锚固；刷油漆。

编制工程量清单时，膜结构屋面项目特征应描述：膜布品种、规格、颜色，如白色加强型 PVC 膜布；支柱（网架）钢材品种、规格；钢丝绳品种、规格；油漆品种、刷漆遍数。

编制工程量清单时，支撑柱的钢筋混凝土的柱基、锚固的钢筋混凝土基础以及地脚螺栓等，按混凝土及钢筋混凝土相关项目编码列项。

膜结构屋面清单工程量按设计图示尺寸以需要覆盖的水平面积计算，计量单位 m^2。计算规则中所谓"需要覆盖的水平面积"，不同于膜布水平投影面积，如图 8.7.3 所示。

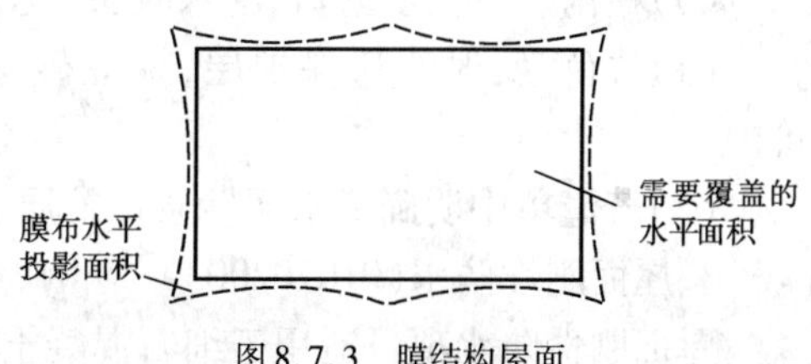

图 8.7.3 膜结构屋面

清单计价时，支撑和拉固膜布的钢柱、拉杆、金属网架、钢丝绳、锚固的锚头等应包括在综合单价内。

另外，瓦屋面、型材屋面、膜结构屋面的钢檩条、钢支撑（柱、网架等）和拉结结构需刷防护材料时,可通过项目特征描述组合在瓦屋面、型材屋面、膜结构屋面项目中,也可按相关项目单独编码列项。

二、A.7.2 屋面防水(010702)

1. 屋面卷材防水(010702001)

屋面卷材防水项目适用于利用胶结材料粘贴卷材进行防水的屋面。该项目对应工程内容为基层处理;抹找平层;刷底油;铺油毡卷材、接缝、嵌缝;铺保护层。

编制工程量清单时,屋面卷材防水项目特征应描述:卷材品种、规格;防水层做法;嵌缝材料种类;防护材料种类。若设计采用水泥砂浆或细石混凝土保护层时,保护层可以组合在屋面卷材防水项目中,也可按相关项目编码列项。

屋面卷材防水清单工程量按设计图示尺寸以面积计算,计量单位 m^2。斜屋顶(不包括平屋顶找坡)按斜面积计算,平屋顶按水平投影面积计算。计算时,不扣除房上烟囱、风帽底座、风道、屋面小气窗和斜沟所占的面积。屋面的女儿墙、伸缩缝和天窗等处的弯起部分,并入屋面工程量计算,如图 8.7.4 所示。

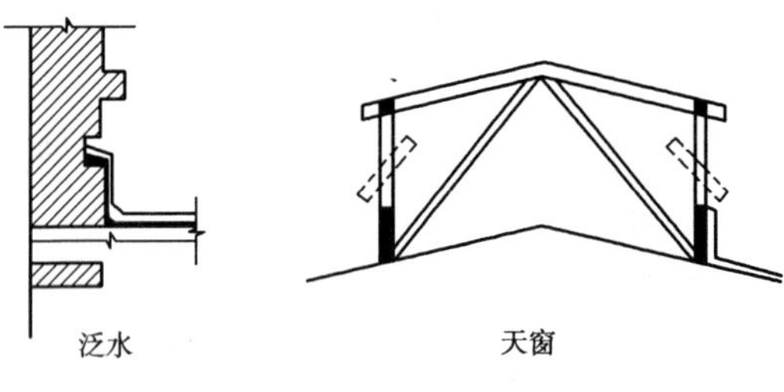

图 8.7.4 泛水、天窗示意图

屋面卷材防水计价时,应注意:

①抹屋面找平层、基层处理(清理修补、刷基层处理剂)等应包括在综合单价内。

②檐沟、天沟、水落口、泛水收头、变形缝等处的卷材附加层,应包括在综合单价内。

③浅色、反射涂料保护层,绿豆砂保护层,细砂、云母及蛭石保护层,应包括在综合单价内。

④若清单中明确了水泥砂浆保护层、细石混凝土保护层,其价值应包括在综合单价内。

2. 屋面涂膜防水(010702002)

屋面涂膜防水项目适用于厚质涂料、薄质涂料和有增强材料或无增强材料的涂膜防水屋面。该项目对应的工程内容为基层处理、抹找平层、涂防水膜、铺保护层。

编制工程量清单时,屋面涂膜防水项目特征应描述:防水膜品种,如 APP 改性沥青涂料;防膜厚度、遍数、增强材料种类,如厚 2mm、二布六涂、无纺布为增强材料;. 嵌缝材料种类,如改性石油沥青嵌缝材料;防护材料种类,如细砂。

屋面涂膜防水清单工程量计算规则,与屋面卷材防水清单工程量计算规则相同。

屋面涂膜防水计价时,应注意:

(1)抹屋面找平层,基层处理(清理修补、刷基层处理剂等)应包括在综合单价内。

(2)需加强材料的应包括在综合单价内。

(3)檐沟、天沟、水落口、泛水收头、变形缝等处的附加层材料应包括在综合单价内。

(4)浅色、反射涂料保护层,绿豆砂保护层,细砂、云母、蛭石保护层,应包括在综合单价内。

(5)若清单中明确了水泥砂浆保护层、细石混凝土保护层,其价值应包括在综合单价内。

3. 屋面刚性防水(010702003)

屋面刚性防水项目适用于细石混凝土、补偿收缩混凝土、块体混凝土、预应力混凝土和钢纤维混凝土刚性防水屋面。该项目对应的工程内容为基层处理和混凝土制作、运输、铺筑、养护。

编制工程量清单时，屋面刚性防水项目特征应描述：防水层厚度，如40mm；嵌缝材料种类，如有机硅橡胶密封膏；混凝土强度等级，如C20细石混凝土加4%防水剂，配ϕ4@200双向钢筋，提浆压光。

屋面刚性防水清单工程量按设计图示尺寸以面积计算，不扣除房上烟囱、风帽底座、风道等所占的面积，计量单位m^2。

屋面刚性防水计价时，刚性防水屋面的分格缝、泛水、变形缝部位的防水卷材、密封材料、背衬材料、沥青麻丝等应包括在综合单价内。

4. 屋面排水管(010702004)

屋面排水管项目适用于各种排水管材（PVC管、玻璃钢管、铸铁管等）。该项目对应工程内容为排水管及配件安装、固定；雨水斗、雨水箅子安装；接缝、嵌缝。

编制工程量清单时，屋面排水管项目特征应描述：排水管品种、规格、品牌、颜色；接缝、嵌缝材料种类；油漆品种、刷漆遍数。

屋面排水管清单工程量按设计图示尺寸以长度计算，计量单位m。设计未标注尺寸，以檐口至设计室外散水上表面垂直距离计算。

屋面排水管计价时，排水管、雨水口、箅子板、水斗等应包括在综合单价内；埋设管卡箍、裁管、接嵌缝应包括在综合单价内。

5. 屋面天沟、沿沟(010702005)

屋面天沟、沿沟项目适用于水泥砂浆天沟、细石混凝土天沟、预制混凝土天沟板、卷材天沟、玻璃钢天沟、镀锌铁皮天沟等；塑料沿沟、镀锌铁皮沿沟、玻璃钢沿沟等。该项目对应工程内容为砂浆制作、运输；砂浆找坡、养护；天沟材料铺设；天沟配件安装；嵌缝、接缝；刷防护材料。

编制工程量清单时，屋面天沟、沿沟项目特征应描述：材料品种；砂浆配合比；宽度、坡度；嵌缝、接缝材料种类；防护材料种类。

屋面天沟、沿沟清单工程量按设计图示尺寸以面积计算，铁皮和卷材天沟按展开面积计算，计量单位m^2。

屋面天沟、沿沟计价时，天沟、沿沟固定卡件、支撑件以及天沟、沿沟的接缝、嵌缝材料，均应包括在综合单价内。

【例8.7.2】 某工程平屋面及檐沟做法如图8.7.5～图8.7.7所示，室外地坪－0.300m，列出屋面及防水工程的工程量清单项目，计算出相应的工程量，并编制分部分项工程量清单。

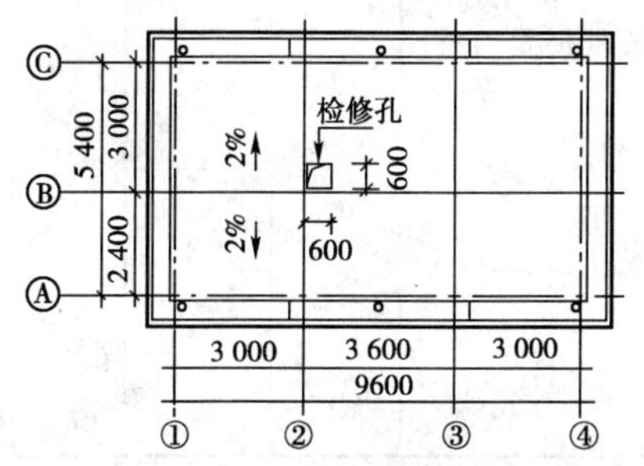

图8.7.5　屋顶平面图（尺寸单位：mm）

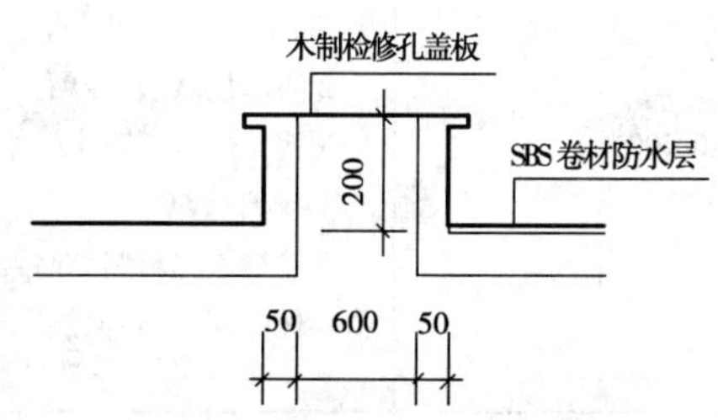

图8.7.6　检修孔详图（尺寸单位：mm）

解：(1)屋面卷材防水清单工程量平屋面部分算至外墙外边线，并扣检修孔面积：(9.6 +

0.24) ×(5.4 +0.24) -0.7 ×0.7 =55.01m^2；检修孔处弯起面积：0.7 ×4 ×0.2 =0.56m^2

清单工程量 =55.01 +0.56 =55.57m^2

(2)屋面排水管清单工程量，按檐口至设计室外地面垂直距离计算。

清单工程量 =(11.8 +0.1 +0.3) ×6
=73.20m

(3)屋面天沟、沿沟属于卷材天沟，清单工程量应按照展开面积计算。

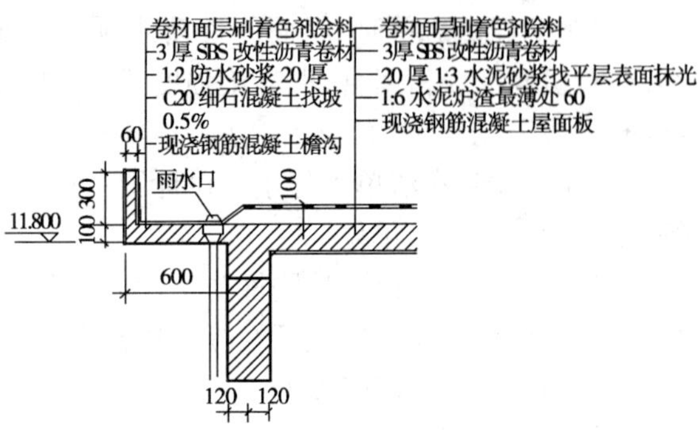

图 8.7.7　屋面、沿沟卷材防水做法(尺寸单位:mm)

外墙外边线 $L_{外}$ =[(9.6 +0.24) +(5.4 +0.24)] ×2 =30.96m

清单工程量 =30.96 ×0.1 +(30.96 +8 ×0.27) ×0.54 +(30.96 +8 ×0.54) ×0.3 +(30.96 +8 ×0.57) ×0.06 =33.70m^2

编制工程量清单，如表 8.7.3 所示。

分部分项工程量清单与计价表　　表 8.7.3

序号	项目编码	项目名称	项目特征描述	计量单位	工程量	金额(元)	
						综合单价	合价
1	010702001001	屋面卷材防水	①卷材品种、规格：SBS 改性沥青卷材，厚 3mm； ②防水层做法：1∶3水泥砂浆 20mm 找平层上，冷粘； ③接缝嵌缝材料：改性沥青嵌缝油膏； ④保护层：卷材面层刷着色剂涂料	m^2	55.57		
2	010702004001	屋面排水管	①排水管品种、规格、颜色：φ110 白色 UPVC 增强塑料管； ②排水口：φ110UPVC 雨水口 6 个； ③接缝、嵌缝材料：密封胶	m	73.20		
3	010702005001	屋面天沟、沿沟	①卷材品种、规格：SBS 改性沥青卷材，厚 3mm； ②防水层做法：冷粘； ③找平层：1∶2防水砂浆 20mm； ④找坡 0.5%：C20 细石混凝土； ⑤接缝嵌缝材料：改性沥青嵌缝油膏； ⑥保护层：卷材面层刷着色剂涂料	m^2	33.70		

【例 8.7.3】 根据表 8.7.3 所示工程量清单和表 8.7.4、表 8.7.6 的定额项目表，以“人工费 + 机械费”为计费基数，企业管理费率 17%，利润率 8%，分别计算屋面卷材防水、屋面排水管的综合单价。

定额项目表 表8.7.4

工作内容:①卷材防水:清理基层,刷基层处理剂,铺贴卷材附加层或刷聚氨酯涂膜附加层;铺贴卷材防水层及收头嵌油膏。②找平层:清理基层、调运砂浆、刷素水泥浆、抹平、压实等全部操作过程。

计量单位:$100m^2$

项目编号				A7-50	A7-60	B1-27
项目名称				冷贴SBS改性沥青防水卷材	卷材面层刷着色剂涂料保护层一遍	水泥砂浆找平层20厚(平面)
工料机单价				2877.97	399.20	623.00
其中	人工费			157.60	150.00	306.40
	材料费			2720.37	249.20	297.84
	机械费					18.76
名称		单位	单价	数量		
人工	综合用工二类	工日	40.00	3.940	3.750	7.660
材料	SBS改性沥青防水卷材3mm	m^2	12.50	123.410		
	聚丁胶粘合剂	kg	15.73	55.750		
	SBS弹性沥青防水胶	kg	9.20	30.000		
	改性沥青嵌缝油膏	kg	4.00	6.200		
	彩色着色剂涂料	kg	17.80		14.000	
	水泥砂浆1:3(中砂)	m^3				(2.020)
	素水泥浆	m^3				(0.100)
	水泥32.5	t	220.00			0.966
	中砂	t	25.16			3.238
	水	m^3	3.03			1.270
机械	灰浆搅拌机200L以内	台班	75.03			0.250

解:(1)屋面卷材防水对应SBS改性沥青防水卷材(A7-50)、卷材面层刷着色剂涂料保护层一遍(A7-60)、水泥砂浆找平层20厚(B1-27)三项定额,这三项工程内容的计价工程量均等于清单工程量,即各工程内容含量系数为1.000。列表8.7.5分析屋面卷材防水的综合单价。

(2)屋面排水管对应塑料水落管和塑料雨水口两项定额,其中塑料排水管计价工程量为73.2m;雨水口计价工程量为6个,含量系数=6个÷73.2m=0.082个/m。列表8.7.7计算屋面排水管的综合单价。

分部分项工程量清单综合单价计算表 表8.7.5

项目编码:010702001001 项目名称:屋面卷材防水 计量单位:m^2

序号	定额编号		单位	数量	综合单价组成,其中:(元)				小计
					人工费	材料费	机械费	管理费及利润	
1	A7-50	定额	$100m^2$		157.60	2720.37			
		实际	m^2	1.000	1.58	27.20		0.39	29.17
2	A7-60	定额	$100m^2$		150.00	249.20			
		实际	m^2	1.000	1.50	2.49		0.38	4.37

续上表

序号	定额编号		单位	数量	综合单价组成,其中:(元)				小计
					人工费	材料费	机械费	管理费及利润	
3	B1-27	定额	$100m^2$		306.40	297.84	18.76		
		实际	m^2	1.000	3.06	2.98	0.19	0.81	7.04
合计					6.14	32.67	0.19	1.58	40.58

定额项目表 表 8.7.6

工作内容:切管、调制、熔化接口材料、对口、粘结,管道、管件及管卡安装。

项目编号				A7-97	A7-99	A7-101
项目名称				塑料水落管	塑料落水口	塑料水斗
定额计量单位				100m	10个	10个
基价				3503.80	226.99	320.51
其中	人工费			883.60	137.60	118.00
	材料费			2620.20	89.39	202.51
	机械费					
名称		单位	单价			
人工	综合用工二类	工日	40.00	22.090	3.440	2.950
材料	UPVC 排水管 $\phi110$	m	22	105.000		
	UPVC 落水口 $\phi110$	个	8.85		10.100	
	UPVC 水斗 $\phi110$	个	18.15			10.100
	卡箍膨胀螺栓 110	个	1.90	90.000		10.100
	密封胶	kg	10.50	12.400		
	其他材料费	元	1.00	9.000		

分部分项工程量清单综合单价计算表 表 8.7.7

项目编码:010702004001　　项目名称:屋面排水管　　计量单位:m

序号	定额编号		单位	数量	综合单价组成,其中:(元)				小计
					人工费	材料费	机械费	管理费及利润	
1	A7-97	定额	100m		883.60	2620.20			
		实际	m	1.000	8.84	26.20		2.21	37.25
2	A7-99	定额	10个		137.60	89.39			
		实际	个	0.082	1.13	0.73		0.28	2.14
合计					9.96	26.93		2.49	39.39

三、A.7.3 墙、地面防水、防潮(010703)

1. 卷材防水(010703001)、涂膜防水(010703002)

卷材防水、涂膜防水项目适用于基础、楼地面、墙面等部位的防水。

编制工程量清单时,卷材防水、涂膜防水项目特征应描述:卷材、涂膜品种;涂膜厚度、遍数、增强材料种类;防水部位;防水做法;嵌缝、接缝材料种类;防护材料种类,如30厚聚苯乙烯泡沫塑料板等。若设计采用砖墙、混凝土地坪等永久保护层,则应按相关项目单独编码列项。

卷材防水、涂膜防水清单工程量按设计图示尺寸以面积计算,计量单位 m^2。①地面防水:按主墙间净空面积计算,扣除突出地面的构筑物、设备基础等所占面积,不扣除间壁墙及单个0.3 m^2 以内的柱、垛、烟囱和孔洞所占面积;②墙基防水:外墙按中心线、内墙按净长线乘以宽度计算。

卷材防水、涂膜防水计价时,应注意:①抹找平层、刷基础处理剂、刷胶粘剂、胶粘防水卷材应包括在综合单价内。②特殊处理部位(如管道的通道部位)的嵌缝材料、附加卷材衬垫等应包括在综合单价内。

2. 砂浆防水(潮)(010703003)

砂浆防水(潮)项目适用于地下、基础、楼地面、墙面等部位的防水防潮。该项目对应的工程内容为基层处理;挂钢丝网片;设置分格缝;砂浆制作、运输、摊铺、养护。

编制工程量清单时,砂浆防水(潮)项目特征应描述:防水(潮)部位;防水(潮)厚度、层数;砂浆配合比;外加剂材料种类。

砂浆防水(潮)清单工程量计量规则与卷材防水、涂膜防水项目相同。砂浆防水(潮)计价时,应将防水、防潮层的外加剂包括在综合单价内。

3. 变形缝(010703004)

变形缝项目适用于基础、墙体、屋面等部位的抗震缝、温度缝(伸缩缝)、沉降缝。该项目对应内容为清缝、填塞防水材料、止水带安装、盖板制作、刷防护材料。

编制工程量清单时,变形缝项目特征应描述:变形缝部位,如外墙、顶板等;嵌缝材料种类;止水带材料种类;盖板材料,如3.5mm花纹钢板;防护材料种类,如刷防锈漆两遍。

变形缝清单工程量按设计图示以长度计算,计量单位 m。

变形缝计价时,应注意将止水带安装、盖板制作、安装应包括在综合单价内。

第八节　A.8 防腐、隔热、保温工程

一、A.8.1 防腐面层(010801)

1. 防腐混凝土面层(010801001)、防腐砂浆面层(010801002)、防腐胶泥面层(010801003)

项目适用于平面或立面的水玻璃混凝土、水玻璃砂浆、水玻璃胶泥、沥青混凝土、沥青砂浆、沥青胶泥、树脂砂浆、树脂胶泥以及聚合物水泥砂浆等防腐工程。如遇池槽防腐,池底和池壁可合并列项,也可分为池底面积和池壁防腐面积,分别编码列项。

工程量清单中,项目特征描述防腐部位;面层厚度;砂浆、混凝土、胶泥种类,如水玻璃混凝土、沥青混凝土等。

防腐混凝土面层、防腐砂浆面层对应的工程内容为基层清理;基层刷稀胶泥;砂浆制作、运输、摊铺、养护;混凝土制作、运输、摊铺、养护。防腐胶泥面层对应的工程内容为基层清理和胶泥调制、摊铺。

防腐混凝土面层、防腐砂浆面层、防腐胶泥面层清单工程量,均按设计图示尺寸以面积计算,计量单位 m^2。平面防腐应扣除凸出地面的构筑物、设备基础等所占面积;立面防腐,砖垛等突出部分按展开面积并入墙面积内。

2. 玻璃钢防腐面层(010801004)

玻璃钢防腐面层项目适用于树脂胶料与增强材料(如玻璃纤维丝、布、玻璃纤维表面毡、玻璃纤维短切毡或涤纶布、涤纶毡、丙纶布、丙纶毡等)复合塑制而成的玻璃钢防腐。

项目特征应描述防腐部位,如立面、平面;玻璃钢种类,如环氧酚醛(树脂)玻璃钢、酚醛(树脂)玻璃钢、环氧煤焦油(树脂)玻璃钢、环氧呋喃(树脂)玻璃钢、不饱和聚酯(树脂)玻璃钢等;增强材料名称,如增强材料玻璃纤维布、毡、涤纶布毡等。

玻璃钢防腐面层对应工程内容为基层清理;刷底漆、刮腻子;胶浆配制、涂刷;粘布、涂刷面层。

玻璃钢防腐面层清单工程量计量规则,与防腐混凝土面层清单工程量计量规则相同。

3. 聚氯乙烯面层(010801005)

聚氯乙烯板面层项目适用于地面、墙面的软、硬聚氯乙烯板防腐工程。聚氯乙烯板面层项目特征应描述防腐部位;面层材料品种、厚度,如软聚氯乙烯塑料板、厚3mm;粘结材料种类,如XY401粘结剂。聚氯乙烯板面层对应工程内容为基层清理;配料、涂胶;聚氯乙烯板铺设;铺贴踢脚板。

聚氯乙烯板面层清单工程量按设计图示尺寸以面积计算,计量单位 m^2。平面防腐,应扣除凸出地面的构筑物、设备基础等所占面积;立面防腐,砖垛等突出部分按展开面积并入墙面积内;踢脚板防腐,应扣除门洞所占面积并相应增加门洞侧壁面积。清单计价时,应将聚氯乙烯板的焊接考虑在综合单价中。

4. 块料防腐面层(010801006)

块料防腐面层项目适用于地面、沟槽、基础的各类块料防腐工程。块料防腐面层对应工程内容为基层清理;砌块料;胶泥调制、勾缝。工程量清单中,项目特征描述内容:防腐蚀块料粘贴部位,如地面、沟槽、基础、踢脚线;防腐蚀块料的规格、品种,如瓷板、铸石板、天然石板等;粘贴材料种类,如水玻璃胶泥1:0.15:1.2:1.1等;勾缝材料种类,如环氧树脂胶泥1:0.1:0.08等。

块料防腐面层清单工程量计量规则,与聚氯乙烯板面层清单工程量计量规则相同。

二、A.8.2 其他防腐(010802)

1. 隔离层(010802001)

隔离层项目适用于楼地面的沥青类、树脂玻璃钢类防腐工程隔离层。项目特征描述内容包括隔离层部位;隔离层材料种类;隔离层做法;粘贴材料种类。隔离层对应工程内容为基层清理、刷油;煮沥青;胶泥调制;隔离层铺设。

隔离层清单工程量按设计图示尺寸以面积计算,计量单位 m^2。平面防腐,应扣除凸出地面的构筑物、设备基础等所占面积;立面防腐,砖垛等突出部分按展开面积并入墙面积内。

2. 砌筑沥青浸渍砖(010802002)

砌筑沥青浸渍砖项目适用于浸渍标准砖。其对应工程内容为基层清理;胶泥调制;浸渍砖铺砌。项目特征描述应明确砌筑部位;浸渍砖规格;浸渍砖砌法(平砌、立砌)。

砌筑沥青浸渍砖清单工程量按设计图示尺寸以体积计算,计量单位 m^3。立砌按厚度115mm计算;平砌以53mm计算。

3. 防腐涂料(010802003)

防腐涂料项目适用于建筑物、构筑物以及钢结构的防腐。防腐涂料对应的工程内容为基层清理、刷涂料。工程量清单中,项目特征应描述涂刷部位,如地面、墙面;涂刷基层材料种类,如混凝土、抹灰面;涂料品种、刷涂遍数,如聚氨酯漆刷涂三遍。

防腐涂料清单工程量计量规则,与隔离层项目计量规则相同。清单计价时,如清单项目特征描述中有刮腻子,应在综合单价中给予考虑。

4. 防腐工程说明

防腐工程中需酸化处理、养护时,其费用应包括在相应清单项目综合单价内。

三、A.8.3 隔热、保温(010803)

1. 保温隔热屋面(010803001)、保温隔热天棚(010803002)

保温隔热屋面项目适用于各种材料的屋面隔热保温。清单列项时应注意:①屋面保温隔热层上的防水层应按屋面的防水项目单独列项。②预制隔热板屋面的隔热板与砖墩分别按混凝土及钢筋混凝土工程和砌筑工程相关项目编码列项。

保温隔热天棚项目适用于各种材料的下贴式或吊顶上搁置式的保温隔热的天棚。下贴式如需底层抹灰时或是保温隔热材料需加药物防虫剂时,应在清单中项目特征栏进行描述。

保温隔热屋面、保温隔热天棚对应工程内容为基层清理;铺粘保温层;刷防护材料。

编制工程量清单时,A.8.3 隔热、保温的清单项目应描述的项目特征:保温隔热部位,如屋面、外墙;保温隔热方式,如内保温、外保温、夹心保温;踢脚线、勒脚线保温做法;保温隔热面层材料品种、规格、性能;保温隔热材料品种、规格及厚度,如泡沫混凝土块 150 厚;隔气层厚度,如热沥青两遍;粘结材料种类;防护材料种类。

保温隔热屋面清单工程量,按设计图示尺寸以面积计算。计算时,不扣除柱、垛所占面积,计量单位为 m^2。清单计价时,屋面保温隔热的找坡、找平层应包括在综合单价内,如果屋面防水层项目已包括找平层和找坡,屋面保温隔热不应再计算,以免重复。

保温隔热天棚清单工程量按设计图示尺寸以面积计算,计量单位 m^2。计算时,扣除门窗洞口所占面积;门窗洞口侧壁需做保温时,并入保温墙体工程量内。柱帽保温隔热应并入保温隔热天棚工程量内。

【例 8.8.1】 某工程屋顶平面图及工程做法如图 8.7.5 ~ 图 8.7.7 所示。①列出屋面保温项目清单。②投标人以“直接费中人工费 + 机械费”为计费基数测算的企业管理费、利润率分别为 17%、8%。试根据其企业定额计算保温隔热屋面综合单价。

解:

(1)屋面保温项目采用 1∶6 水泥炉渣,清单工程量按照设计图示尺寸以面积计算。计算时,保温层算至外墙外边线。

$$清单工程量 = (9.6 + 0.24)(5.4 + 0.24) - 0.7 \times 0.7 = 55.01m^2$$

找平层已列入屋面卷材防水项目,该项目中不再重复考虑,列分部分项工程量清单如表 8.8.1 所示。

分部分项工程量清单与计价表 表 8.8.1

序号	项目编码	项目名称	项目特征描述	计量单位	工程量	金额(元)	
						综合单价	合价
1	010803001	保温隔热屋面	①保温隔热部位:屋面; ②保温隔热方式:夹芯式; ③保温隔热材料品种规格:1∶6 水泥炉渣最薄处 60mm	m^2	55.01		

(2)定额中1:6水泥炉渣屋面保温项目，计量单位采用$10m^3$，计价工程量应按照体积计算：

$$保温层平均厚度 = 0.06 + (3.0 + 0.12) \times 2\% \div 2 = 0.091m$$

$$计价工程量 = 55.01 \times 0.091 = 5.006m^3$$

$$含量系数 = 5.006 \div 55.01 = 0.091\ m^3/m^2$$

投标人根据企业定额人材机消耗量指标及人材机市场价格，计算水泥炉渣屋面保温的工料机单价，过程如表8.8.2所示。

水泥炉渣屋面保温工料机单价计算表 表8.8.2

项目编码				A8－217	
项目名称/定额计量单位				1:6水泥炉渣屋面保温/$10m^3$	
名称		单位	市场价	定额消耗量	合价
人工	综合用工三类	工日	30.00	8.280	248.40
人工费					248.40
材料	水泥炉渣1:6	m^3		(10.100)	
	水泥32.5	t	220.00	2.545	559.90
	炉渣	m^3	65.00	12.830	833.95
	水	m^3	3.03	3.030	9.18
材料费					1403.03
机械	滚筒式混凝土搅拌机500L以内	台班	120.35	0.500	60.18
机械费					60.18
工料机单价					1711.61

按照含量系数法，列表计算保温隔热屋面综合单价，如表8.8.3所示。

分部分项工程量清单综合单价分析表 表8.8.3

项目编码：010803001001　　项目名称：保温隔热屋面　　计量单位：m^2

序号	定额编号		单位	数量	综合单价组成，其中：(元)				小计
					人工费	材料费	机械费	管理费和利润	
1	A8－217	定额	$10m^3$		248.40	1403.03	60.18		
		实际	m^3	0.091	2.26	12.77	0.55	0.70	16.28
合　计					2.26	12.77	0.55	0.70	16.28

2.保温隔热墙(010803003)、保温柱(010803004)

保温隔热墙项目适用于工业与民用建筑物外墙、内墙保温隔热工程。保温隔热墙、保温柱对应的工程内容为基层清理；底层抹灰；粘贴龙骨；填贴保温材料；粘贴面层；嵌缝；刷防护材料。池槽保温隔热、池壁、池底应分别编码列项，池壁应并入墙面保温隔热工程量内，池底应并入地面保温隔热工程量内。

保温隔热墙清单工程量，按设计图示尺寸以面积计算。计算时，扣除门窗洞口所占面积；门窗洞口侧壁需做保温时并入保温墙体工程量内。计量单位m^2。

清单计价时，应注意：①外墙内保温和外保温的面层应包括在综合单价内，面层外的装饰层应按装饰装修工程(附录B)相关项目编码列项；②外墙内保温的内墙保温踢脚线，应包括在综合单价内;③外墙外保温、内保温,内墙保温的基层抹灰或刮腻子应包括在综合单价内。

保温柱清单工程量按设计图示尺寸以保温层中心线展开长度乘以保温层高度计算,计量单位 m^2。

3. 隔热楼地面(010803005)

隔热楼地面对应的工程内容为基层清理;铺设粘贴材料;铺贴保温层;刷防护材料。

隔热楼地面清单工程量,按设计图示尺寸以面积计算。计算时,不扣除柱、垛所占面积,计量单位 m^2。

第九节 建筑工程措施项目

一、混凝土、钢筋混凝土模板及支架

混凝土、钢筋混凝土模板及支架费用与完成的工程实体数量直接相关,在编制工程量清单时,宜计量混凝土、钢筋混凝土模板及支架的工程量,采用分部分项工程量清单的方式编制,填入措施项目清单与计价表(二)(表—11)。补充列项的模板清单项目的项目编码、项目名称、项目特征、计量单位和工程量计量规则,通常参照《全国统一建筑工程基础定额》(以下简称"基础定额")或是省级建设行政主管部门颁布的消耗量定额及相应工程量计算规则确定。

【例 8.9.1】 图 8.1.7 和图 8.1.8 所示 18 个独立基础,基础与柱以基础的扩大顶面为分界线,参照 2008 年《全国统一建筑工程基础定额河北省消耗量定额》(以下简称《河北消耗量定额》)和 2008 年《河北省消耗量定额工程量计算规则汇编》(以下简称《河北工程量计算规则》),对于独立基础部分补充模板清单项目及计算规则如表 8.9.1 所示。

补充工程量清单项目及计算规则　　表 8.9.1

项目编码	项目名称	项目特征	计量单位	工程量计算规则	工程内容
AB001	现浇钢筋混凝土独立基础模板	基础形状	m^2	按照混凝土与模板接触面积计算	①模板制作或选配;②模板安装、拆除;③清理模内杂物、刷隔离剂;④整理、堆放、场内外水平运输
AB002	现浇混凝土基础垫层模板	垫层形状	m^2	按照混凝土与模板接触面积计算	①模板制作或选配;②模板安装、拆除;③清理模内杂物、刷隔离剂;④整理、堆放、场内外水平运输

(1)试根据表 8.9.1 中工程量计算规则计算垫层模板和独立基础模板的工程量。

(2)根据本书第 6 章表 6.4.4 给出的独立基础和垫层模板定额项目表,以"人工费 + 机械费"为计费基数,企业管理费率 17%,利润率 8%,试计算独立基础模板的综合单价。

解: 垫层模板:　$(2.6+3.6)\times2\times0.1\times18=22.32m^2$

独立基础侧面:　$(2.4+3.4)\times2\times0.25\times18=52.2\ m^2$

独立基础斜面:

$$\left[\frac{1}{2}\times(0.5+2.4)\times\sqrt{0.2^2+1.35^2}\times2+\frac{1}{2}\times(0.7+3.4)\times\sqrt{0.2^2+0.95^2}\times2\right]\times18=142.89m^2$$

独立基础模板:　$52.2+142.89=195.09\ m^2$

填写本工程独立基础部分的措施项目清单与计价表(二),如表8.9.2所示。

措施项目清单与计价表(二)

表8.9.2

工程名称:××工程　　　　标段:　　　　第1页　共1页

序号	项目编码	项目名称	项目特征描述	计量单位	工程量	金额(元)	
						综合单价	合价
1	AB001	现浇钢筋混凝土独立基础模板	独立基础,详见本书图8.1.7	m^2	195.09		
2	AB002	现浇混凝土基础垫层模板	100厚混凝土基础垫层,详见本书图8.1.7	m^2	222.32		
本页小计							
合计							

(3)若是按照投标人独立基础模板及支架的人材机资源消耗水平与定额消耗水平一致,且人材机价格与定额取定单价相同,则可以直接套用定额基价进行综合单价分析,列表8.9.3计算独立基础模板项目的综合单价。

综合单价分析表

表8.9.3

项目编码:AB001　　项目名称:现浇钢筋混凝土独立基础模板　　计量单位:m^2

清单综合单价组成明细										
定额编号	定额单位	数量	单价(元)				合价(元)			
			人工费	材料费	机械费	管理费和利润	人工费	材料费	机械费	管理费和利润
A12-6	$100m^2$	0.01	894.4	2394.71	154.62	262.26	8.94	23.95	1.55	2.62
人工单价			小计				8.94	23.95	1.55	2.62
40元/工日			未计价材料							
综合单价							37.06			

通常投标人报价时应根据企业定额或是参考省一级消耗量定额(无企业定额时)的人材机消耗量、人材机的可获取价格、企业测算的企业管理费率和利润率来计算综合单价。计算招标控制价时,招标人或其委托的工程造价咨询人应按照省级消耗量定额、人材机的市场价格、建设行政主管部门颁布的费用标准确定综合单价。

二、脚手架

在编制工程量清单时,脚手架项目可以采用分部分项工程量清单的方式编制,填入措施项目清单与计价表(二)(表—11)。脚手架项目的项目编码、项目名称、项目特征、计量单位和工程量计量规则,通常参照基础定额或是省级建设行政主管部门颁布的消耗量定额及相应工程量计算规则确定。计价时就应该分析计算综合单价,填入措施项目清单与计价表(二)(表—11)的"综合单价"栏,并乘上工程量得出合价,填入"合价"栏。

当然,脚手架项目也可以以"项"为计量单位,列入措施项目清单与计价表(一)(表—10)。计价时需要计算该项目合价(包括人工费、材料费、机械费、管理费和利润),填入措施项目清单与计价表(一)(表—10)的"金额"栏。

【例8.9.2】 某河北高校拟建实验楼,框架结构,6层,层高3.6m,建筑面积$8400m^2$。工程量清单中,脚手架列为1项。招标人根据2008年《河北省建筑、安装、市政、装饰装修工程费用标准》规定，以“人工费 + 机械费”为计费基数，企业管理费率 30%，利润率 16%。试计算该工程脚手架费用。

根据河北省消耗量定额脚手架划分为综合脚手架和单项脚手架。综合脚手架适用于计算建筑面积的混合结构、混凝土框排架结构、钢结构等建筑物，不适用于滑模施工的建筑物。该工程清单措施项目脚手架对应《河北消耗量定额》A11 – 50 项。根据《河北工程量计算规则》，综合脚手架以建筑面积为计量单位，建筑面积按《建筑面积计算规范》计算，现已知建筑面积 8400 m^2。根据《河北消耗量定额》A11 – 50 的人材机消耗量和人材机市场价计算工料机单价，如表 8.9.4 所示。根据工料机单价列表 8.9.5 确定该工程脚手架费用。

工料机单价计算表 表 8.9.4

工作内容：材料场内外运输、平土、挖土、挖坑、安底座，搭拆脚手架、上料平台、挡脚板、护身栏杆，铺翻板子、拉揽风绳、拆除后的材料堆放整理及钢管刷油养护等全部操作过程。

定额编号				A11 – 50（计量单位：100m^2）	
项目名称				综合脚手架，现浇框架多层	
				高 24m 以内，6000m^2 以外	
名称		单位	市场单价（元）	数量	合价（元）
人工	综合用工二类	工日	40.00	9.58	383.20
人工费（元）					383.20
材料	钢管 ϕ50	kg	5.43	40.250	218.56
	直角扣件	个	5.50	8.150	44.83
	对接扣件	个	5.50	1.330	7.32
	回转扣件	个	4.12	0.440	1.81
	脚手架底座	个	5.60	0.190	1.06
	木脚手板	m^3	1578.72	0.183	288.91
	木材	m^3	2174.37	0.001	2.17
	镀锌铁丝(8 号)	kg	5.25	3.610	18.95
	铁钉	kg	6.50	1.830	11.90
	防锈漆	kg	13.65	3.420	46.68
	油漆溶剂油	kg	7.35	0.390	2.87
	钢丝绳 ϕ8	kg	6.45	0.120	0.77
	砂布	张	0.50	7.610	3.81
材料费（元）					649.63
机械	载货汽车（综合）	台班	414.90	0.140	58.09
机械费（元）					58.09
工料机单价（元）					1090.92

脚手架费用计算表 表 8.9.5

定额编号	计量单位	数量	单 价（元）				合 价（元）			
			人工费	材料费	机械费	管理费和利润	人工费	材料费	机械费	管理费和利润
A11 – 50	100m^2	84	383.2	649.63	58.09	202.99	32188.80	54568.92	4879.56	17051.45
脚手架费用合计							108688.73			

三、垂直运输机械

在编制工程量清单时，垂直运输机械项目可以采用分部分项工程量清单的方式编制，填入措施项目清单与计价表(二)(表—11)。垂直运输机械项目的项目编码、项目名称、项目特征、计量单位和工程量计量规则，通常参照基础定额或是省级建设行政主管部门颁布的消耗量定额及相应工程量计算规则确定。如河北省工程量计算规则规定:建筑物垂直运输费区分不同建筑物的结构类型及高度按建筑物面积以平方米计算(按《建筑工程建筑面积计算规范》规定计算)。

计价时，综合单价计算思路与混凝土、钢筋混凝土模板及支架综合单价计算思路(【例8.9.1】)相同。若是垂直运输机械项目按照“项”列入措施项目清单，垂直运输机械费按照以“项”计价的脚手架费用计算思路计算(【例8.9.2】)。

实际上不仅仅是混凝土、钢筋混凝土模板及支架，脚手架，垂直运输机械能够以综合单价形式计价。还有很多措施项目可以以综合单价计价，如挡土板、打拔钢板桩、井点降水、建筑物超高费等等。在编制工程量清单时，要结合招标人要求、设计深度等具体情况选取，按照分部分项清单方式编制的措施项目，需要编制人在措施项目清单与计价表(二)(表—11)中明确项目编码、项目名称、进行项目特征描述、确定暂定的清单工程量，作为计价的平台。

对于以综合单价计价的措施项目，其综合单价的计算方法和原理与分部分项工程量清单项目综合单价是通用的。需要指出的是，如有些措施项目能够准确计算工程量，工程量清单中又是以“项”为计量单位的，在计价时，还应该计算该措施项目的计价工程量。在此基础上依据企业定额或省级消耗量定额、工料机市场价及计费标准来确定完成该措施项目需要人工费、材料费、机械费、企业管理费和利润之和。编制招标控制价或某投标人编制投标价时，就具体某项措施项目而言，以综合单价计价的合价和以“项”计价的总金额应该是一致的。只是在合同履行过程中，以综合单价形式计价的措施项目费用调整起来比较容易，以“项”计价的措施项目费通常是包死的。

第九章 装饰装修工程清单编制与计价

第一节 B.1 楼地面工程

一、B.1.1 整体面层(020101)

(一)工程量清单项目设置

整体面层工程量清单项目设置,按表9.1.1的规定执行。

整体面层(020101) 表9.1.1

项目编码	项目名称	项目特征	工程内容
020101001	水泥砂浆楼地面	①垫层材料种类、厚度; ②找平层厚度、砂浆配合比; ③防水层厚度、材料种类; ④面层厚度、砂浆配合比	①基层清理; ②垫层铺设; ③抹找平层; ④防水层铺设; ⑤抹面层; ⑥材料运输
020101002	现浇水磨石楼地面	①垫层材料种类、厚度; ②找平层厚度、砂浆配合比; ③防水层厚度、材料种类; ④面层厚度、水泥石子浆配合比; ⑤嵌条材料种类、规格; ⑥石子种类、规格、颜色; ⑦颜料种类、颜色; ⑧图案要求; ⑨磨光、酸洗、打蜡要求	①基层清理; ②垫层铺设; ③抹找平层; ④防水层铺设; ⑤面层铺设; ⑥嵌缝条安装; ⑦磨光、酸洗、打蜡; ⑧材料运输
020101003	细石混凝土楼地面	①垫层材料种类、厚度; ②找平层厚度、砂浆配合比; ③防水层厚度、材料种类; ④面层厚度、混凝土强度等级	①基层清理; ②垫层铺设; ③抹找平层; ④防水层铺设; ⑤面层铺设; ⑥材料运输
020101004	菱苦土楼地面	①垫层材料种类、厚度; ②找平层厚度、砂浆配合比; ③防水层厚度、材料种类; ④面层厚度; ⑤打蜡要求	①清理基层; ②垫层铺设; ③抹找平层; ④防水层铺设; ⑤面层铺设; ⑥打蜡; ⑦材料运输

(二)工程量计算规则

整体面层包括水泥砂浆楼地面、现浇水磨石楼地面、细石混凝土楼地面、菱苦土楼地面。

整体面层清单工程量按设计图示尺寸以面积计算。计算时，扣除凸出地面构筑物、设备基础、室内铁道、地沟等所占面积；不扣除间壁墙和 $0.3m^2$ 以内的柱、垛、附墙烟囱及孔洞所占面积；门洞、空圈、暖气包槽、壁龛的开口部分不增加面积。计量单位 m^2。

计算规则中的"间壁墙"是指除墙厚180mm及以上的砖墙、砌块墙和墙厚100mm及以上的钢筋混凝土剪力墙以外的非承重墙。间壁墙所占楼地面面积不予扣除。

编制楼地面工程工程量清单时，需要注意两个问题：第一，对于包括垫层的地面和不包括垫层的楼面应分别计算工程量，利用第五级编码分别编码列项；第二，有填充层和隔离层的楼地面往往有二层找平层，应注意在楼地面综合单价中给予考虑。

二、B.1.2 块料面层（020102）

（一）工程量清单项目设置

块料面层工程量清单项目设置，按表9.1.2的规定执行。

块料面层（020102） 表9.1.2

项目编码	项目名称	项目特征	工程内容
020102001	石材楼地面	①垫层材料种类、厚度； ②找平层厚度、砂浆配合比； ③防水层、材料种类； ④填充材料种类、厚度； ⑤结合层厚度、砂浆配合比； ⑥面层材料品种、规格、品牌、颜色； ⑦嵌缝材料种类； ⑧防护层材料种类； ⑨酸洗、打蜡要求	①基层清理、铺设垫层、抹找平层； ②防水层铺设、填充层铺设； ③面层铺设； ④嵌缝； ⑤刷防护材料； ⑥酸洗、打蜡； ⑦材料运输
020102002	块料楼地面		

（二）工程量计算规则

天然石材楼地面、块料楼地面清单工程量，按设计图示尺寸以面积计算。计算时，扣除凸出地面构筑物、设备基础、室内铁道、地沟等所占面积；不扣除间壁墙和 $0.3m^2$ 以内的柱、垛、附墙烟囱及孔洞所占面积；门洞、空圈、暖气包槽、壁龛的开口部分不增加面积。计量单位 m^2。

《计价规范》规定的计算规则与《全统规则》及一些省市预算定额中块料面层计算规则并不一致。采用这些定额基价或是定额消耗量进行综合单价分析时，若使用的定额工程量计算规则与《计价规范》规定不一致时，应按照定额工程量计量规则计算计价工程量，再按清单工程量进行折算。

【例9.1.1】 图8.1.1所示某传达室的设计地面做法：150厚3∶7灰土垫层，60厚C15混凝土垫层，20厚1∶4干硬性水泥砂浆结合层，铺600×600地砖。外墙门M1洞口尺寸1200×2400，内墙门洞M2洞口尺寸900×2100。①编制该工程楼地面工程部分的工程量清单。②若某投标人管理费率20%，利润率12%，以"直接费中人工费+机械费"为计费基数。试计算块料地面的综合单价。

解：（1）清单工程量：$(6.3-0.24)\times(5.4-0.24)-9.12$（内墙净长线）$\times 0.24=29.08m^2$

块料楼地面工程量清单与计价，如表9.1.3所示。

（2）根据工程量清单项目特征描述，清单上的块料地面对应三项工程内容：①陶瓷地砖块料楼地面（B1-98）；②3∶7灰土垫层（B1-2）；③C15混凝土垫层（B1-24）。投标人根据企业定额人材机消耗量和人材机市场价计算各定额子项的工料机单价，如表9.1.4所示。

分部分项工程量清单与计价表 表9.1.3

序号	项目编码	项目名称	项目特征描述	计量单位	工程量	金额（元）	
						综合单价	合价
1	020102002001	块料地面	①垫层材料种类、厚度：150厚3:7灰土；60厚C15混凝土； ②结合层厚度、砂浆配合比：20厚1:4干硬性水泥砂浆； ③面层材料品种、规格：600×600陶瓷地砖； ④嵌缝材料种类：白水泥	m^2	29.08		

工料机单价计算表 表9.1.4

计量单位				$10m^3$	$10m^3$	$100m^2$
项目编号				B1－2	B1－24	B1－98
项目名称				垫层		陶瓷地砖楼地面
				3:7灰土	混凝土	每块周长2400以内
工料机单价				451.39	1692.85	6707.76
其中	人工费			222.00	386.40	1233.00
	材料费			219.05	1249.55	5407.08
	机械费			10.34	56.90	67.68
名称		单位	单价	数量		
人工	综合用工三类	工日	30.00	7.400	12.880	
	综合用工一类	工日	45.00			27.400
材料	灰土3:7	m^3		(10.100)		
	现浇混凝土（中砂碎石）C15－40	m^3			(10.100)	
	水泥砂浆1:4（中砂）	m^3				(2.020)
	素水泥浆	m^3				(0.100)
	黏土	m^3		(11.817)		
	生石灰	t	85.00	2.505		
	水泥32.5	t	220.00		2.626	0.762
	白水泥	kg	0.39			10.300
	中砂	t	25.16		7.615	3.238
	碎石	t	33.78		13.605	
	陶瓷地面砖600×600	m^2	50.00			102.500
	棉纱头	kg	5.83			1.000
	锯屑	m^3	12.00			0.600
	石料切割巨片	片	18.89			0.320
	水	m^3	3.03	2.020	6.820	3.261
机械	电动夯实机20～62N·m	台班	23.50	0.440		
	滚筒混凝土搅拌机500L以内	台班	120.35		0.390	
	混凝土振捣器（平板式）	台班	13.46		0.740	
	灰浆搅拌机200L	台班	75.03			0.250
	石料切割锯	台班	32.40			1.510

若选用定额工程量计算规则为:"块料面层按照设计图示尺寸以净面积计算,不扣除 $0.1m^2$ 以内的孔洞所占的面积,门洞、空圈、暖气包槽和壁龛的开口部分的工程量并入相应的面层计算",则"垫层按照设计规定厚度乘以楼地面面积以 m^3 计算"。分别计算三项工程内容的计价工程量:

①块料楼地面计价工程量:$29.08+0.24\times(1.2+0.9\times2)=29.80m^2$,含量系数 $=29.80\div29.08=1.025$。

②3:7灰土垫层计价工程量 $=29.08\times0.15=4.362m^3$,含量系数 $=4.362\div29.08=0.15$。

③C15 混凝土垫层计价工程量 $=29.08\times0.06=1.745m^3$,含量系数 $=1.745\div29.08=0.06$。

按照含量系数法思路,列表 9.1.5 分析块料地面综合单价。

工程量清单综合单价分析表 表 9.1.5

项目编码:020102002001 项目名称:块料地面 计量单位:m^2

综合单价组成明细										
定额编号	定额单位	数量	单价				合价			
			人工费	材料费	机械费	管理费和利润	人工费	材料费	机械费	管理费和利润
B1-98	$100m^2$	0.01025	1233.00	5407.08	67.68	416.22	12.64	55.42	0.69	4.27
B1-24	$10m^3$	0.006	386.40	1249.55	56.90	141.86	2.32	7.50	0.34	0.85
B1-2	$10m^3$	0.015	222.00	219.05	10.34	74.35	3.33	3.29	0.16	1.12
人工单价			小计				18.29	66.21	1.19	6.24
三类:30 元/工日			未计价材料费							
一类:45 元/工日			清单项目综合单价				91.93			

也可以按照综合费用法思路,列表 9.1.6 分析块料地面的综合单价。

工程量清单综合单价分析表 表 9.1.6

项目编码:020102002001 项目名称:块料地面

计量单位:m^2 工程数量:29.08

综合单价组成明细										
定额编号	定额单位	数量	单价				合价			
			人工费	材料费	机械费	管理费和利润	人工费	材料费	机械费	管理费和利润
B1-98	$100m^2$	0.298	1233.00	5407.08	67.68	416.22	367.43	1611.31	20.17	124.03
B1-24	$10m^3$	0.1745	386.40	1249.55	56.90	141.86	67.43	218.05	9.93	24.75
B1-24	$10m^3$	0.4362	222.00	219.05	10.34	74.35	96.84	95.55	4.51	32.43
人工单价			小计				531.70	1924.91	34.61	181.21
三类:30 元/工日			清单项目综合费用				2672.43			
一类:45 元/工日			清单项目综合单价				91.90			

三、B.1.3 橡塑面层(020103)

(一)工程量清单项目设置

橡塑面层的工程量清单项目设置,应按表 9.1.7 的规定执行。

橡塑面层(020103) 表9.1.7

项目编码	项目名称	项目特征	工程内容
020103001	橡胶板楼地面	①找平层厚度、砂浆配合比； ②填充材料种类、厚度； ③黏结层厚度、材料种类； ④面层材料品种、规格、品牌、颜色； ⑤压线条种类	①基层清理、抹找平层； ②铺设填充层； ③面层铺贴； ④压缝条装钉； ⑤材料运输
020103002	橡胶卷材楼地面		
020103003	塑料板楼地面		
020103004	塑料卷材楼地面		

(二)工程量计算规则

橡胶板楼地面、橡胶卷材楼地面、塑料板楼地面、塑料卷材楼地面的清单工程量，按设计图示尺寸以面积计算。计算时，门洞、空圈、暖气包槽、壁龛的开口部分并入相应的工程量内，计量单位 m^2。

四、B.1.4 其他材料面层(020104)

(一)工程量清单项目设置

其他材料面层的工程量清单项目设置，应按表9.1.8的规定执行。

其他材料面层(020104) 表9.1.8

项目编码	项目名称	项目特征	工程内容
020104001	楼地面地毯	①找平层厚度、砂浆配合比； ②填充材料种类、厚度； ③面层材料品种、规格、品牌、颜色； ④防护材料种类； ⑤黏结材料种类； ⑥压线条种类	①基层清理、抹找平层； ②铺设填充层； ③铺贴面层； ④刷防护材料； ⑤装钉压条； ⑥材料运输
020104002	竹木地板	①找平层厚度、砂浆配合比； ②填充材料种类、厚度、找平层厚度、砂浆配合比； ③龙骨材料种类、规格、铺设间距； ④基层材料种类、规格； ⑤面层材料品种、规格、品牌、颜色； ⑥黏结材料种类； ⑦防护材料种类； ⑧油漆品种、刷漆遍数	①基层清理、抹找平层； ②铺设填充层； ③龙骨铺设； ④铺设基层； ⑤面层铺贴； ⑥刷防护材料； ⑦材料运输
020104003	防静电活动地板	①找平层厚度、砂浆配合比； ②填充材料种类、厚度，找平层厚度、砂浆配合比； ③支架高度、材料种类； ④面层材料品种、规格、品牌、颜色； ⑤防护材料种类	①清理基层、抹找平层； ②铺设填充层； ③固定支架安装； ④活动面层安装； ⑤刷防护材料； ⑥材料运输
020104004	金属复合地板	①找平层厚度、砂浆配合比； ②填充材料种类、厚度，找平层厚度、砂浆配合比； ③龙骨材料种类、规格、铺设间距； ④基层材料种类、规格； ⑤面层材料品种、规格、品牌； ⑥防护材料种类	①清理基层、抹找平层； ②铺设填充层； ③龙骨铺设； ④基层铺设； ⑤面层铺贴； ⑥刷防护材料； ⑦材料运输

(二)工程量计算规则

楼地面地毯、竹木地板、防静电活动地板、金属复合地板的清单工程量,按设计图示尺寸以面积计算;门洞、空圈、暖气包槽、壁龛的开口部分并入相应的工程量内。计量单位 m^2。

五、B.1.5 踢脚线(020105)

(一)工程量清单项目设置

踢脚线的工程量清单项目设置,应按表 9.1.9 的规定执行。

踢　脚　线(020105)　　　　表 9.1.9

项目编码	项目名称	项 目 特 征	计量单位	工程量计算规则	工 程 内 容
020105001	水泥砂浆踢脚线	①踢脚线高度; ②底层厚度、砂浆配合比; ③面层厚度、砂浆配合比	m^2	按设计图示长度乘以高度以面积计算	①基层清理; ②底层抹灰; ③面层铺贴; ④勾缝; ⑤磨光、酸洗、打蜡; ⑥刷防护材料; ⑦材料运输
020105002	石材踢脚线	①踢脚线高度; ②底层厚度、砂浆配合比; ③粘贴层厚度、材料种类; ④面层材料品种、规格、品牌、颜色; ⑤勾缝材料种类; ⑥防护材料种类			
020105003	块料踢脚线				
020105004	现浇水磨石踢脚线	①踢脚线高; ②底层厚度、砂浆配合比; ③面层厚度、水泥石子浆配合比; ④石子种类、规格、颜色; ⑤颜料种类、颜色; ⑥磨光、酸洗、打蜡要求			
020105005	塑料板踢脚线	①踢脚线高度; ②底层厚度、砂浆配合比; ③黏结层厚度、材料种类; ④面层材料种类、规格、品牌、颜色			
020105006	木质踢脚线	①踢脚线高度; ②底层厚度、砂浆配合比; ③基层材料种类、规格; ④面层材料品种、规格、品牌、颜色; ⑤防护材料种类; ⑥油漆品种、刷漆遍数			①基层清理; ②底层抹灰; ③基层铺贴; ④面层铺贴; ⑤刷防护材料; ⑥刷油漆; ⑦材料运输
020105007	金属踢脚线				
020105008	防静电踢脚线				

(二)工程量计算规则

水泥砂浆踢脚线、石材踢脚线、块料踢脚线、现浇水磨石踢脚线、塑料板踢脚线、木质踢脚线、金属踢脚线、防静电踢脚线的清单工程量,按设计图示长度乘高度以面积计算。计量单位 m^2。

应注意踢脚线砂浆打底与墙柱面抹灰不得重复计算,即墙柱面设计要求抹灰时,其踢脚线可以不考虑砂浆打底。

《全国统一建筑装饰装修工程消耗量定额》(GYD-901—2002)规定"踢脚线按实贴长乘以

高以 m^2 计算，成品踢脚线按实贴延长米计算。楼梯踢脚线按相应定额乘以 1.15 系数。”

《全国统一建筑装饰装修工程消耗量定额河北省消耗量定额》（HEBGZ-B—2008）工程量计算规则规定：“踢脚线按不同用料及做法以 m^2 计算。整体面层踢脚线不扣除门洞口及空圈处的长度，但侧壁部分亦不增加，垛、柱的踢脚线工程量合并计算。其他面层踢脚线按实贴面积计算。”

六、B.1.6 楼梯装饰（020106）

楼梯装饰的工程量清单项目设置及工程量计算规则，应按表 9.1.10 的规定执行。

楼梯装饰（020106）　　表 9.1.10

<table>
<tr><th>项目编码</th><th>项目名称</th><th>项 目 特 征</th><th>计量单位</th><th>工程量计算规则</th><th>工程内容</th></tr>
<tr><td>020106001</td><td>石材楼梯面层</td><td rowspan="2">①找平层厚度、砂浆配合比；
②贴结层厚度、材料种类；
③面层材料品种、规格、品牌、颜色；
④防滑条材料种类、规格；
⑤勾缝材料种类；
⑥防护层材料种类；
⑦酸洗、打蜡要求</td><td rowspan="6">m^2</td><td rowspan="6">按设计图示尺寸以楼梯（包括踏步、休息平台及 500mm 以内的楼梯井）水平投影面积计算。楼梯与楼地面相连时，算至梯口梁内侧边沿；无梯口梁者，算至最上一层踏步边沿加 300mm。
注意：单跑楼梯不论其中间是否有休息平台，其工程量与双跑楼梯同样计算</td><td rowspan="2">①基层清理；
②抹找平层；
③面层铺贴；
④贴嵌防滑条；
⑤勾缝；
⑥刷防护材料；
⑦酸洗、打蜡；
⑧材料运输</td></tr>
<tr><td>020106002</td><td>块料楼梯面层</td></tr>
<tr><td>020106003</td><td>水泥砂浆楼梯面</td><td>①找平层厚度、砂浆配合比；
②面层厚度、砂浆配合比；
③防滑条材料种类、规格</td><td>①～②同上栏①～②；
③抹面层；
④抹防滑条；
⑤材料运输</td></tr>
<tr><td>020106004</td><td>现浇水磨石楼梯面</td><td>①找平层厚度、砂浆配合比；
②面层厚度、水泥石子浆配合比；
③防滑条材料种类、规格；
④石子种类、规格、颜色；
⑤颜料种类、颜色；
⑥磨光、酸洗、打蜡要求</td><td>①基层清理；
②抹找平层；
③抹面层；
④贴嵌防滑条；
⑤磨光、酸洗、打蜡；
⑥材料运输</td></tr>
<tr><td>020106005</td><td>地毯楼梯面</td><td>①基层种类；
②找平层厚度、砂浆配合比；
③面层材料品种、规格、品牌、颜色；
④防护材料种类；
⑤黏结材料种类；
⑥固定配件材料种类、规格</td><td>①基层清理；
②抹找平层；
③铺贴面层；
④固定配件安装；
⑤刷防护材料；
⑥材料运输</td></tr>
<tr><td>020106006</td><td>木板楼梯面</td><td>①找平层厚度、砂浆配合比；
②基层材料种类、规格；
③面层材料品种、规格、品牌、颜色；
④黏结材料种类；
⑤防护材料种类；
⑥油漆品种、刷漆遍数</td><td>①基层清理；
②抹找平层；
③基层铺贴；
④面层铺贴；
⑤刷防护材料、油漆；
⑥材料运输</td></tr>
</table>

七、B.1.7 扶手、栏杆、栏板装饰(020107)

(一)工程量清单项目设置

扶手、栏杆、栏板装饰的工程量清单项目设置,应按表 9.1.11 的规定执行。

扶手、栏杆、栏板装饰(020107) 表 9.1.11

<table>
<tr><th>项目编码</th><th>项目名称</th><th>项目特征</th><th>工程内容</th></tr>
<tr><td>020107001</td><td>金属扶手带栏杆、栏板</td><td rowspan="3">①扶手材料种类、规格、品牌、颜色;
②栏杆材料种类、规格、品牌、颜色;
③栏板材料种类、规格、品牌、颜色;
④固定配件种类;
⑤防护材料种类;
⑥油漆品种、刷漆遍数</td><td rowspan="6">①制作;
②运输;
③安装;
④刷防护材料;
⑤刷油漆</td></tr>
<tr><td>020107002</td><td>硬木扶手带栏杆、栏板</td></tr>
<tr><td>020107003</td><td>塑料扶手带栏杆、栏板</td></tr>
<tr><td>020107004</td><td>金属靠墙扶手</td><td rowspan="3">①扶手材料种类、规格、品牌、颜色;
②固定配件种类;
③防护材料种类;
④油漆品种、刷漆遍数</td></tr>
<tr><td>020107005</td><td>硬木靠墙扶手</td></tr>
<tr><td>020107006</td><td>塑料靠墙扶手</td></tr>
</table>

(二)工程量计算规则

扶手、栏杆、栏板适用于楼梯、阳台、走廊、回廊及其他装饰性扶手栏杆、栏板。

扶手、栏杆、栏板装饰包括金属扶手带栏杆、栏板;硬木扶手带栏杆、栏板;塑料扶手带栏杆、栏板;金属靠墙扶手;硬木靠墙扶手;塑料靠墙扶手。这些项目清单工程量均按设计图示尺寸以扶手中心线长度计算,包括弯头所占长度。计量单位为 m。

八、B.1.8 台阶装饰(020108)

(一)工程量清单项目设置

台阶装饰的工程量清单项目设置,应按表 9.1.12 的规定执行。

台阶装饰(020108) 表 9.1.12

<table>
<tr><th>项目编码</th><th>项目名称</th><th>项目特征</th><th>工程内容</th></tr>
<tr><td>020108001</td><td>石材台阶面</td><td rowspan="2">①垫层材料种类、厚度;
②找平层厚度、砂浆配合比;
③黏结层材料种类;
④面层材料品种、规格、品牌、颜色;
⑤勾缝材料种类;
⑥防滑条材料种类、规格;
⑦防护材料种类</td><td rowspan="2">①基层清理;
②铺设垫层;
③抹找平层;
④面层铺贴;
⑤贴嵌防滑条;
⑥勾缝;
⑦刷防护材料;
⑧材料运输</td></tr>
<tr><td>020108002</td><td>块料台阶面</td></tr>
<tr><td>020108003</td><td>水泥砂浆台阶面</td><td>①垫层材料种类、厚度;
②找平层厚度、砂浆配合比;
③面层厚度、砂浆配合比;
④防滑条材料种类</td><td>①清理基层; ②铺设垫层;
③抹找平层; ④抹面层;
⑤抹防滑条; ⑥材料运输</td></tr>
</table>

续上表

项目编码	项目名称	项目特征	工程内容
020108004	现浇水磨石台阶面	①垫层材料种类、厚度； ②找平层厚度、砂浆配合比； ③面层厚度、水泥石子浆配合比； ④防滑条材料种类、规格； ⑤石子种类、规格、颜色； ⑥颜料种类、颜色； ⑦磨光、酸洗、打蜡要求	①清理基层； ②铺设垫层； ③抹找平层； ④抹面层； ⑤贴嵌防滑条； ⑥打磨、酸洗、打蜡； ⑦材料运输
020108005	剁假石台阶面	①垫层材料种类、厚度； ②找平层厚度、砂浆配合比； ③面层厚度、砂浆配合比； ④剁假石要求	①～④项同上栏①～④项； ⑤剁假石； ⑥材料运输

(二)工程量计算规则

台阶装饰根据装饰材料不同划分为石材台阶面、块料台阶面、水泥砂浆台阶面、现浇水磨石台阶面、剁假石台阶面5个项目。清单工程量按设计图示尺寸以台阶(包括最上层踏步边沿加300mm)水平投影面积计算,计量单位m^2。

台阶面层与平台面层是同一种材料时,平台计算面层后,台阶不再计算最上一层踏步面积;如台阶计算最上一层踏步(加300mm),平台面层中必须扣除该面积,如图9.1.1所示。

当台阶面层与找平层材料相同而最上一步台阶投影面积不计算时,应将最后一步台阶的踢脚板面层考虑在台阶面层的综合单价内。

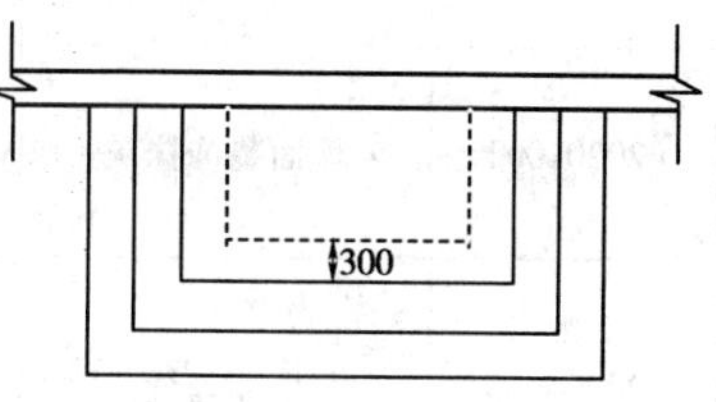

图9.1.1　台阶示意图

九、B.1.9 零星装饰项目(020109)

(一)工程量清单项目设置

零星装饰项目的工程量清单项目设置,应按表9.1.13的规定执行。

零星装饰项目(020109)　　表9.1.13

项目编码	项目名称	项目特征	工程内容
020109001	石材零星项目	①工程部位； ②找平层厚度、砂浆配合比； ③贴结合层厚度、材料种类； ④面层材料品种、规格、品牌、颜色； ⑤勾缝材料种类； ⑥防护材料种类； ⑦酸洗、打蜡要求	①清理基层； ②抹找平层； ③面层铺贴； ④勾缝； ⑤刷防护材料； ⑥酸洗、打蜡； ⑦材料运输
020109002	碎拼石材零星项目		
020109003	块料零星项目		
020109004	水泥砂浆零星项目	①工程部位； ②找平层厚度、砂浆配合比； ③面层厚度、砂浆厚度	①清理基层； ②抹找平层； ③抹面层； ④材料运输

(二)工程量计算规则

零星装饰项目包括石材零星项目、碎拼石材零星项目、块料零星项目、水泥砂浆零星项目。它们的清单工程量按设计图示尺寸以面积计算,计量单位 m^2。

零星装饰适用于小面积(0.5m^2 以内)少量分散的楼地面装饰,其工程部位或名称应在清单项目中进行描述。楼梯、台阶侧面装饰,可按零星装饰项目编码列项,并在清单项目中进行描述。

第二节 B.2 墙柱面工程

一、B.2.1 墙面抹灰(020201)

(一)工程量清单项目设置

墙面抹灰(020201)的工程量清单项目设置,应按表 9.2.1 的规定执行。

墙面抹灰(020201) 表 9.2.1

项目编码	项目名称	项目特征	工程内容
020201001	墙面一般抹灰	①墙体类型; ②底层厚度、砂浆配合比; ③面层厚度、砂浆配合比; ④装饰面材料种类; ⑤分格缝宽度、材料种类	①基层清理; ②砂浆制作、运输; ③底层抹灰; ④抹面层; ⑤抹装饰面; ⑥勾分格缝
020201002	墙面装饰抹灰		
020201003	墙面勾缝	①墙体类型; ②勾缝类型; ③勾缝材料种类	①基层清理; ②砂浆制作、运输; ③勾缝

(二)工程量计算规则

1. 墙面一般抹灰(020201001)

石灰砂浆、水泥砂浆、水泥混合砂浆、聚合物水泥砂浆、麻刀石灰、纸筋石灰、石膏灰等的抹灰,应按一般抹灰项目编码列项。

墙面一般抹灰清单工程量按设计图示尺寸以面积计算,计量单位 m^2。扣除墙裙、门窗洞口及单个 0.3 m^2 以外的孔洞面积;不扣除踢脚线、挂镜线和墙与构件交接处的面积(墙与梁的交接处所占面积,不包括墙与楼板的交接);门窗洞口和孔洞的侧壁及顶面不增加面积。附墙柱、梁、垛、烟囱侧壁并入相应的墙面面积内。

(1)外墙抹灰面积按外墙垂直投影面积计算 。

(2)外墙裙抹灰面积,按其长度乘以高度计算。

(3)内墙抹灰面积,按主墙间净长乘以高度计算:无墙裙的,高度按室内楼地面至天棚底面计算;有墙裙的,高度按墙裙顶至天棚底面计算。

(4)内墙裙抹灰面按内墙净长乘以高度计算。

2. 墙面装饰抹灰(020201002)

水刷石、斩假石(剁斧石、剁假石)、干粘石、假面砖等的抹灰,应按中装饰抹灰项目编码列项。

墙面装饰抹灰工程量计算规则同墙面一般抹灰，计量单位 m^2。

3. 墙面勾缝(020201003)

墙面勾缝，清单工程量计算规则同墙面一般抹灰，计量单位 m^2。

二、B.2.2 柱面抹灰(020202)

柱面抹灰(020202)的工程量清单项目设置及工程量计算规则，应按表9.2.2的规定执行。

柱 面 抹 灰(020202)　　表9.2.2

项目编码	项目名称	项目特征	计量单位	工程量计算规则	工程内容
020202001	柱面一般抹灰	①柱体类型； ②底层厚度、砂浆配合比； ③面层厚度、砂浆配合比； ④装饰面材料种类； ⑤分格缝宽度、材料种类	m^2	按设计图示柱断面周长乘以高度以面积计算。其中，柱断面周长是指结构断面周长，勾缝高度=柱高-抹灰高度	①基层清理； ②砂浆制作、运输； ③底层抹灰； ④抹面层； ⑤抹装饰面； ⑥勾分格缝
020202002	柱面装饰抹灰				
020202003	柱面勾缝	①墙体类型； ②勾缝类型； ③勾缝材料种类			①基层清理； ②砂浆制作、运输； ③勾缝

三、B.2.3 零星抹灰(020203)

零星抹灰(020203)的工程量清单项目设置及工程量计算规则，应按表9.2.3的规定执行。

零 星 抹 灰(020203)　　表9.2.3

项目编码	项目名称	项目特征	计量单位	工程量计算规则	工程内容
020203001	零星项目一般抹灰	①墙体类型； ②底层厚度、砂浆配合比； ③面层厚度、砂浆配合比； ④装饰面材料种类； ⑤分格缝宽度、材料种类	m^2	按设计图示尺寸以面积计算	①基层清理； ②砂浆制作、运输； ③底层抹灰； ④抹面层； ⑤抹装饰面； ⑥勾分格缝
020203002	零星项目装饰抹灰				

零星抹灰适用于小面积($0.5m^2$)以内少量分散的抹灰。

四、B.2.4 墙面镶贴块料(020204)

(一)工程量清单项目设置

墙面镶贴块料(020204)的工程量清单项目设置，应按表9.2.4的规定执行。

(二)工程量计算规则

(1)石材墙面、碎拼石材墙面、块料墙面的清单工程量，均按设计图示尺寸以面积计算，计量单位 m^2。

(2)干挂石材钢骨架的清单工程量，按设计图示尺寸以质量计算，计量单位 t。

五、B.2.5 柱面镶贴块料(020205)

柱面镶贴块料(020205)的工程量清单项目设置及工程量计算规则，应按表9.2.5的规定执行。

墙面镶贴块料(020204)　　表 9.2.4

<table>
<tr><th>项目编码</th><th>项目名称</th><th>项目特征</th><th>工程内容</th></tr>
<tr><td>020204001</td><td>石材墙面</td><td rowspan="3">①墙体类型;
②底层厚度、砂浆配合比;
③贴结层厚度、材料种类;
④挂贴方式;
⑤干挂方式(膨胀螺栓、钢龙骨);
⑥面层材料品种、规格、品牌、颜色;
⑦缝宽、嵌缝材料种类;
⑧防护材料种类;
⑨磨光、酸洗、打蜡要求</td><td rowspan="3">①基层清理;
②砂浆制作、运输;
③底层抹灰;
④结合层铺贴;
⑤面层铺贴;
⑥面层挂贴;
⑦面层干挂;
⑧嵌缝;
⑨刷防护材料;
⑩磨光、酸洗、打蜡</td></tr>
<tr><td>020204002</td><td>碎拼石材墙面</td></tr>
<tr><td>020204003</td><td>块料墙面</td></tr>
<tr><td>020204004</td><td>干挂石材
钢骨架</td><td>①骨架种类、规格;
②油漆品种、刷油遍数</td><td>①骨架制作、运输、安装;
②骨架油漆</td></tr>
</table>

柱面镶贴块料(020205)　　表 9.2.5

<table>
<tr><th>项目编码</th><th>项目名称</th><th>项目特征</th><th>工程量计算规则</th><th>工程内容</th></tr>
<tr><td>020205001</td><td>石材柱面</td><td rowspan="3">①柱体材料;
②柱截面类型、尺寸;
③底层厚度、砂浆配合比;
④黏结层厚度、材料种类;
⑤挂贴方式;
⑥干贴方式;
⑦面层材料品种、规格、品牌、颜色;
⑧缝宽、嵌缝材料种类;
⑨防护材料种类;
⑩磨光、酸洗、打蜡要求</td><td rowspan="5">按设计图示尺寸以镶贴表面积计算,计量单位 m^2</td><td rowspan="3">①基层清理;
②砂浆制作、运输;
③底层抹灰;
④结合层铺贴;
⑤面层铺贴;
⑥面层挂贴;
⑦面层干挂;
⑧嵌缝;
⑨刷防护材料;
⑩磨光、酸洗、打蜡</td></tr>
<tr><td>020205002</td><td>拼碎石材柱面</td></tr>
<tr><td>020205003</td><td>块料柱面</td></tr>
<tr><td>020205004</td><td>石材梁面</td><td rowspan="2">①底层厚度、砂浆配合比;
②黏结层厚度、材料种类;
③面层材料品种、规格、品牌、颜色;
④缝宽、嵌缝材料种类;
⑤防护材料种类;
⑥磨光、酸洗、打蜡要求</td><td rowspan="2">①~⑥项同块料柱面工程内容;
⑦嵌缝;
⑧刷防护材料;
⑨磨光、酸洗、打蜡</td></tr>
<tr><td>020205005</td><td>块料梁面</td></tr>
</table>

六、B.2.6 零星镶贴块料(020206)

零星镶贴块料(020206)的工程量清单项目设置及工程量计算规则,应按表 9.2.6 的规定执行。

零星镶贴块料面层项目,适用于小面积(0.5m^2)以内少量分散的块料面层。

七、B.2.7 墙饰面(020207)

墙饰面(020207)的工程量清单项目设置及工程量计算规则,应按表 9.2.7 的规定执行。

零星镶贴块料(020206)　　　　表9.2.6

项目编码	项目名称	项目特征	计量单位	工程量计算规则	工程内容
020206001	石材零星项目	①柱、墙体类型; ②底层厚度、砂浆配合比; ③黏结层厚度、材料种类; ④挂贴方式; ⑤干挂方式; ⑥面层材料品种、规格、品牌、颜色; ⑦缝宽、嵌缝材料种类; ⑧防护材料种类; ⑨磨光、酸洗、打蜡要求	m^2	按设计图示尺寸以镶贴表面积计算	①基层清理; ②砂浆制作、运输; ③底层抹灰; ④结合层铺贴; ⑤面层铺贴; ⑥面层挂贴; ⑦面层干挂; ⑧嵌缝; ⑨刷防护材料; ⑩磨光、酸洗、打蜡
020206002	拼碎石材零星项目				
020206003	块料零星项目				

墙饰面(020207)　　　　表9.2.7

项目编码	项目名称	项目特征	计量单位	工程量计算规则	工程内容
020207001	装饰板墙面	①墙体类型; ②底层厚度、砂浆配合比; ③龙骨材料种类、规格、中距; ④隔离层材料种类、规格; ⑤基层材料种类、规格; ⑥面层材料品种、规格、品牌、颜色; ⑦压条材料种类、规格; ⑧防护材料种类; ⑨油漆品种、刷漆遍数	m^2	按设计图示墙净长乘以净高以面积计算。扣除门窗洞口及单个0.3m^2以上的孔洞所占面积	①基层清理; ②砂浆制作、运输; ③底层抹灰; ④龙骨制作、运输、安装; ⑤钉隔离层; ⑥基层铺钉; ⑦面层铺贴; ⑧刷防护材料、油漆

装饰板墙面(020207001),按设计图示墙净长乘以净高以面积计算,扣除门窗洞口及单个0.3m^2以上的孔洞所占面积,计量单位m^2。

八、B.2.8 柱(梁)饰面(020208)

柱(梁)饰面(020208)的工程量清单项目设置及工程量计算规则,应按表9.2.8的规定执行。

柱(梁)面装饰(020208001)清单工程量,按设计图示饰面外围尺寸以面积计算,柱帽、柱墩并入相应柱饰面工程量内,计量单位m^2。应注意:外围饰面尺寸是指饰面的表面尺寸。

【例9.2.1】 某经理室装修工程如图9.2.1、图9.2.2所示。间壁轻隔墙厚120mm,承重墙厚240mm。经理室内Z1、Z2、Z3装饰采用木龙骨25mm×30mm、中距300mm×300mm;基层5mm胶合板、单面刷防火漆二遍;面层红榉饰面板刷聚氨酯漆四遍;柱装饰面厚度50mm。木质踢脚线高120mm,5mm厚胶合板基层,红榉装饰板面层,上口钉木线,油漆。①试计算柱面装饰清单工程量并编制相应工程量清单。②某投标人根据某定额消耗量和人材机市场价格计算定额项目工料机单价,如表9.2.9所示,投标人以"直接费中人工费+机械费"为计费基数测算的企业管理费率20%、利润率12%。已知定额工程量计算规则与《计价规范》的工程量计算规则一致。试计算柱面装饰的综合单价。

柱(梁)饰面(020208) 表9.2.8

项目编码	项目名称	项目特征	计量单位	工程量计算规则	工程内容
020208001	柱(梁)面装饰	①柱(梁)体类型; ②底层厚度、砂浆配合比; ③龙骨材料种类、规格、中距; ④隔离层材料种类; ⑤基层材料种类、规格; ⑥面层材料品种、规格、品牌、颜色; ⑦压条材料种类、规格; ⑧防护材料种类; ⑨油漆品种、刷漆遍数	m^2	按设计图示饰面外围尺寸以面积计算。柱帽、柱墩并入相应柱饰面工程量内	①清理基层; ②砂浆制作、运输; ③底层抹灰; ④龙骨制作、运输、安装; ⑤钉隔离层; ⑥基层铺钉; ⑦面层铺贴; ⑧刷防护材料、油漆

定额消耗量及工料机单价计算表 表9.2.9

工作内容:①包方柱:定位放线、下料、钉龙骨、包夹板、镶条等;②刷聚氨酯漆三遍:清扫、磨砂纸、润油粉、刮腻子、刷聚氨酯漆三遍;③防火涂料两遍:清扫、防火涂料。计量单位 $100m^2$

项目编号				B2-391	B5-64	B5-212
项目名称				包方柱(梁)	聚氨酯漆三遍	防火涂料两遍
				木龙骨胶合板基层,饰面板	其他木材面	基层板面单面
工料机单价				9657.87	2310.92	373.35
其中	人工费			2259.90	1231.65	231.75
	材料费			6734.66	1079.27	141.60
	机械费			663.31		
名称		单位	单价	数量		
人工	综合用工一类	工日	45.00	50.220	27.370	5.150
材料	松木锯材	m^3	2050.00	0.920		
	胶合板5mm	m^2	11.74	105.000		
	饰面板	m^2	25.17	110.000		
	聚醋酸乙烯乳液	kg	7.40	103.900		
	铁钉	kg	6.50	3.600		
	汽钉(枪钉)	盒	5.00	11.000		
	石膏粉	kg	0.60		2.700	
	大白粉	kg	0.21		9.410	
	砂纸	张	0.30		30.000	
	白布0.9m	m	2.00		0.400	1.200
	棉纱头	kg	5.83		1.800	
	聚氨酯漆	kg	28.35		32.030	
	清油Y00-1	kg	19.90		1.830	
	熟桐油	kg	12.35		3.510	
	催干剂	kg	25.00		0.100	0.300
	油漆溶剂油	kg	7.35		3.800	2.000
	酒精	kg	2.10		0.040	
	二甲苯	kg	9.50		3.900	
	防火涂料	kg	6.00			19.500
机械	电动空气压缩机0.3m^3/min	台班	75.12	8.830		

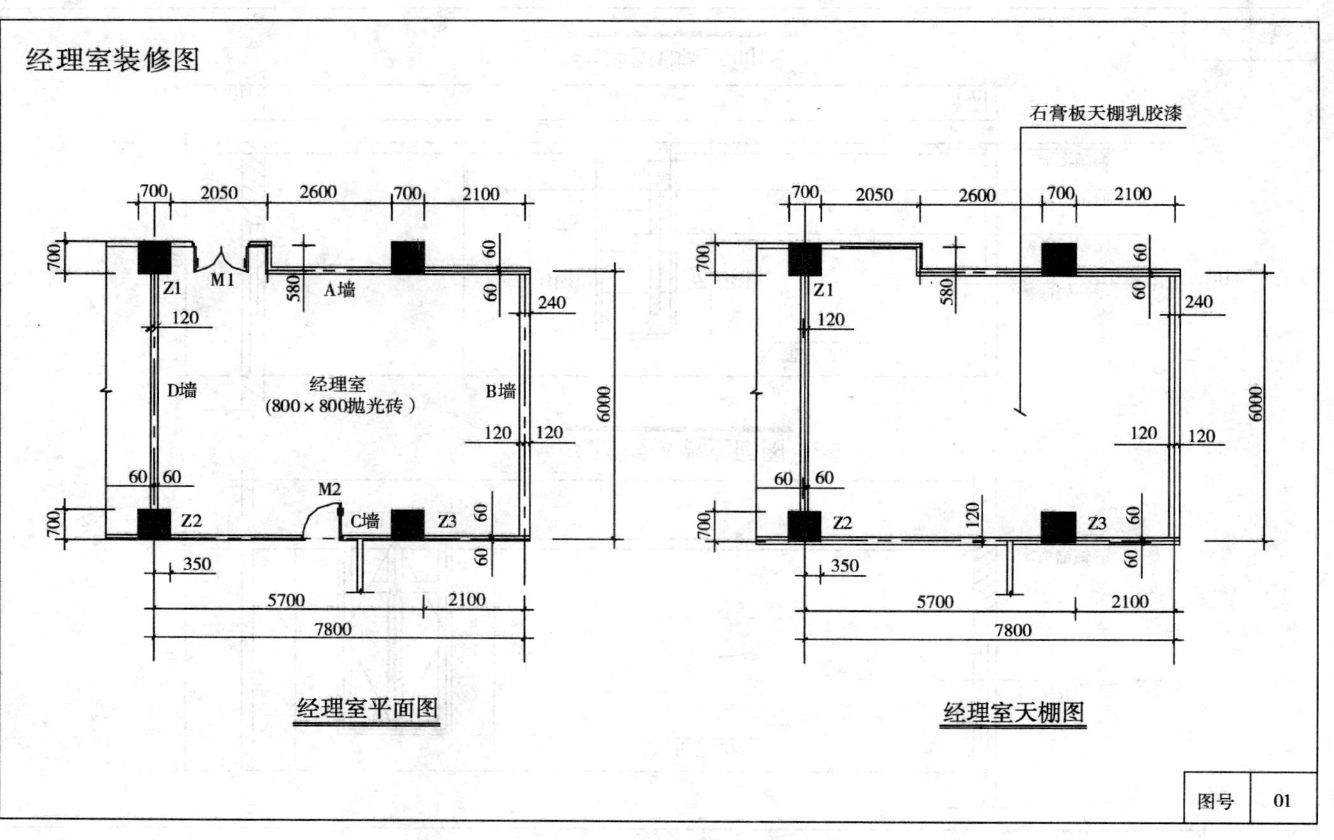

图 9.2.1　经理室平面图、天棚图(尺寸单位:mm)

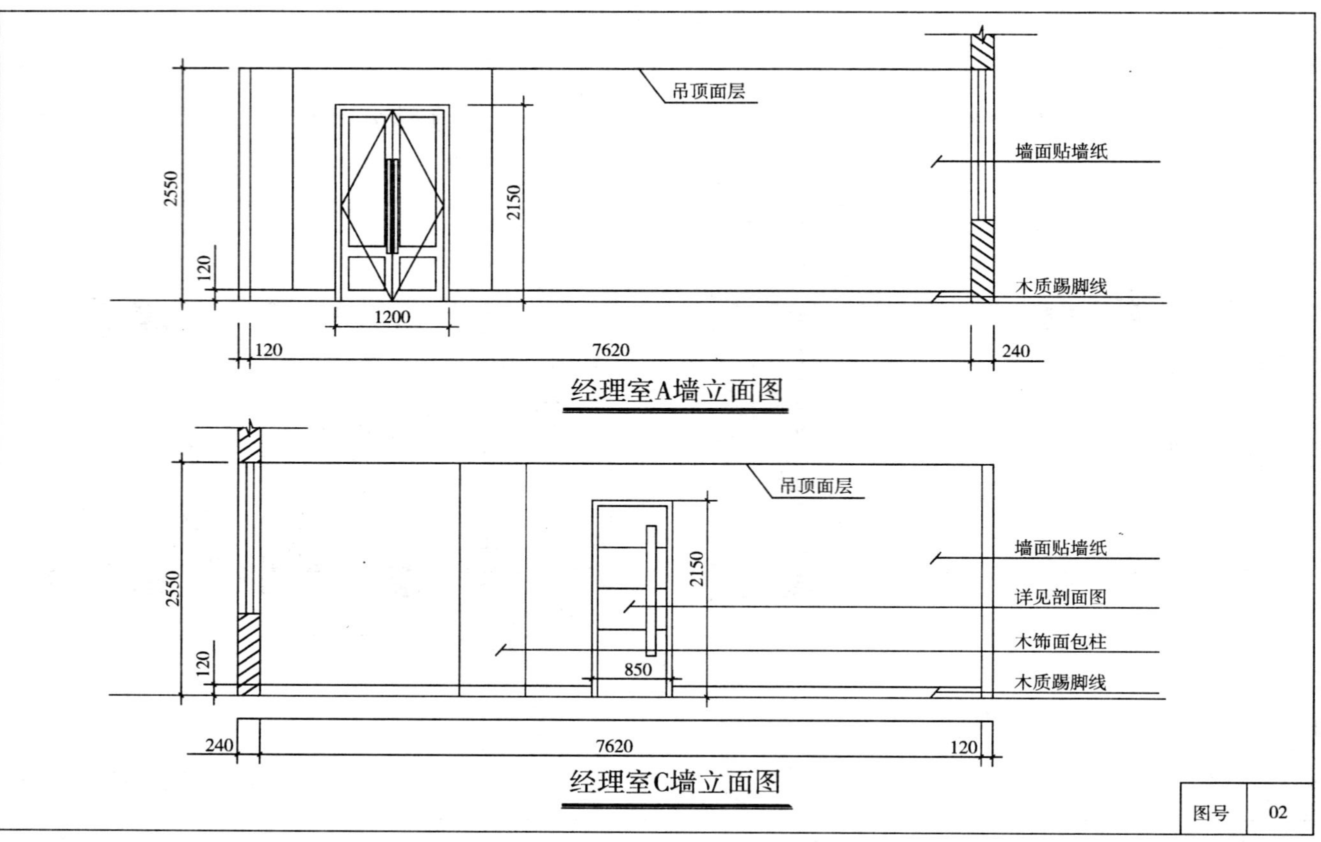

图 9.2.2　经理室 A、C 墙立面图(尺寸单位:mm)

解：(1)柱面装饰清单工程量

Z1、Z2：$[(0.35-0.06+0.05)+(0.7-0.12+0.05)]\times(2.55-0.12)\times2=4.714\ m^2$

Z3：$[0.7+0.05\times2+(0.7-0.12+0.05)\times2]\times(2.55-0.12)=5.006\ m^2$

合计：$4.714+5.006=9.72\ m^2$

结合设计情况，编制工程量清单如表9.2.10所示。

分部分项工程量清单与计价表 表9.2.10

序号	项目编码	项目名称	项目特征描述	计量单位	工程量	金额(元)	
						综合单价	合价
1	020208001001	红榉板柱面装饰	①混凝土方柱； ②木龙骨25mm×30mm，中距300mm×300mm； ③基层：5mm胶合板； ④面层：红榉饰面板，3mm厚； ⑤木结构基层板面单面防火漆二遍；饰面板聚氨酯漆三遍	m^2	9.72		

(2)根据清单柱面装饰的特征描述，可知清单项目柱面装饰对应木龙骨胶合板基层、饰面板面层包方柱(B2－391)；木材面聚氨酯漆三遍(B5－64)；基层板面单面防火涂料刷两遍(B5－212)三项定额子项的工程内容。可以列表9.2.11来分析柱面装饰的综合单价。

工程量清单综合单价分析表 表9.2.11

项目编码：020208001001　　项目名称：红榉板柱面装饰　　计量单位：m^2

综合单价组成明细										
定额编号	定额单位	数量	单价				合价			
			人工费	材料费	机械费	管理费和利润	人工费	材料费	机械费	管理费和利润
B2－391	$100m^2$	0.01	2259.90	6734.66	663.31	935.43	22.60	67.35	6.63	9.35
B5－64	$100m^2$	0.01	1231.65	1079.27		394.13	12.32	10.79		3.94
B5－212	$100m^2$	0.01	231.75	141.60		74.16	2.32	1.42		0.74
人工单价			小计				37.24	79.56	6.63	14.03
一类：45元/工日			未计价材料费							
综合单价							137.46			

九、B.2.9 隔断(020209)

隔断(020209001)对应的工程内容为骨架及边框制作、运输、安装；隔板制作、运输、安装；嵌缝、塞口；装钉压条；刷防护材料、油漆等。

工程量清单中，隔断应描述的项目特征有：骨架、边框材料种类、规格；隔板材料品种、规格、品牌、颜色；嵌缝、塞口材料品种；压条材料种类；防护材料种类；油漆品种、刷漆遍数等。

隔断的清单工程量按设计图示框外围尺寸以面积计算。计算时，扣除单个$0.3m^2$以上的孔洞所占面积；浴厕门的材质与隔断相同者，门的面积并入隔断面积内，计量单位m^2。

十、B.2.10 幕墙(020210)

幕墙的工程量清单项目设置及工程量计算规则,应按表 9.2.12 的规定执行。

幕　墙(020210)　　表 9.2.12

项目编码	项目名称	项目特征	计量单位	工程量计算规则	工程内容
020210001	带骨架幕墙	①骨架材料种类、规格、中距; ②面层材料品种、规格、品种、颜色; ③面层固定方式; ④嵌缝、塞口材料种类	m^2	按设计图示框外围尺寸以面积计算,与幕墙同种材质的窗所占面积不扣除	①骨架制作、运输、安装; ②面层安装; ③嵌缝、塞口; ④清洗
020210002	全玻幕墙	①玻璃品种、规格、品牌、颜色; ②黏结塞口材料种类; ③固定方式		按设计图示尺寸以面积计算。带肋全玻幕墙按展开面积计算	①幕墙安装; ②嵌缝、塞口; ③清洗

(1)设置在隔断、幕墙上的门窗,可包括在隔墙、幕墙项目综合单价内,也可单独编码列项,并在清单项目中进行描述。

(2)带肋全玻璃幕墙是指玻璃幕墙带玻璃肋,玻璃肋的工程量应合并在玻璃幕墙工程量计算。

第三节　B.3 天棚工程

一、B.3.1 天棚抹灰(020301)

天棚抹灰(020301001)对应的工程内容为:基层清理;底层抹灰;抹面层;抹装饰线条。该清单项目的项目特征:基层类型;抹灰厚度、材料种类;装饰线条道数(以一个突出的棱角为一道线);砂浆配合比。

天棚抹灰的清单工程量按设计图示尺寸以水平投影面积计算,计量单位 m^2。计算时,不扣除间壁墙、垛、柱、附墙烟囱、检查口和管道所占的面积;带梁天棚、梁两侧抹灰面积并入天棚面积内;板式楼梯底面抹灰按斜面积计算;锯齿形楼梯底板抹灰按展开面积计算。

二、B.3.2 天棚吊顶(020302)

(一)工程量清单项目设置

天棚吊顶(020302)的工程量清单项目设置,应按表 9.3.1 的规定执行。

(二)工程量计算规则

(1)天棚吊顶,清单工程量按设计图示尺寸以水平投影面积计算,计量单位 m^2。天棚面中的灯槽及跌级、锯齿形、吊挂式、藻井式天棚面积不展开计算。计算时,不扣除间壁墙、检查洞、附墙烟囱、柱垛和管道所占面积,扣除单个 $0.3m^2$ 以外的孔洞、独立柱及与天棚相连的窗帘盒所占的面积。

天 棚 吊 顶(020302)　　表9.3.1

项目编码	项目名称	项目特征	工程内容
020302001	天棚吊顶	①吊顶形式； ②龙骨类型、材料种类、规格、中距； ③基层材料种类、规格； ④面层材料品种、规格、品牌、颜色； ⑤压条材料种类、规格； ⑥嵌缝材料种类； ⑦防护材料种类； ⑧油漆品种、刷漆遍数	①基层清理； ②龙骨安装； ③基层板铺贴； ④面层铺贴； ⑤嵌缝； ⑥刷防护材料、油漆
020302002	格栅吊顶	①龙骨类型、材料种类、规格、中距； ②基层材料种类、规格； ③面层材料品种、规格、品牌、颜色； ④防护材料种类； ⑤油漆品种、刷漆遍数	①基层清理； ②底层抹灰； ③安装龙骨； ④基层板铺贴； ⑤面层铺贴； ⑥刷防护材料、油漆
020302003	吊筒吊顶	①底层厚度、砂浆配合比； ②吊筒形状、规格、颜色、材料种类； ③防护材料种类； ④油漆品种、刷漆遍数	①基层清理； ②底层抹灰； ③吊筒安装； ④刷防护材料、油漆
020302004	藤条造型悬挂吊顶	①底层厚度、砂浆配合比； ②骨架材料种类、规格； ③面层材料品种、规格、颜色； ④防护层材料种类； ⑤油漆品种、刷漆遍数	①基层清理； ②底层抹灰； ③龙骨安装； ④铺贴面层； ⑤刷防护材料、油漆
020302005	织物软雕吊顶		
020302006	网架(装饰)吊顶	①底层厚度、砂浆配合比； ②面层材料品种、规格、颜色； ③防护材料品种； ④油漆品种、刷漆遍数	①基层清理； ②底面抹灰； ③面层安装； ④刷防护材料、油漆

应注意天棚吊顶与天棚抹灰工程量计算规则有所不同:天棚抹灰不扣除柱垛包括独立柱所占面积;天棚吊顶不扣除柱垛所占面积,但应扣除独立柱所占面积。所谓“柱垛”是指与墙体相连的柱而突出墙体部分。

编制工程量清单时,采光天棚和天棚设置保温、隔热、吸音层时,按防腐、隔热、保温工程相关项目编码列项。天棚吊顶的平面、跌级、锯齿形、阶梯形、吊挂式、藻井式以及矩形、弧形、拱形等应在清单项目中进行描述。

清单计价时,天棚的检查孔、天棚内的检修走道、灯槽等包括在相应天棚清单项目中,不单独列项目,应包括在综合单价内。

(2)格栅吊顶、吊筒吊顶、藤条造型悬挂吊顶、织物软雕吊顶、网架(装饰)吊顶的清单工程量,按设计图示尺寸以水平投影面积计算,计量单位 m^2。

【例9.3.1】 经理室装修如图9.2.1和图9.2.2所示,天棚装修为轻钢龙骨石膏板吊顶。①计算天棚吊顶清单工程量并编制工程量清单。②某投标人根据企业定额消耗量和人材机市场价格计算定额项目工料机单价，如表9.3.2所示，投标人以“人工费＋机械费”为计费基数测算的企业管理费率20%、利润率12%。已知定额工程量计算规则与《计价规范》的工程量计算规则一致。试计算天棚吊顶的综合单价。

定额消耗量及工料机单价计算表 表9.3.2

工作内容：①装配式轻钢龙骨：吊杆加工、安装；定位、弹线、安膨胀螺栓；选料、下料、定位杆控制高度、平整、安装龙骨及吊配附件、孔洞预留等；临时加固、调整、校正；灯箱风口封边、龙骨设置；预留位置、整体调整。②石膏板基层：选料、放样、下料、安装、清理。③石膏板面刷乳胶漆：清扫、刮耐水腻子两遍、磨砂纸、刷乳胶漆。

计量单位 $100m^2$

项目编号				B3－38	B3－91	B5－268
项目名称				装配式U型轻钢平面天棚龙骨（不上人型）	石膏板基层	乳胶漆两遍（石膏板面）
工料机单价				3882.75	1807.35	1469.67
其中	人工费			1029.15	464.85	497.25
	材料费			2819.40	1342.50	972.42
	机械费			34.20		
名称		单位	单价	数量		
人工	综合用工一类	工日	45.00	22.870	10.330	11.050
材料	轻钢龙骨不上人型（平面）450×450	m^2	21.27	101.500		
	电焊条结422	kg	4.00	1.280		
	机螺丝	kg	4.50	1.220		
	螺母	百个	4.00	3.520		
	垫圈	百个	2.50	1.760		
	膨胀螺栓	套	0.60	130.000		
	合金钢钻头	个	7.70	0.650		
	铁件	kg	9.86	40.000		
	吊筋	kg	5.50	28.000		
	石膏板	m^2	11.80		105.000	
	自攻螺丝	百个	4.50		23.000	
	砂纸	张	0.30			6.000
	乳胶漆	kg	10.50			31.500
	嵌缝油膏	kg	2.00			31.500
	聚醋酸乙烯乳液	kg	7.40			6.300
	玻纤带	kg	1.00			110.250
	耐水腻子	kg	4.00			105.000
机械	交流弧焊机32kV·A	台班	143.60	0.100		
	电锤（520W）	台班	12.17	1.630		

解：天棚吊顶清单工程量：$(7.8-0.12)\times6+(2.05+0.35)\times0.58-0.7\times0.7=46.98m^2$

编制工程量清单，如表9.3.3所示。

分部分项工程量清单与计价表 表9.3.3

序号	项目编码	项目名称	项目特征描述	计量单位	工程量	金额(元)	
						综合单价	合价
1	020302001001	天棚吊顶	①吊顶形式:不上人型U型轻钢龙骨吊顶,平面; ②龙骨材料种类、规格、中距:龙牌U型轻钢龙骨中距450×450; ③面层材料品种、规格、品牌、颜色:泰山牌纸面石膏板,2400×1200×9.5; ④嵌缝材料种类:嵌缝油膏; ⑤油漆品种、刷漆遍数:刮腻子刷白色乳胶漆两遍	m^2	46.98		

(3)根据清单中天棚吊顶的特征描述,天棚吊顶对应装配式U形轻钢平面天棚龙骨(B3-38)、石膏板基层(B3-91)、石膏板面乳胶漆两遍(B5-268)三项定额子项的工程内容,可以列表9.3.4计算天棚吊顶的综合单价。

工程量清单综合单价分析表 表9.3.4

项目编码:020302001001　　项目名称:天棚吊顶　　计量单位:m^2

清单综合单价组成明细										
定额编号	定额单位	数量	单价				合价			
			人工费	材料费	机械费	管理费和利润	人工费	材料费	机械费	管理费和利润
B3-38	$100m^2$	0.01	1029.15	2819.40	34.20	340.27	10.29	28.19	0.34	3.40
B3-91	$100m^2$	0.01	464.85	1342.50		148.75	4.65	13.43	0.00	1.49
B5-268	$100m^2$	0.01	497.25	972.42		159.12	4.97	9.72	0.00	1.59
人工单价			小计				19.91	51.34	0.34	6.48
一类:45元/工日			未计价材料							
清单项目综合单价							78.07			

三、B.3.3 天棚其他装饰(020303)

天棚其他装饰(020303)的工程量清单项目设置及工程量计算规则,应按表9.3.5的规定执行。

天棚其他装饰(020303) 表9.3.5

项目编码	项目名称	项目特征	计量单位	工程量计算规则	工程内容
020303001	灯带	①灯带型式、尺寸; ②格栅片材料品种、规格、品牌、颜色; ③安装固定方式	m^2	按设计图示尺寸以框外围面积计算	安装、固定
020303002	送风口、回风口	①风口材料品种、规格、品牌、颜色; ②安装固定方式; ③防护材料种类	个	按设计图示数量计算	①安装、固定; ②刷防护材料

第四节 B.4 门窗工程

一、B.4.1 木门(020401)

木门(020401)的工程量清单项目设置及工程量计算规则,应按表9.4.1的规定执行。

木 门(020401) 表9.4.1

项目编码	项目名称	项目特征	计量单位	工程量计算规则	工程内容
020401001	镶板木门	①门类型; ②框截面尺寸、单扇面积; ③骨架材料种类; ④面层材料品种、规格、品牌、颜色; ⑤玻璃品种、厚度、五金材料、品种、规格; ⑥防护层材料种类; ⑦油漆品种、刷漆遍数	樘/m²	按设计图示数量或设计图示洞口尺寸以面积计算	①门制作、运输、安装; ②五金、玻璃安装; ③刷防护材料、油漆
020401002	企口木板门				
020401003	实木装饰门				
020401004	胶合板门				
020401005	夹板装饰门	①~③项同上栏①~③项; ④防火材料种类; ⑤门纱材料品种、规格; ⑥~⑦项同上栏④~⑤项; ⑧防护材料种类; ⑨油漆品种、刷漆遍数			
020401006	木质防火门				
020401007	木纱门				
020401008	连窗门	①门窗类型; ②框截面尺寸、单扇面积; ③骨架材料种类; ④~⑦项同上栏⑥~⑨项			

说明:①木门五金应包括:折页、插销、风钩、弓背拉手、搭扣、木螺丝、弹簧折页(自动门)、管子拉手(自由门、地弹门)、地弹簧(地弹门)、角铁、门轧头(地弹门、自由门)等。

②实木装饰项目也适用于竹压板装饰门。

二、B.4.2 金属门(020402)

金属门(020402)的工程量清单项目设置及工程量计算规则,应按表9.4.2的规定执行。铝合门五金应包括:地弹簧、门锁、拉手、门插、门铰、螺丝等。

三、B.4.3 金属卷帘门(020403)

金属卷帘门(020403)的工程量清单项目设置及工程量计算规则,应按表9.4.3的规定执行。

金　属　门(020402)　　　　表9.4.2

项目编码	项目名称	项目特征	计量单位	工程量计算规则	工程内容
020402001	金属平开门	①门类型； ②框材质、外围尺寸； ③扇材质、外围尺寸； ④玻璃品种、厚度、五金材料、品种、规格； ⑤防护材料种类； ⑥油漆品种、刷漆遍数	樘/m^2	按设计图示数量或设计图示洞口尺寸以面积计算	①门制作、运输、安装； ②五金、玻璃安装； ③刷防护材料、油漆
020402002	金属推拉门				
020402003	金属地弹门				
020402004	彩板门				
020402005	塑钢门				
020402006	防盗门				
020402007	钢质防火门				

金属卷帘门(020403)　　　　表9.4.3

项目编码	项目名称	项目特征	计量单位	工程量计算规则	工程内容
020403001	金属卷闸门	①门材质、框外围尺寸； ②启动装置品种、规格、品牌； ③五金材料、品种、规格； ④刷防护材料种类； ⑤油漆品种、刷漆遍数	樘/m^2	按设计图示数量或设计图示洞口尺寸以面积计算	①门制作、运输、安装； ②启动装置、五金安装； ③刷防护材料、油漆
020403002	金属格栅门				
020403003	防火卷帘门				

四、B.4.4 其他门(020404)

其他门(020404)的工程量清单项目设置及工程量计算规则，应按表9.4.4的规定执行。

其　他　门(020404)　　　　表9.4.4

项目编码	项目名称	项目特征	计量单位	工程量计算规则	工程内容
020404001	电子感应门	①门材质、品牌、外围尺寸； ②玻璃品种、厚度、五金材料、品种、规格； ③电子配件品种、规格、品牌； ④防护材料种类； ⑤油漆品种、刷漆遍数	樘/m^2	按设计图示数量或设计图示洞口尺寸以面积计算	①门制作、运输、安装； ②五金、电子配件安装； ③刷防护材料、油漆
020404002	转门				
020404003	电子对讲门				
020404004	电动伸缩门				
020404005	全玻门(带扇框)	①门类型； ②框材质、外围尺寸； ③扇材质、外围尺寸； ④玻璃品种、厚度、五金材料、品种、规格； ⑤防护材料种类； ⑥油漆品种、刷漆遍数			①门制作、运输、安装； ②五金安装； ③刷防护材料、油漆
020404006	全玻自由门(无扇框)				
020404007	半玻门(带扇)				
020404008	镜面不锈钢饰面门				①门扇骨架及基层制作、运输、安装； ②包面层； ③五金安装； ④刷防护材料

(1)转门项目适用于电子感应和人力推动转门。

(2)玻璃、百叶面积占其门扇面积一半以内者应为半玻门或半百叶门;超过一半时应为全玻门或全百叶门。

(3)其他门五金应包括L型执手插锁(双舌)、球形执手锁(单舌)、门轧头、地锁、防盗门扣、门眼(猫眼)、门碰珠、电子销(磁卡销)、闭门器、装饰拉手等。

五、B.4.5 木窗(020405)

木窗(020405)的工程量清单项目设置为9项,包括木质平开窗(020405001)、木质推拉窗(020405002)、矩形木百叶窗(020405003)、异形木百叶窗(020405004)、木组合窗(020405005)、木天窗(020405006)、矩形木固定窗(020405007)、异形木固定窗(020405008)、装饰空花木窗(020405009)。这些清单项目对应的工程内容为窗制作、运输、安装;五金、玻璃安装;刷防护材料、油漆。木窗五金应包括:折页、插销、风钩、木螺丝、滑轮滑轨(推拉窗)等。

工程量清单中,应描述的项目特征包括:窗类型;框材质、外围尺寸;扇材质、外围尺寸;玻璃品种、厚度、五金材料、品种、规格;防护材料种类;油漆品种、刷漆遍数等。

上述清单项目的清单工程量按设计图示数量或设计图示洞口尺寸以面积计算,计量单位为“樘/m^2”。

六、B.4.6 金属窗(020406)

1. 金属推拉窗(020406001)、金属平开窗(020406002)、金属固定窗(020406003)、金属百叶窗(020406004)、金属组合窗(020406005)、彩板窗(020406006)、塑钢窗(020406007)、金属防盗窗(020406008)、金属格栅窗(020406009)

金属窗(020406)所设置的前9项清单项目对应的工程内容为窗制作、运输、安装;五金、玻璃安装;刷防护材料、油漆。铝合金窗五金应包括:卡锁、滑轮、铰链、执手、拉把、拉手、风撑、角码、牛角制等。

工程量清单中,上述清单项目的项目特征描述包括:窗类型;框材质、外围尺寸;扇材质、外围尺寸;玻璃品种、厚度、五金材料、品种、规格;防护材料种类;油漆品种、刷漆遍数。

上述清单项目的清单工程量按设计图示数量或设计图示洞口尺寸以面积计算,计量单位“樘/m^2”。

2. 特殊五金(020406010)

“特殊五金”项目指贵重及业主认为应单独列项的五金配件。该清单项目对应的工程内容为五金安装;刷防护材料、油漆。在工程量清单中,应描述“特殊五金”的项目特征:五金名称、用途;五金材料、品种、规格。

“特殊五金”清单工程量按设计图示数量计算,计量单位为“个/套”。

七、B.4.7 门窗套(020407)

门窗套(020407)的工程量清单项目设置及工程量计算规则,应按表9.4.5的规定执行。

门窗套、门窗贴脸、筒子板“以展开面积计算”,即指按其铺钉面积计算。

门窗套、门窗贴脸和筒子板,如图9.4.1所示。

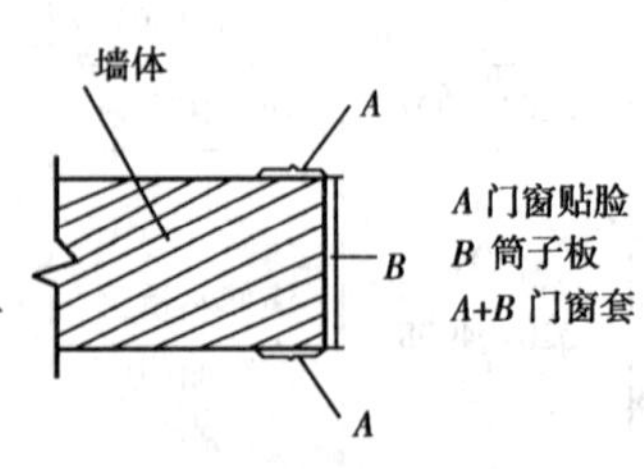

图9.4.1 门窗套示意图

门　窗　套(020407)　　表9.4.5

项目编码	项目名称	项目特征	计量单位	工程量计算规则	工程内容
020407001	木门窗套	①底层厚度、砂浆配合比； ②立筋材料种类、规格； ③基层材料种类； ④面层材料品种、规格、品牌、颜色； ⑤防护材料种类； ⑥油漆品种、刷油遍数	m^2	按设计图示尺寸以展开面积计算	①清理基层； ②底层抹灰； ③立筋制作、安装； ④基层板安装； ⑤面层铺贴； ⑥刷防护材料、油漆
020407002	金属门窗套				
020407003	石材门窗套				
020407004	门窗木贴脸				
020407005	硬木筒子板				
020407006	饰面夹板筒子板				

八、B.4.8 窗帘盒、窗帘轨(020408)

1. 木窗帘盒(020408001),饰面夹板、塑料窗帘盒(020408002),金属窗帘盒(020408003)

木窗帘盒,饰面夹板、塑料窗帘盒,金属窗帘盒对应的工程内容为制作、运输、安装；刷防护材料、油漆等。这些项目,在清单中应描述的项目特征有:窗帘盒材质,规格、颜色;防护材料种类;油漆种类、刷漆遍数等。

各种窗帘盒清单工程量按设计图示尺寸以长度计算,计量单位m,如窗帘盒为弧形时,其长度应以中心线计算。

2. 窗帘轨(020408004)

窗帘轨对应工程内容为制作、运输、安装；刷防护材料、油漆等。在工程量清单中应描述的项目特征有:窗帘轨材质,规格、颜色;防护材料种类;油漆种类、刷漆遍数等。

窗帘轨清单工程量按设计图示尺寸以长度计算,计量单位m。

九、B.4.9 窗台板(020409)

窗台板(020409)的工程量清单项目设置及工程量计算规则,应按表9.4.6的规定执行。

窗　台　板(020409)　　表9.4.6

项目编码	项目名称	项目特征	计量单位	工程量计算规则	工程内容
020409001	木窗台板	①找平层厚度、砂浆配合比； ②窗台板材质、规格、颜色； ③防护材料种类； ④油漆种类、刷漆遍数	m	按设计图示尺寸以长度计算	①基层清理； ②抹找平层； ③窗台板制作、安装； ④刷防护材料、油漆
020409002	铝塑窗台板				
020409003	石材窗台板				
020409004	金属窗台板				

窗台板如为弧形时,其长度应以中心线计算。

十、B.4 清单计价实务说明

(1)门窗工程量均以“樘”计算时,如遇框架结构的连续长窗也可以“樘”计算,但对连续长窗的扇数和洞口尺寸应在工程量清单中进行描述。

(2)木门窗的制作应考虑木材的干燥损耗、刨光损耗、下料后备长度、门窗走头增加的体积等。

(3)防护材料分防火、防腐、防虫、防潮、耐老化等材料,应根据清单项目特征描述在综合单价中给予考虑。

(4)门窗框与洞口之间缝的填塞,应包括在综合单价内。

第五节 B.5 油漆、涂料、裱糊工程

一、B.5.1 门油漆(020501)

门油漆(020501001)对应的工程内容为基层清理;刮腻子;刷防护材料、油漆。门油漆应区分单层木门、双层(一玻一纱)木门、双层(单裁口)木门、全玻自由门、半玻自由门、装饰门及有框门或无框门等,分别编码列项。连窗门可按门油漆项目编码列项。

编制工程量清单时,项目特征应描述门类型、腻子种类、刮腻子要求、防护材料种类、油漆品种及刷漆遍数。门油漆清单工程量按设计图示数量或设计图示单面洞口面积计算,计量单位"樘/m^2"。

二、B.5.2 窗油漆(020502)

窗油漆(020502001)对应的工程内容为基层清理;刮腻子;刷防护材料、油漆。窗油漆应区分单层玻璃窗、双层(一玻一纱)木窗、双层框扇(单裁口)木窗、双层框三层(二玻一纱)木窗、单层组合窗、双层组合窗、木百叶窗、木推拉窗等,分别编码列项。

编制工程量清单时,项目特征应描述窗类型、腻子种类、刮腻子要求、防护材料种类、油漆品种及刷漆遍数。窗油漆清单工程量按设计图示数量或设计图示单面洞口面积计算,计量单位"樘/m^2"。

三、B.5.3 木扶手及其他板条线条油漆(020503)

木扶手及其他板条线条油漆(020503)的工程量清单项目设置为5项,包括木扶手油漆(020503001);窗帘盒油漆(020503002);封檐板、顺水板油漆(020503003);挂衣板、黑板框油漆(020503004);挂镜线、窗帘棍、单独木线油漆(020503005)。各清单项目对应的工程内容为基层清理;刮腻子;刷防护材料、油漆。

编制工程量清单时,木扶手应区分带托扳与不带托板,分别编码(第五级编码)列项;楼梯木扶手工程量按中心线斜长计算,弯头长度应计算在扶手长度内;博风板工程量按中心线斜长计算,需用大刀头的每个大刀头增加长度50cm。

工程量清单中,项目特征描述包括腻子种类、刮腻子要求、油漆体单位展开面积、油漆部位长度 、防护材料种类 、油漆品种及刷漆遍数。

清单工程量按设计图示尺寸以长度计算,计量单位m。

四、B.5.4 木材面油漆(020504)

木材面油漆(020504)工程量清单项目设置及工程量计算规则,按表9.5.1的规定执行。

(1)木板、纤维板、胶合板油漆,单面油漆按单面面积计算,双面油漆按双面面积计算。

(2)木护墙、木墙裙油漆按垂直面积计算。

(3)台板、筒子板、盖板、门窗套、踢脚线油漆按水平或垂直投影面积(门窗套的贴脸板和筒子板垂直投影面积合并)计算。

木材面油漆(020504) 表9.5.1

项目编码	项目名称	项目特征	计量单位	工程量计算规则	工程内容
020504001	木板、纤维板、胶合板油漆	①腻子种类; ②刮腻子要求; ③防护材料种类; ④油漆品种、刷漆遍数	m^2	按设计图示尺寸以面积计算	①基层清理; ②刮腻子; ③刷防护材料、油漆
020504002	木护墙、木墙裙油漆				
020504003	窗台板、筒子板、盖板、门窗套、踢脚线油漆				
020504004	清水板条天棚、檐口油漆				
020504005	木方格吊顶天棚油漆				
020504006	吸音板墙面、天棚面油漆				
020504007	暖气罩油漆				
020504008	木间壁、木隔断油漆			按设计图示尺寸以单面外围面积计算	
020504009	玻璃间壁露明墙筋油漆				
020504010	木栅栏、木栏杆(带扶手)油漆				
020504011	衣柜、壁柜油漆			按设计图示尺寸以油漆部分展开面积计算	
020504012	梁柱饰面油漆				
020504013	零星木装修油漆				
020504014	木地板油漆			按设计图示尺寸以面积计算。空洞、空圈、暖气包槽、壁龛的开口部分并入相应的工程量内	
020504015	木地板烫硬蜡面	①硬蜡品种; ②面层处理要求			①基层清理; ②烫蜡

(4)清水板条天棚、檐口油漆、木方格吊顶天棚油漆以水平投影面积计算,不扣除空洞面积。

(5)暖气罩油漆,垂直面按垂直投影面积计算,突出墙面的水平面按水平投影面积计算,不扣除空洞面积。

五、B.5.5 金属面油漆(020505)

金属面油漆(020505001)对应的工程内容为基层清理;刮腻子;刷防护材料、油漆。

工程量清单中,金属面油漆应描述的项目特征包括:腻子种类、刮腻子要求、防护材料种类、油漆品种及刷漆遍数。其清单工程量按设计图示以(构件)质量计算,计量单位 t。

通常计算该清单项目综合单价时,往往需要先按照依据的企业定额或预算定额上规定的金属面油漆工程量计算规则计算计价工程量,再计算综合单价。

六、B.5.6 抹灰面油漆(020506)

抹灰面油漆(020506)的工程量清单项目设置为抹灰面油漆(020506001)和抹灰线条油漆(020506002)两项。它们对应的工程内容均为基层清理;刮腻子;刷防护材料、油漆。

工程量清单中,应描述的项目特征均包括:基层类型;线条宽度、道数;腻子种类;刮腻子要求;防护材料种类;油漆品种、刷漆遍数。

抹灰面油漆的清单工程量按设计图示尺寸以面积计算,计量单位 m^2。

抹灰线条油漆的清单工程量按设计图示尺寸以长度计算,计量单位 m。

七、B.5.7 喷刷、涂料(020507)

喷刷涂料(020507001)对应的工程内容为基层清理;刮腻子;刷、喷涂料。

编制工程量清单时,该项目应描述的项目特征包括基层类型、腻子种类、刮腻子要求、涂料品种及刷喷遍数。该项目的清单工程量按设计图示尺寸以面积计算,计量单位 m^2。

八、B.5.8 花饰、线条刷涂料(020508)

花饰、线条刷涂料(020508)的工程量清单项目设置及工程量计算规则,应按表 9.5.2 的规定执行。

花饰、线条刷涂料(020508) 表 9.5.2

项目编码	项目名称	项目特征	计量单位	工程量计算规则	工程内容
020508001	空花格、栏杆刷涂料	①腻子种类; ②线条宽度; ③刮腻子要求; ④涂料品种、刷喷遍数	m^2	按设计图示尺寸以单面外围面积计算	①基层清理; ②刮腻子; ③刷、喷涂料
020508002	线条刷涂料		m	按设计图示尺寸以长度计算	

空花格、栏杆刷涂料工程量按外框单面垂直投影面积计算,要注意其展开面积工料消耗应包括在综合单价内。

九、B.5.9 裱糊(020509)

裱糊(020509)的工程量清单项目设置及工程量计算规则,应按表 9.5.3 的规定执行。

墙纸和织锦缎的裱糊,应注意设计要求对花还是不对花。

【例 9.5.1】 若图 9.2.1、图 9.2.2 所示的经理室,墙面装修为裱糊米色墙纸,试计算墙纸裱糊的清单工程量。

解:计算应注意:门、柱面、踢脚线不贴墙纸;门高 2.15m 与墙高 2.55m 不同;考虑加柱面饰面 50mm 厚。

裱　　糊(020509)　　　　表 9.5.3

项目编码	项目名称	项目特征	计量单位	工程量计算规则	工程内容
020509001	墙纸裱糊	①基层类型；②裱糊构件部位；③腻子种类；④刮腻子要求；⑤黏结材料种类；⑥防护材料种类；⑦面层材料品种、规格、品牌、颜色	m^2	按设计图示尺寸以面积计算	①基层清理；②刮腻子；③面层铺粘；④刷防护材料
020509002	织锦缎裱糊				

A:[(7.62+0.58)-(0.35-0.06+0.05)]×(2.55-0.12)-1.2×(2.15-0.12)

=16.66m^2

B:(6-0.12)×(2.55-0.12)=14.29 m^2

C:[7.8-0.12-(0.35+0.05)(Z1)-(0.7+0.05×2)]×(2.55-0.12)-0.85×(2.15-0.12)

=6.48×2.43-0.85×2.03=14.02m^2

D:[6-0.05-0.7-0.05] ×(2.55-0.12)=12.64 m^2

合计:16.66+14.29+14.02+12.64=57.61m^2

十、B.5 清单计价实务说明

(1)有关项目中已包括油漆、涂料的不再单独按 B.5 油漆,涂料,裱糊工程列项。

(2)工程量以面积计算的油漆、涂料项目、线角、线条、压条等不展开。

(3)有线角、线条、压条的油漆、涂料面的工料消耗应包括在其综合单价内。

(4)抹灰面的油漆、涂料,应注意基层的类型,如一般抹灰墙柱面与拉条灰、拉毛灰、甩毛灰等油漆、涂料的耗工量与材料消耗量的不同。

(5)刮腻子应注意刮腻子遍数,是满刮还是找补腻子。

第六节　B.6 其他工程

一、B.6.1 柜类、货架(020601)

柜类、货架(020601)的工程量清单项目,包括柜台(020601001)、酒柜(020601002)、衣柜(020601003)、存包柜(020601004)、鞋柜(020601005)、书柜(020601006)、厨房壁柜(020601007)、木壁柜(020601008)、厨房低柜(020601009)、厨房吊柜(020601010)、矮柜(020601011)、吧台背柜(020601012)、酒吧吊柜(020601013)、酒吧台(020601014)、展台(020601015)、收银台(020601016)、试衣间(020601017)、货架(020601018)、书架(020601019)、服务台(020601020)。这些项目的工程内容包括台柜制作、运输、安装(安放);刷防护材料、油漆。

编制工程量清单时,厨房壁柜和厨房吊柜以嵌入墙内为壁柜,以支架固定在墙上的为吊柜。台、柜工程量以“个”计算,即以能分离的、同规格的单体个数计算,尺寸不同应分别计算。在清单中应描述的项目特征有台柜规格;材料种类、规格;五金种类、规格;防护材料种类;油漆品种、刷漆遍数。

柜类、货架工程量清单项目清单工程量按照设计图示数量计算,计量单位“个”。工程量清单计价时，应按清单特征描述和设计图示及说明，将台柜的台面材料（石材、皮革、金属、实木等）、内隔材料、配件等，均包括在综合单价内。

二、B.6.2 暖气罩（020602）

暖气罩（020602）的工程量清单项目设置及工程量计算规则，应按表9.6.1的规定执行。

暖气罩（020602） 表9.6.1

项目编码	项目名称	项目特征	计量单位	工程量计算规则	工程内容
020602001	饰面板暖气罩	①暖气罩材质； ②单个罩垂直投影面积； ③防护材料种类； ④油漆品种、刷漆遍数	m^2	按设计图示尺寸以垂直投影面积（不展开）计算	①制作、运输、安装； ②刷防护材料、油漆
020602002	塑料板暖气罩				
020602003	金属暖气罩				

三、B.6.3 浴厕配件（020603）

1. 洗漱台（020603001）

洗漱台对应的工程内容为台面及支架制作、运输、安装；杆、配件安装；刷油漆。洗漱台项目适用于石质（天然石材、人造石材等）、玻璃等。

工程量清单中，洗漱台应描述的项目特征有：材料品种、规格、品牌、颜色；支架、配件品种、规格、品牌；油漆品种、刷漆遍数等。

洗漱台清单工程量按设计图示尺寸以台面外接矩形面积计算。计算时，不扣除孔洞、挖弯、削角所占面积，挡板、吊沿板面积并入台面面积内。洗漱台放置洗面盆的地方必须挖洞，根据洗漱台摆放的位置有些还需选型，产生挖弯、削角，为此洗漱台的工程量按外接矩形计算。挡板指镜面玻璃下边沿洗漱台面和侧墙面与台面接触部位的竖挡板（一般挡板与台面使用同种材料品种，不同材料品种应另行计算）。吊沿指台面外边沿下方的竖挡板。挡板和吊沿均以面积并入台面面积内计算。洗漱台现场制作，切割、磨边等人工、机械的费用应包括在综合单价内。

2. 晒衣架（020603002）、帘子杆（020603003）、浴缸拉手（020603004）、毛巾杆（架）（020603005）、毛巾环（020603006）、卫生纸盒（020603007）、肥皂盒（020603008）

晒衣架、帘子杆、浴缸拉手、毛巾杆（架）、毛巾环、卫生纸盒、肥皂盒对应的工程内容为支架制作、运输、安装；杆、环、盒、配件安装；刷油漆。这些项目的特征描述要求与洗漱台项目相同。

晒衣架、帘子杆、浴缸拉手、毛巾杆（架）、毛巾环、卫生纸盒、肥皂盒的清单工程量均按照设计图示数量计算。其中，晒衣架、帘子杆、浴缸拉手、毛巾杆（架）计量单位为“根（套）”；毛巾环计量单位为“副”；卫生纸盒、肥皂盒计量单位为“个”。

3. 镜面玻璃（020603009）

镜面玻璃对应工程内容为基层安装；玻璃及框制作、运输、安装；刷防护材料、油漆等。

工程量清单中，镜面玻璃应描述的项目特征有：镜面玻璃品种、规格；框材质、断面尺寸；基层材料种类；防护材料种类；油漆品种、刷漆遍数等。

镜面玻璃清单工程量按设计图示尺寸以边框外围面积计算，计量单位 m^2。

4. 镜箱（020603010）

镜箱对应工程内容为基层安装；箱体制作、运输、安装；玻璃安装；刷防护材料、油漆等。

工程量清单中，镜箱应描述的项目特征有：箱材质、规格；玻璃品种、规格；基层材料种类；防护材料种类；油漆品种、刷漆遍数等。

镜箱的清单工程量按照设计图示数量计算，计量单位为"个"。

四、B.6.4 压条、装饰线(020604)

压条、装饰线(020604)的工程量清单项目设置及工程量计算规则，应按表 9.6.2 的规定执行。

压条、装饰线(020604)　　表 9.6.2

项目编码	项目名称	项目特征	计量单位	工程量计算规则	工程内容
020604001	金属装饰线	①基层类型； ②线条材料品种、规格、颜色； ③防护材料种类； ④油漆品种、刷漆遍数	m	按设计图示尺寸以长度计算	①线条制作、安装； ②刷防护材料、油漆
020604002	木质装饰线				
020604003	石材装饰线				
020604004	石膏装饰线				
020604005	镜面玻璃线				
020604006	铝塑装饰线				
020604007	塑料装饰线				

若压条、装饰线项目已包括在门扇、墙柱面、天棚等项目内的，不再单独列项。

五、B.6.5 雨篷、旗杆(020605)

1. 雨篷吊挂饰面(020605001)

雨篷吊挂饰面对应的工程内容：底层抹灰；龙骨基层安装；面层安装；刷防护材料、油漆等。

工程量清单中，雨篷吊挂饰面应描述的特征项目有：基层类型；龙骨材料种类、规格、中距；面层材料品种、规格、品牌；吊顶(天棚)材料、品种、规格、品牌；嵌缝材料种类；防护材料种类；油漆品种、刷漆遍数等。

雨篷吊挂饰面的清单工程量按设计图示尺寸以水平投影面积计算，计量单位 m^2。

2. 金属旗杆(020605002)

金属旗杆对应的工程内容：土(石)方挖填；基础混凝土浇注；旗杆制作、安装；旗杆台座制作、饰面等。

工程量清单中，金属旗杆应描述的特征项目有：旗杆材料、种类、规格；旗杆高度；基础材料种类；基座材料种类；基座面层材料、种类、规格等。

金属旗杆的清单工程量按设计图示数量计算，计量单位"根"。旗杆的砌砖或混凝土台座、台座的饰面可按相关章节另行编码列项，也可纳入旗杆综合单价内。

六、B.6.6 招牌、灯箱(020606)

招牌、灯箱(020606)的工程量清单项目设置及工程量计算规则，应按表 9.6.3 的规定执行。

七、B.6.7 美术字(020607)

美术字(020607)的工程量清单项目设置及工程量计算规则，应按表 9.6.4 的规定执行。

编制工程量清单时，美术字不分字体，按大小、规格分类列项。

招牌、灯箱(020606) 表9.6.3

项目编码	项目名称	项目特征	计量单位	工程量计算规则	工程内容
020606001	平面、箱式招牌	①箱体规格； ②基层材料种类； ③面层材料种类； ④防护材料种类； ⑤油漆品种、刷漆遍数	m^2	按设计图示尺寸以正立面边框外围面积计算。复杂形的凸凹造型部分不增加面积	①基层安装； ②箱体及支架制作、运输、安装； ③面层制作、安装； ④刷防护材料、油漆
020606002	竖式标箱		个	按设计图示数量计算	
020606003	灯箱				

美　术　字(020607) 表9.6.4

项目编码	项目名称	项目特征	计量单位	工程量计算规则	工程内容
020607001	泡沫塑料字	①基层类型； ②镌字材料品种、颜色； ③字体规格； ④固定方式； ⑤油漆品种、刷漆遍数	个	按设计图示数量计算	①字制作、运输、安装； ②刷油漆
020607002	有机玻璃字				
020607003	木质字				
020607004	金属字				

第十章　工程价款结算与竣工决算

第一节　工程价款结算

一、工程价款结算概念和依据

（一）工程价款结算概念

工程价款结算是指承包人在工程实施过程中，依据合同中关于付款条款的规定和已完成的工程量，按照规定的程序向发包人收取工程价款的一项经济活动[4,5]。

工程价款结算包括工程预付款的支付和抵扣、工程计量和工程进度款的支付、工程竣工结算、工程质量保证金结算。

（二）工程价款结算依据

工程价款结算应按合同约定办理，合同未作约定或约定不明确的，发、承包双方应依照下列规定与文件协商处理：

（1）国家有关法律、法规和规章制度；

（2）国务院建设行政主管部门，省、自治区、直辖市或有关部门发布的工程造价计价标准、计价办法等有关规定；

（3）建设项目的合同、补充协议、变更签证和现场签证，以及经发、承包人认可的其他有效文件；

（4）其他可依据的材料。

二、工程预付款的结算

（一）工程预付款的支付

工程预付款用于承包人为合同工程施工购置材料、工程设备、施工设备、修建临时设施以及施工队伍进场等。《计价规范》规定"发包人应按照合同约定支付工程预付款。"当合同对工程预付款的支付时间和比例（或金额）没有约定时，按照财政部、原建设部印发的《建设工程价款结算暂行办法》（财建[2004]369号）（以下简称《暂行办法》）的规定办理：

（1）工程预付款的额度：包工包料的工程原则上预付比例不低于合同金额（扣除暂列金额）的10%，不高于合同金额（扣除暂列金额）的30%；对重大工程项目，按年度工程计划逐年预付。实行工程量清单计价的工程，实体性消耗和非实体性消耗部分应在合同中分别约定预付款比例（或金额）。

（2）工程预付款的支付时间：在具备施工条件的前提下，发包人应在双方签订合同后的一个月内或约定的开工日期前的7天内预付工程款。若发包人未按合同约定预付工程款，承包人应在预付时间到期后10天内向发包人发出要求预付的通知，发包人收到通知后仍不按要求预付，承包人可在发出通知14天后停止施工，发包人应从约定应付之日起按同期银行贷款利率计算向承包人支付应付预付款的利息，并承担违约责任。

(3)凡是没有签订合同或不具备施工条件的工程，发包人不得预付工程款，不得以预付款为名转移资金。

(二)工程预付款的抵扣

发包人拨付给承包人的工程预付款属于预支的性质，工程实施后，随着工程所需材料储备的逐步减少，应以抵充工程款的方式陆续扣回，即在承包人的工程进度款中扣回。预付的工程款必须在合同中约定抵扣回方式，合同履行阶段支付的工程预付款，按照合同约定在工程进度款中抵扣。常用扣回方式有两类：

(1)按起扣点公式计算。这种方法是以未完工程所需材料的价值等于工程预付款时起扣，从每次结算的工程款中按照主要材料费比重抵扣工程预付款，竣工前全部扣清。

$$\text{开始扣回工程预付款时已完工程价值(起扣点)} = \text{合同总价} - \frac{\text{工程预付款}}{\text{主要材料费所占比重}}$$

$$\text{第一期应扣回工程预付款} = (\text{累计已完工程价值} - \text{起扣点}) \times \text{主要材料费所占比重}$$

$$\text{第二期及以后每期应扣回工程预付款} = \text{每期结算的已完工程价值} \times \text{主要材料费所占比重}$$

(2)在承包人完成金额累计达到合同总价一定比例(双方合同约定)后，由发包方从每次应付给承包人的工程进度款中扣回部分工程预付款，在合同规定完工工期前扣还完毕。

三、工程计量与进度款支付

(一)工程计量和进度款支付方式

发包人支付工程进度款，应按照合同约定计量和支付，支付周期同计量周期。计量和支付周期按照《暂行办法》规定，可采用按月结算或分段结算方式：

(1)按月结算与支付。即实行按月支付进度款，竣工后清算的办法。合同工期在两个年度以上的工程，在年终进行工程盘点，办理年度结算。

(2)分段结算与支付。即当年开工、当年不能竣工的工程按照工程形象进度，划分不同阶段，支付工程进度款。当采用分段结算方式时，应在合同中约定具体的工程分段划分，付款周期应与计量周期一致。

(二)工程计量

1. 工程计量的基本原则

工程量的正确计量是发包人向承包人支付工程进度款的前提和依据。工程计量时，若发现工程量清单中出现漏项、工程量计算偏差，以及工程变更引起工程量的增减，应按承包人在履行合同义务过程中实际完成的工程量计算，即据实调整，正确计量。

2. 工程计量的程序

承包人应按照合同约定，向发包人递交已完工程量报告。发包人应在接到报告后按合同约定进行核对。当发、承包双方在合同中对工程量的计量时间、程序、方法和要求未作约定时，按以下规定办理：

(1)承包人应在每个月末或合同约定的工程段完成后，向发包人递交本月或本工程段已完工程量报告。

(2)发包人应在接到报告后14天内按施工图纸(含设计变更)核对已完工程量，并应在核对前24小时通知承包人，承包人应提供条件并派人按时参加核实，如发、承包双方均同意核实结果，则双方应签字确认。如承包人收到通知后不参加计量核对，则由发包人核实的工程量视为承包人完成的准确工程量；如发包人未在规定的核对时间内通知承包人，致使承包人未能参加计量核对的，则由发包人所作的计量核实结果无效。

(3)发包人未在规定的核对时间内进行计量核对，承包人提交的工程量报告中的工程量视为发包人已经认可。

(4)对于承包人超出施工图纸范围或因承包人原因造成返工的工程量，发包人不予计量。

(5)如承包人不同意发包人核实的计量结果，承包人应在收到上述结果后 7 天内向发包人提出，申明承包人认为计量结果中不正确的详细情况。发包人收到后，应在 2 天内重新核对有关工程量的计量，或予以确认，或将其修改。

发、承包双方认可的核对后的计量结果，应作为支付工程进度款的依据。

(三)工程进度款支付

1.承包人递交进度款支付申请

承包人应在每个付款周期末(月末或合同约定的工程段完成后)，向发包人递交进度款支付申请，并附相应的证明文件。除合同另有约定外，进度款支付申请应包括(但不限于)下列内容：① 本周期已完成工程的价款；② 累计已完成的工程价款；③ 累计已支付的工程价款；④ 本周期已完成计日工金额；⑤ 应增加和扣减的变更金额；⑥ 应增加和扣减的索赔金额；⑦ 应抵扣的工程预付款；⑧ 应扣减的质量保证金；⑨ 根据合同应增加和扣减的其他金额；⑩ 本付款周期实际应支付的工程价款。

2.发包人支付工程进度款

发包人在收到承包人递交的工程进度款支付申请及相应的证明文件后，发包人应在合同约定时间内核对承包人的支付申请，并应按合同约定的时间和比例向承包人支付工程进度款。发包人应扣回的工程预付款，与工程进度款同期结算抵扣。

当发、承包双方在合同中未对工程进度款支付申请的核对时间以及工程进度款支付时间、支付比例作约定时，根据《暂行办法》第十三条的相关规定办理：

①发包人应在收到承包人的工程进度款支付申请后 14 天内核对完毕。否则，从第 15 天起承包人递交的工程进度款支付申请视为被批准；

②发包人应在批准工程进度款支付申请的 14 天内，向承包人按不低于计量工程价款的 60%，不高于计量工程价款的 90% 向承包人支付工程进度款；

③发包人在支付工程进度款时，应按合同约定的时间、比例(或金额)扣回工程预付款。

3.发包人未按合同约定支付工程进度款的处理和责任

发包人未在合同约定时间内支付工程进度款，承包人应及时向发包人发出要求付款的通知；发包人收到承包人通知后仍不按要求付款，可与承包人协商签订延期付款协议，经承包人同意后延期支付。协议应明确延期支付的时间和从付款申请生效后按同期银行贷款利率计算应付款的利息。

发包人不按合同约定支付工程进度款，双方又未达成延期付款协议，导致施工无法进行时，承包人可停止施工，由发包人承担违约责任。

四、竣工结算

(一)竣工结算办理原则与依据

1.工程竣工结算的概念

工程竣工结算是指建设项目完工并经验收合格后，对所完成的建设项目进行的全面工程结算。工程竣工结算包括单位工程竣工结算、单项工程竣工结算和建设项目竣工总结算。

2. 竣工结算的办理原则

(1)工程完工后,发、承包双方应在合同约定时间内办理工程竣工结算(强制性条文4.8.1)。

(2)工程竣工结算由承包人或受其委托具有相应资质的工程造价咨询人编制,由发包人或受其委托具有相应资质的工程造价咨询人核对。实行总承包的工程,由总承包人对竣工结算的编制负总责。

3. 办理工程竣工结算的依据

工程竣工结算应依据:①《计价规范》;②施工合同;③工程竣工图纸及资料;④双方确认的工程量;⑤双方确认追加(减)的工程价款;⑥双方确认的索赔、现场签证事项及价款;⑦投标文件;⑧招标文件;⑨其他依据。

(二)工程竣工结算编制方法

1. 不同施工合同类型下的工程竣工结算编制方法

(1)采用总价合同的,应在合同价基础上对设计变更、工程洽商以及工程索赔等合同约定可以调整的内容进行调整;

(2)采用单价合同的,应计算或核定竣工图或施工图以内的各个分部分项工程量,依据合同约定的方式确定分部分项工程项目价格,并对设计变更、工程洽商、施工措施以及工程索赔等内容进行调整;

(3)采用成本加酬金合同的,应依据合同约定的方法计算各个分部分项工程以及设计变更、工程洽商、施工措施等内容的工程成本,并计算酬金及有关税费。

2. 工程竣工结算中涉及工程单价调整时的原则

(1)合同中已有适用于变更工程、新增工程单价的,按已有的单价结算;

(2)合同中有类似变更工程、新增工程单价的,可以参照类似单价作为结算依据;

(3)合同中没有适用或类似变更工程、新增工程单价的,承包人或发包人提出适当的价格,经对方确认后作为结算依据。

3. 工程竣工结算编制中的单价采用

工程竣工结算编制中涉及的工程单价,应按合同要求分别采用综合单价或工料单价。工程量清单计价的工程项目应采用综合单价;定额计价的工程项目可采用工料单价。

(三)工程竣工结算编制内容

1. 采用定额计价

套用定额的分部分项工程量、措施项目工程量和其他项目,以及为完成所有工程量和其他项目并按规定计算的人工费、材料费和设备费、机械费、间接费、利润和税金。另外,还包括设计变更和工程变更费用;索赔费用;合同约定的其他费用。

2. 采用工程量清单计价

(1)工程项目的所有分部分项工程量,以及实施工程项目采用的措施项目工程量;为完成所有工程量并按规定计算的人工费、材料费和设备费、机械费、间接费、利润和税金。

(2)分部分项工程和措施项目以外的其他项目所需计算的各项费用。

(3)设计变更和工程变更费用;索赔费用;合同约定的其他费用。

(四)清单计价模式下竣工结算价款计算

工程项目竣工结算价 = Σ单项工程竣工结算价;单项工程竣工结算价 = Σ单位工程竣工

结算价;单位工程竣工结算价 = 分部分项工程费 + 措施项目费 + 其他项目费 + 规费 + 税金。

1. 分部分项工程费的计价

分部分项工程费应依据发、承包双方确认的工程量、合同约定的综合单价计算;如发生调整的,以发、承包双方确认调整的综合单价计算。

2. 措施项目费的计价

措施项目费应依据合同约定的项目和金额计算;如发生调整的,以发、承包双方确认调整的金额计算,其中安全文明施工费应按国家或省级、行业建设主管部门的规定计算。

(1)明确采用综合单价计价的措施项目,应依据发、承包双方确认的工程量和综合单价计算。

(2)明确采用"项"计价的措施项目,应依据合同约定的措施项目和金额或发、承包双方确认调整后的措施项目费金额计算。

(3)措施项目费中的安全文明施工费应按照国家或省级、行业建设主管部门的规定计算。施工过程中,国家或省级、行业建设主管部门对安全文明施工费进行了调整的,措施项目费中的安全文明施工费应作相应调整。

3. 其他项目费的计价

在办理竣工结算时,其他项目费用应按下列规定计算:

(1)计日工应按发包人实际签证确认的数量和合同约定的相应项目综合单价计算。

(2)若暂估价中的材料是招标采购的,其材料单价按中标价在综合单价中调整;若暂估价中的材料为非招标采购的,其单价按发、承包双方最终确认的材料单价在综合单价中调整。

若暂估价中的专业工程是招标分包的,其专业工程分包费按中标价计算;若暂估价中的专业工程为非招标分包的,其专业工程分包费按发、承包双方与分包人最终结算确认的金额计算。

(3)总承包服务费应依据合同约定金额计算;如发生调整的,以发、承包双方确认调整的金额计算。

(4)索赔费用应依据发、承包双方确认的索赔事项和金额计算,并在办理竣工结算时计入其他项目费。

(5)现场签证费用应依据发、承包双方签证资料确认的金额计算,并在办理竣工结算时计入其他项目费。

(6)合同价款中的暂列金额在用于各项价款调整、索赔与现场签证后,若有余额,则余额归发包人;若出现差额,则由发包人补足并反映在相应项目的工程价款中。

4. 规费和税金的计取

竣工结算中,规费和税金应按照国家或省级、行业建设主管部门规定的规费和税金计取标准计算。

(五)竣工结算编制、核对程序

(1)承包人应在合同约定时间内编制完成竣工结算书,并在提交竣工验收报告的同时递交给发包人。承包人未在合同约定时间内递交竣工结算书,经发包人催促后仍未提供或没有明确答复的,发包人可以根据已有资料办理结算。若承包人无正当理由在约定时间内未递交竣工结算书,造成工程结算价款延期支付的,责任由承包人承担。

(2)发包人在收到承包人递交的竣工结算书后,应按合同约定时间核对。合同中对核对竣工结算时间没有约定或约定不明的,根据《暂行办法》第十四条(三)项规定,按表 10.1.1 规定时间进行核对并提出核对意见。

工程竣工结算核对时间表 表 10.1.1

	工程竣工结算书金额	核 对 时 间
1	500 万元以下	从接到竣工结算书之日起 20 天
2	500 万～2000 万元	从接到竣工结算书之日起 30 天
3	2000 万～5000 万元	从接到竣工结算书之日起 45 天
4	5000 万元以上	从接到竣工结算书之日起 60 天

建设项目竣工总结算在最后一个单项工程竣工结算核对确认后 15 天内汇总，送发包人后 30 天内核对完成。上述的合同约定或表 10.1.1 规定的结算核对时间含有发包人委托工程造价咨询人核对的时间。

(3)同一工程竣工结算核对完成，发、承包双方签字确认后，禁止发包人又要求承包人与另一个或多个工程造价咨询人重复核对竣工结算。

(4)发包人或受其委托的工程造价咨询人收到承包人递交的竣工结算书后，在合同约定时间内，不核对竣工结算或未提出核对意见的，视为承包人递交的竣工结算书已经认可，发包人应(按承包人递交的竣工结算金额)向承包人支付工程结算价款。承包人在接到发包人提出的核对意见后，在合同约定时间内，不确认也未提出异议的，视为发包人提出的核对意见已经认可，竣工结算办理完毕。发包人按核对意见中的竣工结算金额向承包人支付结算价款。

(5)发包人应对承包人递交的竣工结算书签收，拒不签收的，承包人可以不交付竣工工程。承包人未在合同约定时间内递交竣工结算书的，发包人要求交付竣工工程，承包人应当交付。

(6)竣工结算办理完毕，发包人应将竣工结算书报送工程所在地工程造价管理机构备案。竣工结算书作为工程竣工验收备案、交付使用的必备文件。竣工结算书是反映工程造价计价规定执行情况的最终文件。竣工结算书由发包人向工程造价管理机构备案后，便于工程造价管理机构对《计价规范》的执行情况进行监督和检查。

(7)竣工结算办理完毕，发包人应根据确认的竣工结算书在合同约定时间内向承包人支付工程竣工结算价款。若合同中没有约定或约定不明的，根据《暂行办法》第十六条的规定，发包人应在竣工结算书确认后 15 天内向承包人支付工程结算价款。

(8)发包人未在合同约定时间内向承包人支付工程结算价款的，承包人可催告发包人支付结算价款。如达成延期支付协议的，发包人应按同期银行同类贷款利率支付拖欠工程价款的利息。如未达成延期支付协议，承包人可以与发包人协商将该工程折价，或申请人民法院将该工程依法拍卖，承包人就该工程折价或者拍卖的价款优先受偿。

(六)发包人对工程质量有异议时，工程竣工结算的办理原则

发包人以对工程质量有异议，拒绝办理工程竣工结算的，已竣工验收或已竣工未验收但实际投入使用的工程，其质量争议按该工程保修合同执行，竣工结算按合同约定办理；已竣工未验收且未实际投入使用的工程以及停工、停建工程的质量争议，双方应就有争议的部分委托具有相应资质的检测鉴定机构进行检测，根据检测结果确定解决方案，或按工程质量监督机构的处理决定执行后办理竣工结算(此处有两层含义：一是经检测质量合格，竣工结算继续办理；二是经检测质量确有问题，应经修复处理，质量验收合格后，竣工结算继续办理)；无争议部分的竣工结算按合同约定办理。

五、质量保证金结算

1. 质量保证金

按照《建设工程质量保证金管理暂行办法》(建质[2005]7号)的规定,建设工程质量保证金(保修金)(以下简称保证金)是指发包人与承包人在建设工程承包合同中约定,从应付的工程款中预留,用以保证承包人在缺陷责任期内对建设工程出现的缺陷进行维修的资金。发包人应当在招标文件中明确保证金预留、返还等内容,并与承包人在合同条款中对涉及保证金的事项进行约定,包括:保证金预留、返还方式;保证金预留比例、期限;保证金是否计付利息,如计付利息,利息的计算方式;缺陷责任期的期限及计算方式;保证金预留、返还及工程维修质量、费用等争议的处理程序等内容。

2. 缺陷与缺陷责任期

缺陷是指建设工程质量不符合工程建设强制性标准、设计文件,以及承包合同的约定。缺陷责任期指承包人对工程可能存在的缺陷承担责任的期限,从工程竣工验收之日起计算。由于承包人原因导致工程无法按规定期限进行竣(交)工验收的,缺陷责任期从实际通过竣(交)工验收之日起计算。由于发包人原因导致工程无法按规定期限进行竣(交)工验收的,在承包人提交竣(交)工验收报告90天后,工程自动进入缺陷责任期。

缺陷责任期一般为6个月、12个月或24个月,具体可由发、承包双方在合同中约定。

3. 保证金的扣留

建设工程竣工结算后,发包人应按照合同约定及时向承包人支付工程结算价款并预留保证金。全部或者部分使用政府投资的建设项目,按工程价款结算总额5%左右的比例预留保证金。保证金扣留应按照合同约定执行,通常有两种方法:

(1)当工程进度款拨付累计额达到该建筑安装工程造价的一定比例时,停止支付,扣留一定比例的剩余尾款作为保证金。

(2)保证金的扣留从发包人向承包人第一次支付的工程进度款开始,在每付款周期承包人应得到的工程款中扣留合同约定比例的金额作为保证金,直至保证金总额达到合同规定的限额为止。

【例10.1.1】 某业主与承包商签订了某建筑安装工程项目施工总承包合同,合同总价为2000万元,工期为1年。总承包合同中有如下规定:

①业主应向承包商支付当年合同价25%的工程预付款。

②工程预付款应从未施工工程尚需的主要材料及构配件价值相当于工程预付款时起扣,每月以抵充工程款的方式陆续收回。主要材料及构件费比重按60%考虑。

③保证金为承包合同总价的3%,业主每月从承包商的工程款中按照3%的比例扣留。

④经业主的工程师代表签认的承包商,各月计划和实际完成的建安工作量如表10.1.2所示。

工程结算数据表　　单位:万元　　表10.1.2

月　份	1~6	7	8	9	10~12
计划完成建安工作量	900	200	200	200	500
实际完成建安工作量	900	180	220	205	495

问题:①该工程的工程预付款是多少?

②工程预付款从几月开始起扣?

③各月造价工程师应签发付款证书金额是多少？

解：①工程预付款金额 = 2000 × 25% = 500 万元

②工程预付款的起扣点计算：

2000 − 500 ÷ 60% = 2000 − 833.3 = 1166.7 万元，开始起扣工程预付款的时间为 8 月份，因为 8 月份累计实际完成的建安工作量为：900 + 180 + 220 = 1300 万元 > 1166.7 万元

③各月应签发付款证书金额：

1 ~ 6 月份：900 × (1 − 3%) = 873 万元

7 月份：180 × (1 − 3%) = 174.6 万元

8 月份：8 月份应扣工程预付款金额为：(1300 − 1166.7) × 60% = 80 万元

8 月份应签发付款证书金额为：220 × (1 − 3%) − 80 = 133.4 万元

9 月份：9 月份应扣工程预付款金额为：205 × 60% = 123 万元

9 月份应签发付款证书金额为：205 × (1 − 3%) − 123 = 75.85 万元

10 ~ 12 月份：10 ~ 12 月份应扣工程预付款金额为：495 × 60% = 297 万元

10 ~ 12 月份应签发付款证书金额为：495 × (1 − 3%) − 297 = 183.15 万元

【例 10.1.2】 某工程项目由 A、B、C、D 四个分项工程组成，合同工期为 6 个月。施工合同规定：

①开工前建设单位向施工单位支付 10% 的工程预付款，工程预付款在 4、5、6 月份结算时分月均摊抵扣；

②保证金为合同总价的 5%，每月从施工单位的工程进度款中扣留 10%，扣完为止；

③工程进度款逐月结算，不考虑物价调整；

④分项工程累积实际完成工程量超出计划完成工程量的 20% 时，该分项工程量超出部分的结算单价调整系数为 0.95。

各月计划完成工程量及全费用单价，如表 10.1.3 所示。1、2、3 月份实际完成的工程量，如表 10.1.4 所示。

各月计划完成工程量及全费用单价表 表 10.1.3

工程量(m^3) 月份 / 分项工程名称	1	2	3	4	5	6	全费用单价(元/m^3)
A	500	750					180
B		600	800				480
C			900	1100	1100		360
D					850	950	300

1、2、3 月份实际完成的工程量表 单位：m^3 表 10.1.4

工程量(m^3) 月份 / 分项工程名称	1	2	3	4	5	6
A	560	550				
B		680	1050			
C			450			
D						

问题：①该工程预付款为多少万元？应扣留质量保证金为多少万元？

②根据表 10.1.4 提供的数据，计算 1、2、3 月份工程师应确认的工程进度款各为多少万元？

解：①工程预付款为：

$[(500+750)\times180+(600+800)\times480+(900+1100+1100)\times360+(850+950)\times300]\div10000\times10\%=255.3\times10\%=25.53$ 万元

质量保证金为：$255.3\times5\%=12.765$ 万元

②1 月份：该月实际完成工程量超过了计划工程量。

应确认的工程进度款：$560\times180\times(1-10\%)=90720$ 元 $=9.072$ 万元

2 月份：2 月份 A 分项工程实际完成 $550m^3$，总计完成 $560+550=1110m^3<(500+750)\times(1+20\%)=1500m^3$，因此 A 分项工程结算单价不调整。

应确认的工程进度款：$(550\times180+680\times480)\times(1-10\%)=382860$ 元 $=38.286$ 万元

3 月份：因为 B 分项工程累计实际完成工程量为 $680+1050=1730\ m^3>(600+800)\times(1+20\%)=1680m^3$

所以 B 分项工程超出计划工程量 20% 部分的结算单价应调整。

超出计划工程量 20% 部分的工程量为：$1730-1680=50\ m^3$，相应的结算单价调整为：$480\times0.95=456$ 元/ m^3

应确认的工程进度款：$[(1050-50)\times480+50\times456+450\times360]\times(1-10\%)$

$=598320$ 元 $=59.832$ 万元

第二节　工程价款调整

一、法律、法规、规章和政策变化时，合同价款的调整原则

招标工程以投标截止日前 28 天，非招标工程以合同签订前 28 天为基准日。其后国家的法律、法规、规章和政策发生变化影响工程造价的，应按省级或行业建设主管部门或其授权的工程造价管理机构发布的规定调整合同价款。

在履行工程建设合同过程中，发、承包双方作为国家法律、法规、规章及政策的执行者，国家的法律、法规、规章及政策发生变化影响工程造价的，工程价款应当进行调整。这里规章及政策是指国务院或国家发改委、财政部，省级人民政府或省级财政、物价主管部门在授权范围内，制定或调整行政事业性收费项目或费率（进入工程造价）的政策文件。

二、综合单价的调整原则

(1)若施工中出现施工图纸（含设计变更）与工程量清单项目特征描述不符的，发、承包双方应按新的项目特征确定相应工程量清单项目的综合单价。例如：招标时，某现浇混凝土矩形柱项目特征中描述混凝土强度等级为 C20，但施工过程中发包人变更为（或施工设计图纸本就标注为）混凝土强度等级为 C30，这时就应该重新确定综合单价，因为 C20 与 C30 的混凝土，其价格是不一样的。

(2)因分部分项工程量清单漏项或非承包人原因的工程变更，造成增加新的工程量清单项目，其对应的综合单价按下列方法确定：

①合同中已有适用的综合单价，按合同中已有的综合单价确定；

②合同中有类似的综合单价，参照类似的综合单价确定；

③合同中没有适用或类似的综合单价，由承包人提出综合单价，经发包人确认后执行。

上述新的工程量清单项目综合单价的确定原则是以已标价工程量清单为依据的：

①直接采用适用的项目单价的前提是其采用的材料、施工工艺和方法相同，也不因此增加关键线路上工程的施工时间；

②采用类似的项目单价的前提是其采用的材料、施工工艺和方法基本相似，不增加关键线路上工程的施工时间，可仅就其变更后的差异部分，参考类似的项目单价由发、承包双方协商新的项目单价；

③无法找到适用和类似的项目单价时，应采用招（投）标时的基础资料，按成本加利润的原则，由发、承包双方协商新的综合单价。

(3)因非承包人原因引起的工程量增减，该项工程量变化在合同约定幅度以内的，应执行原有的综合单价；该项工程量变化在合同约定幅度以外的，其综合单价及措施项目费应予以调整。

在合同履行过程中，因非承包人原因引起的工程量增减使得承包商实际完成的工程量与招标文件中提供的工程量可能有偏差，该偏差对工程量清单项目的综合单价将产生影响，是否调整综合单价以及如何调整应在合同中约定。若合同未作约定，按以下原则办理：

①当工程量清单项目工程量的变化幅度在10%以内时，其综合单价不作调整，执行原有综合单价。

②当工程量清单项目工程量的变化幅度在10%以外，且其影响分部分项工程费超过0.1%时，其综合单价以及对应的措施费（如有）均应作调整。调整的方法是由承包人对增加的工程量或减少后剩余的工程量提出新的综合单价和措施项目费，经发包人确认后调整。

三、措施费调整原则

因分部分项工程量清单漏项或非承包人原因的工程变更，引起措施项目发生变化，造成施工组织设计或施工方案变更，原措施费中已有的措施项目，按原措施费的组价方法调整；原措施费中没有的措施项目，由承包人根据措施项目变更情况，提出适当的措施费变更，经发包人确认后调整。

四、工程价款价差调整

若施工期内市场价格波动超出一定幅度时，应按合同约定调整工程价款；合同没有约定或约定不明确的，应按省级或行业建设主管部门或其授权的工程造价管理机构的规定调整。

按照国家发改委、财政部、建设部等九部委第56号令发布的标准施工招标文件中的通用合同条款，对物价波动引起的价格调整规定了以下两种方式：

1.采用价格指数调整价格差额

(1)价格调整公式。因人工、材料和设备等价格波动影响合同价格时，根据投标函附录中的价格指数和权重表约定的数据，按以下公式计算差额并调整合同价格[13]：

$$\Delta P = P_0\left[A + \left(B_1 \times \frac{F_{t1}}{F_{01}} + B_2 \times \frac{F_{t2}}{F_{02}} + B_3 \times \frac{F_{t3}}{F_{03}} + \cdots + B_n \times \frac{F_{tn}}{F_{0n}}\right) - 1\right]$$

式中：　　ΔP——需调整的价格差额；

P_0——约定的付款证书中承包人应得到的已完成工程量的金额。此项金额应不包括价格调整、不计质量保证金的扣留和支付、预付款的支付和扣回。约定的变更及其他金额已按现行价格计价的，也不计在内；

A——定值权重（即不调部分的权重）；

B_1、B_2、B_3……B_n——各可调因子的变值权重（即可调部分的权重），为各可调因子在投标函投标总报价中所占的比例；

F_{t1}、F_{t2}、F_{t3}……F_{tn}——各可调因子的现行价格指数，指约定的付款证书相关周期最后一天的前42天的各可调因子的价格指数；

F_{01}、F_{02}、F_{03}……F_{0n}——各可调因子的基本价格指数，指基准日期的各可调因子的价格指数。

以上价格调整公式中的各可调因子、定值和变值权重，以及基本价格指数及其来源在投标函附录价格指数和权重表中约定。价格指数应首先采用有关部门提供的价格指数，缺乏上述价格指数时，可采用有关部门提供的价格代替。

（2）暂时确定调整差额。在计算调整差额时得不到现行价格指数的，可暂用上一次价格指数计算，并在以后的付款中再按实际价格指数进行调整。

（3）权重的调整。约定的变更导致原定合同中的权重不合理时，由监理人与承包人和发包人协商后进行调整。

（4）承包人工期延误后的价格调整。由于承包人原因未在约定的工期内竣工的，则对原约定竣工日期后继续施工的工程，在使用第（1）条的价格调整公式时，应采用原约定竣工日期与实际竣工日期的两个价格指数中较低的一个作为现行价格指数。

【例10.2.1】 某承包商于某年承包外资工程项目施工，与业主签订的承包合同的部分内容有：

①工程合同价2000万元，工程价款调整价格调整公式计算。该工程的人工费占工程合同价的35%，材料费占50%，不调值费占15%，具体的调整公式为：

$$\Delta P = P_0\left[0.15 + \left(0.35 \times \frac{F_{t1}}{F_{01}} + 0.23 \times \frac{F_{t2}}{F_{02}} + 0.12 \times \frac{F_{t3}}{F_{03}} + 0.08 \times \frac{F_{t4}}{F_{04}} + 0.07 \times \frac{F_{t5}}{F_{05}}\right) - 1\right]$$

②开工前业主向承包商支付合同价20%的工程预付款，当工程进度达到合同的60%时，开始从超过部分的工程结算款中按60%抵扣工程预付款，竣工前全部扣清。

③工程进度款逐月结算。业主自第1个月起，从承包商的工程款中按5%的比例扣除保修金。工程保修期为1年。

该合同的原始报价日期为当年3月1日。结算各月份的工资、材料价格指数如表10.2.1所示。

工资、材料物价指数表 　　表10.2.1

代号	F_{01}	F_{02}	F_{03}	F_{04}	F_{05}
3月指数	100	153.4	154.4	160.3	144.4
代号	F_{t1}	F_{t2}	F_{t3}	F_{t4}	F_{t5}
5月指数	110	156.2	154.4	162.2	160.2
6月指数	108	158.2	156.2	162.2	162.2
7月指数	108	158.4	158.4	162.2	164.2
8月指数	110	160.2	158.4	164.2	162.4
9月指数	110	160.2	160.2	164.2	162.8

未调值前各月完成的工程情况为:5 月份完成工程 200 万元,其中业主供料部分材料费为 5 万元;6 月份完成工程 300 万元;7 月份完成工程 400 万元,另外由于业主方设计变更,导致工程局部返工,造成拆除材料费损失 1500 元,人工费损失 1000 元,重新施工人工、材料费用合计 1.5 万元;8 月份完成工程 600 万元;9 月份完成工程 500 万元,另外由于批准的工程索赔款 1 万元。

问题:计算每月终业主应支付的工程款是多少?

解:①工程预付款:2000 ×20% =400 万元

②每月终业主应支付的工程款:

5 月份月终应支付:200 ×(0.15 +0.35 ×110/100 +0.23 ×156.2/153.4 +0.12 ×154.4/154.4 +0.08 ×162.2/160.3 +0.07 ×160.2/144.4)×(1 –5%)–5 = 194.08 万元

6 月份月终应支付:300 ×(0.15 +0.35 ×108/100 +0.23 ×158.2/153.4 +0.12 ×156.2/154.4 +0.08 ×162.2/160.3 +0.07 ×162.2/144.4)×(1 –5%)= 298.16 万元

7 月份月终支付:[400 ×(0.15 +0.35 ×108/100 +0.23 ×158.4/153.4 +0.12 ×158.4/154.4 +0.08 ×162.2/160.3 +0.07 ×164.2/144.4)+0.15 +0.1 +1.5] ×(1 –5%)=400.34 万元

8 月份:5 ~8 月累计完成 200 +300 +400 +600 =1500 万元,超出合同价 60% 部分为 1500 –2000 ×60% =300 万元

8 月份月终支付:600 ×(0.15 +0.35 ×110/100 +0.23 ×160.2/153.4 +0.12 ×158.4/154.4 +0.08 ×164.2/160.3 +0.07 ×162.2/144.4)×(1 –5%)–300 × 60% =423.62 万元

9 月份月终支付:[500 ×(0.15 +0.35 ×110/100 +0.23 ×160.2/153.4 +0.12 ×160.2/154.4 +0.08 ×164.2/160.3 +0.07 ×162.8/144.4 +1)] ×(1 –5%)–(400 –300 ×60%)=284.74 万元

2. 采用造价信息调整价格差额

施工期内,因人工、材料、设备和机械台班价格波动影响合同价格时,人工、机械使用费按照国家或省、自治区、直辖市建设行政管理部门、行业建设管理部门或其授权的工程造价管理机构发布的人工成本信息、机械台班单价或机械使用费系数进行调整;需要进行价格调整的材料,其单价和采购数应由监理人复核,监理人确认需调整的材料单价及数量,作为调整工程合同价格差额的依据[13]。即:

(1)人工单价发生变化时,发、承包双方应按省级或行业建设主管部门或其授权的工程造价管理机构发布的人工成本文件调整工程价款。

(2)材料价格变化超过省级或行业建设主管部门或其授权的工程造价管理机构规定的幅度时应当调整,承包人应在采购材料前将采购数量和新的材料单价报发包人核对,确认用于本合同工程时,发包人应确认采购材料的数量和单价。发包人在收到承包人报送的确认资料后 3 个工作日不予答复的视为已经认可,作为调整工程价款的依据。如果承包人未报经发包人核对即自行采购材料,再报发包人确认调整工程价款的,如发包人不同意,则不作调整。

(3)施工机械台班单价或施工机械使用费发生变化超过省级或行业建设主管部门或其授权的工程造价管理机构规定的范围时,按其规定进行调整。

上述物价波动引起的价格调整中的第 1 种方法适用于使用的材料品种较少,但每种材料使用量较大的土木工程,如公路、水坝等工程。第 2 种方法适用于使用的材料品种较多,相对而言,每种材料使用量较小的房屋建筑与装饰工程。

五、不可抗力事件造成损失时,工程价款分担原则

因不可抗力事件导致的费用,发、承包双方应按以下原则分别承担并调整工程价款:

(1)工程本身的损害、因工程损害导致第三方人员伤亡和财产损失以及运至施工场地用于施工的材料和待安装的设备的损害,由发包人承担;

(2)发包人、承包人人员伤亡由其所在单位负责,并承担相应费用;

(3)承包人的施工机械设备损坏及停工损失,由承包人承担;

(4)停工期间,承包人应发包人要求留在施工场地的必要的管理人员及保卫人员的费用,由发包人承担;

(5)工程所需清理、修复费用,由发包人承担。

六、工程价款调整程序与支付原则

1. 工程价款调整程序

工程价款调整报告应由受益方在合同约定时间内向合同的另一方提出,经对方确认后调整合同价款。受益方未在合同约定时间内提出工程价款调整报告的,视为不涉及合同价款的调整。收到工程价款调整报告的一方应在合同约定时间内确认或提出协商意见,否则,视为工程价款调整报告已经确认。

工程价款调整因素确定后,发、承包双方应按合同约定的时间和程序提出并确认调整的工程价款。当合同未作约定未作规定时,可按下列规定办理:

(1)调整因素确定后 14 天内,由受益方向对方递交调整工程价款报告。受益方在 14 天内未递交调整工程价款报告的,视为不调整工程价款。

(2)收到调整工程价款报告的一方应在收到之日起 14 天内予以确认或提出协商意见,如在 14 天内未作确认也未提出协商意见时,视为调整工程价款报告已被确认。

2. 工程价款调整后的支付原则

经发、承包双方确定调整的工程价款,作为追加(减)合同价款与工程进度款同期支付。

第三节　索赔与现场签证

一、索赔概念与分类

1. 索赔的概念

索赔是指在合同履行过程中,对于非己方的过错而应由对方承担责任的情况造成的损失,向对方提出补偿的要求。建设工程施工中的索赔是发、承包双方行使正当权利的行为,承包人可向发包人索赔,发包人也可向承包人索赔。

2. 索赔的分类

索赔分类随标准、方法不同而不同,主要有以下几种分类方法:

(1)按索赔有关当事人分类:承包人与发包人间的索赔;总承包人与分包人间的索赔;发

包人或承包人与供货人、运输人间的索赔；发包人或承包人与保险人间的索赔。

（2）按索赔的依据分类：合同内索赔（Contractual Claim）；合同外索赔（Non - Contractual Claim）；道义索赔（Ex - Gratia Payment）。

（3）按索赔目的分类：工期索赔（Claim for Extension of Time）；费用索赔（Cost Claim）。

（4）按索赔事件的性质分类：工程延期索赔；工程变更索赔；工程终止索赔；工程加速索赔；意外风险和不可预见因素索赔；其他索赔。

（5）按索赔处理方式分类：单项索赔；综合索赔（一揽子索赔）。

二、索赔条件与证据

（一）索赔条件

合同一方向另一方提出索赔时，应有正当的索赔理由和有效证据，并应符合合同的相关约定。任何索赔事件确立的前提是必须有正当的索赔理由，对索赔理由的说明必须具有索赔事件发生时的有效证据，并应在合同约定的时限内提出。因此，正当的索赔理由、有效的索赔证据、在合同约定的时间内提出索赔就成为索赔的三要素。

对于承包商来说，其索赔的成立必须同时具备以下四个条件：

（1）与合同相比较已造成了实际的额外费用或工期损失；

（2）造成费用增加或工期损失的原因不是由于承包商的过失；

（3）造成费用增加或工期损失的原因不是由承包商承担风险；

（4）承包商在事件发生后的规定时间内提出了索赔的书面通知和索赔报告。

（二）索赔的证据

1. 对索赔证据的要求

（1）真实性。索赔证据必须是在实施合同过程中确定存在和发生的，必须完全反映实际情况，能经得住推敲。

（2）全面性。所提供的证据应能说明事件的全过程。索赔报告中涉及的索赔理由、事件过程、影响、索赔数额等都应有相应证据，不能零乱和支离破碎。

（3）关联性。索赔的证据应当能够互相说明，相互具有关联性，不能互相矛盾。

（4）及时性。索赔证据的取得及提出应当及时，符合合同约定。

（5）具有法律证明效力。一般要求证据必须是书面文件，有关记录、协议、纪要必须是双方签署的；工程中重大事件、特殊情况的记录、统计，必须是由合同约定的发包人现场代表或监理工程师签证认可的。

2. 索赔证据的种类

（1）招标文件、工程合同、发包人认可的施工组织设计、工程图纸、技术规范等。

（2）工程各项有关的设计交底记录、变更图纸、变更施工指令等。

（3）工程各项经发包人或合同中约定的发包人现场代表或监理工程师签认的签证。

（4）工程各项往来信件、指令、信函、通知、答复等。

（5）工程各项会议纪要。

（6）施工计划及现场实施情况记录。

（7）施工日报及工长工作日志、备忘录。

（8）工程送电、送水、道路开通、封闭的日期及数量记录。

（9）工程停电、停水和干扰事件影响的日期及恢复施工的日期记录。

(10)工程预付款、进度款拨付的数额及日期记录。

(11)工程图纸、图纸变更、交底记录的送达份数及日期记录。

(12)工程有关施工部位的照片及录像等。

(13)工程现场气候记录,如有关天气的温度、风力、雨雪等。

(14)工程验收报告及各项技术鉴定报告等。

(15)工程材料采购、订货、运输、进场、验收、使用等方面的凭据。

(16)国家和省级或行业建设主管部门有关影响工程造价、工期的文件、规定等。

【例 10.3.1】 某房屋建筑工程项目,发包人与承包人按照《标准施工招标文件》签订了施工承包合同。施工合同中规定:①设备由发包人采购,承包人安装。②发包人原因导致的承包人人员窝工,按 18 元/工日补偿;发包人原因导致的承包人设备闲置,按表 10.3.1 所列标准补偿:

设备闲置补偿标准表 表 10.3.1

机械名称	台班单价(元/台班)	补偿标准
大型起重机	1060	台班单价的 60%
自卸汽车(5t)	318	台班单价的 40%
自卸汽车(8t)	458	台班单价的 50%

该工程在施工过程中发生以下事件:

事件一:承包人在土方工程填筑时,发现取土区的土壤含水量过大,必须经过晾晒后才能填筑,增加费用 30000 元,工期延误 10 天。

事件二:基坑开挖深度为 3m,施工组织设计中考虑的放坡系数为 0.3(已经监理工程师批准)。承包人为避免坑壁塌方,开挖时加大了放坡系数,使土方开挖量增加,导致费用超支 10000 元,工期延误 3 天。

事件三:承包人在主体钢结构吊装安装阶段发现钢筋混凝土结构上缺少相应的预埋件,经查实是由于土建施工图纸遗漏该预埋件的错误所致。返工处理后,增加费用 20000 元,工期延误 8 天。

事件四:发包人采购的设备没有按计划时间到场,施工受到影响,承包人一台大型起重机、两台自卸汽车(载重 5t、8t 各一台)闲置 5 天,工人窝工 86 工日,工期延误 5 天。

问:①上述事件发生后,承包人及时向发包人造价工程师提出索赔要求,试分析以上事件承包人提出的索赔要求是否应该被批准?其理由是什么?

②造价工程师应批准的索赔金额是多少元?工程延期多少天?

解:①事件 1 不应该批准。这是承包人应该预料到的(属承包人的责任)。

事件 2 不应该被批准。承包人为确保安全,自行调整施工方案(属承包人的责任)。

事件 3 应该被批准。由于土建施工图纸中的错误造成的(属发包人责任)。

事件 4 应该批准。是由发包人采购的设备没按计划时间到场造成的(属发包人责任)。

②造价工程师应批准的索赔金额:

事件 3:返工费用:20000 元

事件 4:机械台班费:$(1060\times60\%+318\times40\%+458\times50\%)\times5=4961$ 元

人工费:$86\times18=1548$ 元

考虑所有事件总共应补偿费用:$20000+4961+1548=26509$(元)

③应批准的工程延期为:事件 3 批准 8 天,事件 4 批准 5 天,合计 13 天。

三、索赔程序

(一)承包人向发包人提出索赔

若承包人认为非承包人原因发生的事件造成了承包人的经济损失,承包人应在确认该事件发生后,按合同约定向发包人发出索赔通知。发包人在收到最终索赔报告后并在合同约定时间内,未向承包人作出答复,视为该项索赔已经认可。当发、承包双方在合同中对此通知未作具体约定时,按以下规定办理:

(1)承包人应在确认引起索赔的事件发生后 28 天内向发包人发出索赔通知,否则,承包人无权获得追加付款,竣工时间不得延长。

(2)承包人应在现场或发包人认可的其他地点,保持证明索赔可能需要的记录。发包人收到承包人的索赔通知后,未承认发包人责任前,可检查记录保持情况,并可指示承包人保持进一步的同期记录。

(3)在承包人确认引起索赔的事件后 42 天内,承包人应向发包人递交一份详细的索赔报告,包括索赔的依据、要求追加付款的全部资料。

如果引起索赔的事件具有连续影响,承包人应按月递交进一步的中间索赔报告,说明累计索赔的金额。承包人应在索赔事件产生的影响结束后 28 天内,递交一份最终索赔报告。

(4)发包人在收到索赔报告后 28 天内,应作出回应,表示批准或不批准并附具体意见。还可以要求承包人提供进一步的资料,但仍要在上述期限内对索赔作出回应。

(5)发包人在收到最终索赔报告后的 28 天内,未向承包人作出答复,视为该项索赔报告已经认可。

发、承包双方确认的索赔费用与工程进度款同期支付。

(二)发包人对承包人索赔的处理程序:

(1)承包人在合同约定的时间内向发包人递交费用索赔意向通知书;

(2)发包人指定专人收集与索赔有关的资料;

(3)承包人在合同约定的时间内向发包人递交费用索赔申请表;

(4)发包人指定的专人初步审查费用索赔申请表,符合索赔条件时予以受理;

(5)发包人指定的专人进行费用索赔核对,经造价工程师复核索赔金额后,与承包人协商确定并由发包人批准;

(6)发包人指定的专人应在合同约定的时间内签署费用索赔审批表,或发出要求承包人提交有关索赔的进一步详细资料的通知,待收到承包人提交的详细资料后,按本程序(4)、(5)条进行;

(7)若承包人的费用索赔与工程延期索赔要求相关联时,发包人在作出费用索赔的批准决定时,应结合工程延期的批准,综合作出费用索赔和工程延期的决定。

(三)发包人向承包人提出索赔的时间、程序和要求

若发包人认为由于承包人的原因造成额外损失,发包人应在确认引起索赔的事件后,按合同约定向承包人发出索赔通知。承包人在收到发包人索赔通知后并在合同约定时间内,未向发包人作出答复,视为该项索赔已经认可。

当合同中对此未作具体约定时,按以下规定办理:

(1)发包人应在确认引起索赔的事件发生后 28 天内向承包人发出索赔通知,否则,承包人免除该索赔的全部责任。

(2)承包人在收到发包人索赔报告后的28天内,应作出回应,表示同意或不同意并附具体意见;如在收到索赔报告后的28天内,未向发包人作出答复,视为该项索赔报告已经认可。

四、现场签证

承包人应发包人要求完成合同以外的零星工作或非承包人责任事件发生时,承包人应按合同约定及时向发包人提出现场签证。

当合同对此未作具体约定时,按照《暂行办法》的规定,承包人应在接受发包人要求的7天内向发包人提出签证,发包人签证后施工。若没有相应的计日工单价,签证中还应包括用工数量和单价、机械台班数量和单价、使用材料品种及数量和单价等。若发包人未签证同意,承包人施工后发生争议的,责任由承包人自负。

发包人应在收到承包人的签证报告48小时内给予确认或提出修改意见,否则,视为该签证报告已经认可。

发、承包双方确认现场签证费用与工程进度款同期支付。

第四节　竣工决算

建设项目竣工决算是指在建设项目竣工后,由建设单位编制的反映建设项目实际造价和投资效果的文件[4,5]。竣工决算是以实物数量和货币指标为计量单位,综合反映竣工项目从筹划到竣工投产全过程的全部建设费用、建设成果和财务状况的总结性文件,是竣工验收报告的重要组成部分。

一、竣工决算的内容

大中型和小型建设项目的竣工决算包括建设项目从筹划到竣工投产全过程的全部建设费用,即建筑工程费用、安装工程费用、设备工(器)具购置费用和工程建设其他费用以及预备费和投资方向调节税支出费用等。

竣工决算的内容包括竣工财务决算说明书、竣工财务决算报表、工程竣工图和工程造价对比分析等四个部分[4,5]。其中,竣工财务决算说明书和竣工财务决算报表又合称为竣工财务决算,它是竣工决算的核心内容。

二、竣工决算的编制依据

竣工决算的编制依据主要有:

(1)经批准的可行性研究报告及其投资估算书;

(2)经批准的初步设计或扩大初步设计及其概算书或修正概算书;

(3)经批准的施工图设计及其施工图预算书;

(4)设计交底或图纸会审会议纪要;

(5)招投标的标底或招标控制价、承包合同、工程资料;

(6)施工记录或施工签证单及其他施工发生的费用记录;

(7)竣工图及各种竣工验收资料;

(8)历年基建资料、财务决算及批复文件;

(9)设备、材料等调价文件和调价记录;

(10)有关财务核算制度、办法和其他有关资料、文件等。

三、竣工决算的编制步骤

(1)搜集、整理、分析有关依据资料；
(2)清理各项财务、债务和结余物资；
(3)对照、核实工程及变更情况，核实各单位工程、单项工程造价；
(4)编制建设工程竣工财务决算说明书；
(5)认真填报竣工财务决算报表；
(6)做好工程造价对比分析；
(7)清理、装订好竣工图；
(8)按国家规定上报审查、存档。

四、新增资产价值的确定

(一)新增资产价值的分类

按照企业财务制度和企业会计准则，新增资产按资产性质划分为固定资产、流动资产、无形资产、递延资产和其他资产共五大类。

1. 固定资产

依据我国《企业会计准则——固定资产》的规定，固定资产指同时具有以下特征的有形资产：为生产商品、提供劳务、出租或经营管理而持有的；使用年限超过一年；单位价值较高。对于自行建造的固定资产，按建造该项资产达到预定可使用状态前所发生的必要支出，作为入账价值。

2. 流动资产

流动资产是指可以在一年或者超过一年的一个营业周期内变现或者运用的资产，包括货币性资金、存货(指企业的库存材料、在产品、产成品、商品等)、短期投资、应收账款及预付账款。

3. 无形资产

无形资产指特定主体所控制的，不具有实物形态，对生产经营长期发挥作用且能带来经济利益的资源，主要有专利权、非专利技术、商标权、商誉、土地使用权等。

4. 递延资产

递延资产是指不能全部计入当年损益，应当在以后年度分期摊销的各种费用，包括企业开办费、固定资产修理支出、租入固定资产的改良支出及摊销期限在1年以上的其他待摊费用。

5. 其他资产

其他资产是指具有专门用途，但不参加生产经营的经国家批准的特种物资，银行冻结存款和冻结物资、涉及诉讼的财产等，按照实际入账价值核算。

(二)新增固定资产价值的计算

自行建造的新增固定资产价值是以独立发挥生产能力的单项工程为对象计价的。单项工程建成经有关部门验收鉴定合格，正式移交生产或使用，即应计算新增固定资产价值。一次交付生产或使用的工程一次计算新增固定资产价值；分期分批交付生产使用或使用的工程，应分期分批计算新增固定资产价值。

计算新增固定资产价值，首先要明确其包括的范围。新增固定资产价值一共包括三个内容，即交付使用的建筑安装工程造价、达到固定资产标准的设备及工（器）具的费用、其他费用。其次，要理解计算方法，特别是其他费用的分摊方法。按照规定，增加固定资产的其他费用，应按各受益单项工程以一定的比例共同分摊。其基本原则是：建设单位管理费由建筑工程、安装工程、需安装设备价值总额等按比例分摊；而土地征用费、勘察设计费等只按建筑工程分摊。

【例 10.4.1】 某工业建设项目及其总装车间的建筑工程费、安装工程费，需安装设备费以及应摊入费用如表 10.4.1 所示，计算总装车间新增固定资产价值。

分摊费用计算表（单元：万元） 表 10.4.1

项目名称	建筑工程	安装工程	需安装设备	建设单位管理费	土地征用费	勘察设计费
建设单位竣工决算	2000	400	800	60	70	50
总装车间竣工决算	500	180	320			

计算过程如下：

（1）应分摊的建设单位管理费 $=\dfrac{500+180+320}{2000+400+800}\times 60=18.75$ 万元

（2）应分摊的土地费用 $=\dfrac{500}{2000}\times 70=17.5$ 万元

（3）应分摊的勘察设计费 $=\dfrac{500}{2000}\times 50=12.5$ 万元

总装车间新增固定资产价值 $=(500+180+320)+(18.75+17.5+12.5)=1048.75$ 万元

（三）流动资产价值的确定

（1）货币性资金指现金（库存现金）、各种银行存款及其他货币资金，根据实际入账价值核定。

（2）外购的存货按照买价加运输费、装卸费、保险费、途中合理损耗、入库前加工、整理及挑选费用及缴纳的税金等计价；自制的存货，按照制造过程中的各项实际支出计价。

（3）短期投资包括股票、债券、基金，股票和债券根据是否可以上市流通分别采用市场法和收益法确定其价值。

（4）应收及预付账款一般按照企业销售商品、产品或提供劳务时的成交金额入账核算。

（四）无形资产价值的确定

（1）投资者作为资本金或者合作条件投入的无形资产，按照评估确认或者合同、协议约定的金额计价。

（2）购入的无形资产，按照实际支付的价格计价。

（3）自行开发并且依法申请取得的无形资产，按照开发过程中的实际支出计价。

（4）接受捐赠的无形资产按照发票账单，所列金额或者同类无形资产的市场价计价。

（5）非专利技术和商誉的计价应当依法由评估机构确认，其中商誉在企业合并时可作价入账。

（五）递延资产价值的确定

（1）开办费是指在筹建期间发生的费用，即不能计入固定资产或无形资产价值的费用，主要包括筹建期间的工作人员工资、办公费、差旅费、生产职工培训费、印刷费、注册登记费，以及不计入固定资产和无形资产购建成本的汇兑损益、利息支出等。企业筹建期间开办费的价值可按其账面价值确定。

（2）以经营租赁方式租入的固定资产改良工程支出的计价，应在租赁有限期限内摊入制造费用或管理费用。

参考文献

[1] 全国造价工程师执业资格考试培训教材编委会. 工程造价管理基础理论与相关法规. 北京:中国计划出版社,2006.

[2] 严玲,尹贻林. 工程估价学. 北京:人民交通出版社,2007.

[3] 斯蒂芬·P·罗宾斯. 管理学. 北京:中国人民大学出版社,1997.

[4] 全国造价工程师执业资格考试培训教材编委会. 工程造价计价与控制. 北京:中国计划出版社,2006.

[5] 马楠. 工程估价. 北京:人民交通出版社,2006.

[6] 全国建设工程造价人员培训系列教材编委会. 建设工程计价基础知识. 北京:中国建筑工业出版社,2004.

[7] 国家发展改革委,建设部. 建设项目经济评价方法与参数(第三版). 北京:中国计划出版社,2006.

[8] 中国建设工程造价管理协会主编. 建设项目投资估算编审规程(CECA/GC1—2007). 北京:中国计划出版社,2007.

[9] 谭大璐. 工程估价. 北京:中国建筑工业出版社,2008.

[10] 中国建设工程造价管理协会主编. 建设项目设计概算编审规程(CECA/GC2—2007). 北京:中国计划出版社,2007.

[11] 中华人民共和国建设部. 建设工程工程量清单计价规范(GB 50500—2003). 北京:中国计划出版社,2003.

[12] 中华人民共和国住房和城乡建设部. 建设工程工程量清单计价规范(GB 50500—2008). 北京:中国计划出版社,2008.

[13] 谢洪学,文代安.《建设工程工程量清单计价规范》宣贯辅导教材. 北京:中国计划出版社,2008.

[14] 建设部标准定额研究所.《建设工程工程量清单计价规范》宣贯辅导教材. 北京:中国计划出版社,2003.

[15] 中国建设工程造价管理协会主编. 建设项目工程结算编审规程(CECA/GC3—2007). 北京:中国计划出版社,2007.

[16] 全国造价工程师执业资格考试培训教材编审委员会. 工程造价案例分析. 北京:中国城市出版社,2006.

[17] 刘钟莹. 建筑工程工程量清单计价. 南京:东南大学出版社,2004.

[18] 陈建国. 工程计量与造价管理. 上海:同济大学出版社,2001.

[19] 中国建设监理协会编. 建设工程投资控制 2007(第二版). 北京:知识产权出版社,2006.

[20]《标准文件》编制组. 中华人民共和国标准施工招标文件. 北京:中国计划出版社,2007.

[21] 中国建设工程造价管理协会主编. 图释建筑工程建筑面积计算规范. 北京:中国计划出版社,2007.

[22] 尹贻林. 工程造价案例分析. 北京：中国计划出版社,2008.
[23] 河北省工程建设造价管理总站. 河北省消耗量定额工程量计算规则汇编. 北京：中国计划出版社,2008.
[24] 河北省工程建设造价管理总站. 河北省建设工程施工机械台班单价. 北京：中国计划出版社,2008.
[25] 河北省工程建设造价管理总站. 全国统一建筑工程基础定额河北省消耗量定额. 北京：中国计划出版社,2008.
[26] 河北省工程建设造价管理总站. 全国统一建筑装饰装修工程消耗量定额河北省消耗量定额. 北京：中国计划出版社,2008.
[27] 河北省工程建设造价管理总站. 河北省建筑、安装、市政、装饰装修工程费用标准. 北京：中国计划出版社,2008.
[28] 吴怀俊. 工程造价管理. 北京：人民交通出版社,2007.
[29] 中华人民共和国建设部标准定额司. 全国统一建筑工程预算工程量计算规则(GJDGZ-101-95). 北京：中国计划出版社,1995.